被遗忘的
农业文化遗产

重新连接粮食系统与可持续发展

〔意〕帕尔维兹·库哈弗坎(Parviz Koohafkan)
〔美〕米格尔·A.阿尔蒂埃里(Miguel A. Altieri) 著

卢 勇　胡苑艳　译

U0394969

中国农业出版社
北 京

内容简介

　　现代农业常因其产业的规模化发展，对营养、农村就业和生态环境所造成的不利影响以及与自然文化的脱节而备受诟病。尽管现代农业飞速发展，仍有许多小规模传统农业系统经受住了时间的考验，为人类提供着更好的可持续发展方案，同时在气候变化的时代保障着粮食安全。本书科学、客观地评估了这些农业系统，基于其对今世后代的价值，对此类被遗忘的农业文化遗产形式进行了独一无二的汇编。

　　本书作者们将其中的许多农业系统称为"全球重要农业文化遗产"（以下简称 GIAHS），阐明了它们与遗产概念和世界遗产公约之间的关联。此外，作者们还展示了以家庭农场、本土传统知识和农业生态原则为基础的 GIAHS 如何保障粮食与营养安全，维持农业生物多样性及环境适应力，同时维系当地经济、文化和社会的发展。

　　本书用一整章的篇幅专门描述和评估世界各地约 50 个已被认定或有待认定的 GIAHS 实例，其中包括中国的稻鱼共生农业系统，亚洲的山地梯田系统，拉丁美洲的咖啡农林复合系统，伊朗和印度的灌溉系统和土地与水资源管理系统，东非的畜牧系统以及西班牙、葡萄牙的农林牧复合系统。在本书的最后，作者们提出了政策与技术方面的解决方案，期望通过传承和改善这些农业系统为可持续农业与农村发展助力。

本书献给所有小农户、家庭农场主和本土社区。

本书由农业部"948"项目"农业科研国际合作绩效评价研究"（项目编号：2016－R01）、国家社会科学基金重大项目"明清以来长三角地区生态环境变迁与特色农业发展研究"（项目编号：21＆ZD225）经费资助。

"这部著作具有独一无二的视野及覆盖面，总结并盘点了迄今为止与若干政府、捐助机构、联合国粮农组织及其他联合国机构、国际组织、非政府机构、民间社会组织、学术研究机构和许多个人合作开展的各项工作。本书为那些有志于促进可持续农业与农村发展的人们提供了有益的借鉴与参考。"

——节选自联合国粮食及农业组织（FAO）前总干事何塞·格拉齐亚诺·达席尔瓦博士（José Graziano da Silva）所撰前言

"我要向作者们表示衷心的祝贺，他们在著作中一针见血地指出了解决当前世界危机的内在紧迫性，并充分阐明只要能妥善利用那些在世界上许多地区被忽视或被遗忘，但又并非无法修复的农业文化遗产，人类就能迎来可持续发展的新时代。"

——节选自联合国教科文组织生态技术教席项目创始人、主席和首席导师，印度 M. S. 斯瓦米纳坦研究基金会创始人 M. S. 斯瓦米纳坦教授（M. S. Swaminathan）所撰前言

序

2002 年，联合国粮食及农业组织（FAO）主导发起了"全球重要农业文化遗产"（Globally Important Agricultural Heritage Systems，简称"GIAHS"）保护倡议，旨在于全球范围内逐步建立起100～150 项全球重要农业文化遗产保护试点。发展至今，全球重要农业文化遗产保护倡议恰好走过 20 年，不仅已在 23 个国家和地区评选出了 72 项全球重要农业文化遗产，更重要的是，越来越多的国家和地区已意识到农业文化遗产对于本国本民族稳定、持续、健康发展所具有的重要意义。特别是中国，我们常乐道于"19 项全球农业文化遗产稳居世界第一"的荣誉与成绩，而这一成绩的背后，是中国作为 GIAHS 倡议的最早响应者、坚定支持者、重要推动者及主要贡献者的基本事实和奋斗历程。南京农业大学的中华农业文明研究院（中国农业遗产研究室）有百年深厚的历史积累，在王思明教授领导下作出了应有的贡献。

农业文化遗产事业在全球及中国范围内的成功践行，当然离不开从顶层设计到遗产乡民的共同努力，但我们也不能忘记作为全球农业文化遗产概念提出者和 GIAHS 倡议发起人的帕尔维兹·库哈弗坎（Parviz Koohafkan）博士。帕尔维兹先生以他过人的魄力和前瞻性，在任期间成功推动和有效管理 GIAHS

项目的运行。他在 2012 年退休之后成立世界农业文化遗产基金会和组织世界农业遗产论坛，并继续为农业文化遗产事业发光发热，这种老骥伏枥的精神和品格更是令人感佩。帕尔维兹先生曾经说过，"我对全球重要农业文化遗产的热情源于我是一个农民的儿子，以及我对可持续发展的认知。我希望未来的世界没有饥饿，希望营造一个对青年一代尤其是农村青年群体而言更美好的未来"。我对此十分认同并发自内心地共鸣。从事农业行业的工作者，就应该有颗"为天地立心，为生民立命"的初心。民族要复兴，乡村必振兴。"三农"工作永远是国家与民族发展的重中之重，促进农业高质高效、乡村宜居宜业、农民富裕富足永远是吾辈为之不懈奋斗的目标。

在 21 世纪初帕尔维兹先生提出"全球重要农业文化遗产"之际，我国农业正处于高速发展阶段，同时也不断暴露出可持续危机。农业资源过度开发，农业投入品过量使用，导致地力退化、环境污染、生物多样性减少。这种高投入、高产出、高污染的石油化工型农业令人担忧，农业的将来在哪里？要知道，在我们生存生活的这片土地上，先人已世代耕耘了上万年，厚重的农耕文明支撑助力中华文明繁荣并绵延至今，如果在我们这一代就将沃土良田榨干用尽，或将农业污染问题留给下一代，那真是我们的不幸与失职！庆幸的是，我国历来高度重视"三农"工作中的可持续问题。党的十八大将生态文明建设纳入到"五位一体"的总体布局，为农业可持续发展指明了方向，政府部门与科研高校也在不断发挥群策群力的作用。其中"农业文化遗产"异军突起。它在强调科技、体制或创新的力量浪潮中，关注源远流长的人类农业发展史，从中淘炼其精华，作为现代农业的遗传基因，以打造传统农业典范的方式来解决当下和未来的农业可持续问题。

中国历来善于从历史中吸收经验和教训，但对于历史之理解多限于典章文献，以古农书知识挖掘为主，至于现实留存的农业文化遗产，往往不被纳入"学术视野"之内，而且当时的社会风气对此也偏于负面的印象，认为"传统农业"常常等同于"落后"、"保守"甚至"愚昧"。直到全球重要农业文化遗产保护倡议的发起，国内学界才真正重新审视和再发现农业文化遗产的价值，它与过去我们所认知的宽泛的"农业历史遗留物"不同，帕尔维兹先生所定义的农业文化遗产，不仅沿袭并保留至今，而且仍然作为当地农民的基本生产生活方式和经济、社会与生态系统。也就是说，农业文化遗产不再是已经完成的"过去时"，而是拥有现实载体的"进行时"。更重要的是，帕尔维兹证明了农业文化遗产不仅并非是落后的代名词，相反，它是农业行为经过历史淘炼的精华，富含生命力，是直接助力当下农业并作为可持续农业的典范，发出对全球农业的光辉启示。如今，全球重要农业文化遗产在中国的本土化发展已步入到"深水区"，农业文化遗产不仅在维系生物多样性、改善和保护生态环境、保障食品安全、促进资源持续利用等方面发挥着独特作用，而且在传承民族文化、推动乡村振兴、激发民族认同、讲好中国故事等方面展现出越来越大的潜力和愿景。

回望全球重要农业文化遗产的 20 年历程，正是帕尔维兹先生对于农业文化遗产的开创过程，也是中国农业蜕变转型的关键时期。中国是农业古国，她经历了人类农业发展史的全过程，从农业社会、工业社会到后工业社会的历史淘炼。当前急需对我国丰富的农业文化遗产进行深入发掘、慎重思考、重新认知，为生态文明建设作出新贡献。

《被遗忘的农业文化遗产》一书凝结了帕尔维兹几十年从业生涯的思想精粹，也见证了农业文化遗产从无到有、从小到大的发展历史。书中对于农业文化遗产"是什么""为什么""如何做"等一系列问题的回答，其实已经超越了农业文化遗产的畛域，可以帮助我们更好地思考传统与现代、农业与工业、乡村与城市、遗产与民族等若干宏大议题。即便是未曾从事相关研究的读者，也能从中领略到农业文化遗产的风采与魅力。

翻译本身就是对原作再创作的艰苦过程。它不仅是语言的移译，更是译者、原作者和读者三方之间的精神感悟与交融。不言而喻，这本富含开拓、创新精神的新书对古老中华农业文明的继承与发展意义重大。对于国内大部分读者来说，英文原著既难以获得，其中的思想更难以直接领会。因此，我十分乐意推荐这本书，同时也感谢卢勇教授团队所作的贡献，欣慰地看到他们深耕多年的学术积累终得硕果。

源浚者流长，根深者叶茂。我相信，这本书的出版将会对农业文化遗产工作的开展与理念的弘扬大有裨益。人类因农业而立命，文明因农业而肇兴，农业文化遗产的千年智慧必将照亮中国农业的现代化之路！

中国工程院院士　任继周

2022 年 12 月 20 日于兰州

前言一

　　农业的发展历史、人类早期文明的建立和演化，与当今解决粮食安全问题、实现脱贫减贫和可持续发展的办法息息相关、不可分割。人类发展与原始农业的萌生最早可追溯至一万多年以前，其间人类创造出无数拥有丰富农业生态系统多样性的农业系统，驯化了大量的动植物物种。人们通过巧妙的水土和生物多样性管理，将传统知识体系与创新相结合，不断维护并改善这些农业系统。物种间彼此依存、共同演化，在几个世纪以来文化和生物的相互作用下，涌现出许多农业系统，成为复原力①和可持续发展的基础。

　　全球重要农业文化遗产（GIAHS）保护倡议是在 2002 年于南非约翰内斯堡召开的可持续发展世界首脑会议期间发起的。该倡议为"可持续农业与农村发展方案"（SARD）奠定基础，目的在于确定和保护众多具有全球意义的农业系统。这些系统作为当地粮食安全的核心，保障着数百万贫困人口和偏远农村

---

　　① 复原力（resiliency）在农业生态学中是指农业生态系统从干旱、洪水或飓风等极端天气事件干扰中恢复以及抵御病虫害侵袭的能力。复原力属于农业生态学十大要素（多样性、知识共建与分享、协同作用、效率、回收利用、复原力、人类与社会价值观、文化和食物传统、责任管理机制、循环经济与团结经济）之一。提高人民、社区和生态系统的复原力是可持续粮食和农业系统发展的关键。——译者注

社区的生计安全。这些社区往往拥有丰富的生物多样性，是传统知识和文化价值的宝库。

全球重要农业文化遗产的显著特征有力地提醒着人们，人类有能力在一个地区的景观上留下丰富的文化烙印，这些农业文化遗产还证明了破坏环境、打破自然平衡、改变大自然所提供的生态系统服务是不可取的。

生活在全球重要农业文化遗产地及其周边社区的小农户和家庭农场主为保障粮食安全和维持可持续发展提供了广泛的解决方案，这些方案复原力强、环保、有利于社会公义、具有相当的可持续性和市场竞争力，能够巧妙利用自然资源产出高附加值的产品。这些地区的传统农耕方式与当今农业生态学的发展趋势相吻合，即，不断加强高产且多样化的农业系统。在这些传统农业系统中，本土知识体系和文化特征的重要性受到认可。这不仅为粮食生产带来了重大影响，而且在近期的农业发展中也随着其他技术进步和动态发展不断演化，合力打造新的可持续发展愿景，旨在促进专题旅游、为动态保护生态文化资产提供创新性的解决办法、构建广泛的多样化网络，使家庭农业有机会在经济和社会方面实现共同发展。

我感到非常高兴的是，联合国粮农组织理事机构的明智决定使全球重要农业文化遗产从最初的一个小型试点倡议成功地发展成为目前已相当成熟的联合国粮农组织发展项目。这一成就也离不开十多年来粮农组织同事们的不懈坚持和无私奉献，其中就包括了该项目的上一任总协调人帕尔维兹·库哈弗坎博士。

我还感到自豪的是，联合国粮农组织所启动的"2014国际家庭农业年"是在解决可持续农业与农村发展问题方面的一大飞跃，它认可了小农户、家庭农场主和本土社区从古至今作为农业文化遗产的保管者所发挥的重要作用。

鉴于全球重要农业文化遗产项目已在国际、国家和地方各级层面稳定有序地开展保护工作，目前有必要研究如何在现今的成果上再接再厉，将实施这些农业文化遗产项目的哲学和科学基础载录下来，并致力于在世界其他国家或地区扩大全球重要农业文化遗产的规模和影响力，使其成为一项行之有效的重要农业发展战略。事实上，这部著作具有独一无二的视野及覆盖面，总结并盘点了迄今为止与若干政府、捐助机构、联合国粮农组织及其他联合国机构、国际组织、非政府机构、民间社会组织、学术研究机构和许多个人合作开展的各项工作。本书为那些有志于促进可持续农业与农村发展的人们提供了有益的借鉴与参考。

联合国粮食及农业组织（FAO）前总干事
何塞·格拉齐亚诺·达席尔瓦博士
写于意大利罗马

前言二

现如今，环境退化、全球气候变化、经济不稳定、政治动荡等问题频发，与可持续性粮食和生计安全有关的工作成为重中之重，而全球重要农业文化遗产（GIAHS）项目则完全致力于此。我要向作者们表示衷心的祝贺，他们在著作中一针见血地指出了解决当前世界危机的内在紧迫性，并充分阐明只要能妥善利用那些在世界上许多地区被忽视、被遗忘，但又并非无法修复的农业文化遗产，人类就能迎来可持续发展的新时代。

从过去、现在直至将来，人类一直在各个领域积极进取、生生不息。在历史上人类针对农业和生物多样性的保护教会了我们许多。大约一万年前，男人外出狩猎，女人采集种子、种植作物以维持生计，萌生了农业和最初的定居文明。基于自然发生的遗传变异，农业不断演化。文化、烹饪和医疗方式的多样性也因此与生物多样性息息相关。

帕尔维兹·库哈弗坎博士毕生致力于通过联合国粮食及农业组织（FAO）的工作实现他的全球愿景：改善地方经济，在学术界和作为农业文化遗产守护者的农民之间搭建一座传递知识的桥梁。目前，库哈弗坎博士作为世界农业文化遗产基金会的主席，拓展愿景，进一步为地方社区带去全球机遇，以造福小农户、家庭农场主和本土社区。作为他的导师，我很高兴库哈弗坎博士已经成功地实现了他的目标——具有全球重要意义的农业文化遗产在全球范围内获得认可。在这一成就基础上他一直坚守初心使命，为改变农业面貌所付出的努力正逐步取得成果。米格尔·A. 阿尔蒂埃里博士也一直发挥着重要作用，致力于推广农业文化遗产的农业生态基础，并针对这些独特的传统农业系统牵头开展了大量的科学研究，这不仅是为了保护人类过去的农业遗存，也是为了捍卫人类农业的未来。

　　GIAHS 保护倡议的前身是一项在联合国粮农组织成员中对全球重要农业文化遗产进行认定的行动计划，颇具前瞻性。这项行动计划是在联合国粮农组织前总干事何塞·格拉齐亚诺·达席尔瓦博士的个人支持下完成的。2002 年，在南非约翰内斯堡举行的联合国可持续发展大会上，GIAHS 伙伴关系倡议正式启动，我出席了启动仪式。当时我指出在这一气候变化的时代，GIAHS 倡议对于保护并可持续性地利用农业生物多样性来说至关重要。2009 年 7 月 31 日我在《科学》（*Science*）期刊上发表的述评中也提出：

　　"今年是查尔斯·达尔文诞辰二百周年，他的一生及其所致力的工作一直提醒着我们，地球上丰富的生物多样性是为人类提供食物、纤维、饲料和燃料的自然选择、选择育种和生物技术的基础。特别是，生物多样性为植物品种的开发提供了新的遗传基因组合，当未来人类活动引发的气候变化使得温度、降水、海平面以及干旱和洪水频率发生不利变化时，上述这些都是应对挑战所必不可少的。因此，每个基因和物种的丧失都将使我们的未来之路越走越窄。"

　　几年前，我出版了一本名为《迈向生物幸福时代》的书，展示了人类那些身处偏远地区的本土社区，如何在保证环境可持续性和社会公平的基础上，将生物资源转化为就业机会和收入增长。如今世界上具有丰富生物多样性的地区往往也充斥着贫困和饥饿。尽管这些本土社区主要为了公共利益而保护大自然，但在当今的全球化市场中，大多数社区仍然生计艰难，这真是一种病态的讽刺。

那么，我们怎样才能使大自然的繁荣不再以世界上那些原始的自然保护主义者的贫困为代价？我们怎样以公平和可持续的方式利用自然资源，才能使得他生活兴旺？答案就在于承认并保护世界上那些存续最持久、也最久经考验的农业文化遗产系统。这些遗产系统向我们展示了前进的方向——许多本土社区如何从遥远的过去到今天一直守护并可持续地管理着自然资源？无论是从奇洛埃岛、安第斯地区、菲律宾或中国壮观的梯田，还是从世界各地无数其他农业文化遗产的优秀范例当中，我们都可以找到真正的可持续农业发展模式。

最后，我们的那些被遗忘的遗产——全球重要农业文化遗产不仅是对人类祖先成就的赞颂，也是一份实现可持续粮食、营养和生计安全的行动指南。让全世界了解我们的农业文化遗产，能使年轻一代了解过去农业创新的荣耀，激励他们为我们的农业文化遗产作出自己的贡献。更重要的是，它认可了农民，特别是妇女们在粮食和农业遗传资源的起源、发展、多样化和保护方面所发挥的重要作用。未来的蓬勃发展应当在持续提升农业生产力的同时，不对相关的生态或社会环境造成损害，在这方面，我们的农业文化遗产正是最佳范例。

联合国教科文组织生态技术教席项目创始人、
主席和首席导师
印度 M. S. 斯瓦米纳坦研究基金会创始人
M. S. 斯瓦米纳坦教授
写于印度金奈

自序

　　记得"世界遗产信托基金会"吗？早在1965年，美国就提出了将文化遗产保护与自然遗产保护相结合的想法，它呼吁为了全世界公民的现在与未来建立一个"世界遗产信托基金会"，通过国际合作来保护"世界杰出的自然风景区和历史遗址"。"世界遗产信托基金会"认识到了人们与自然互动的方式以及维护两者平衡的根本需要。因此，1972年的联合国教科文组织大会通过了《保护世界文化和自然遗产公约》（又称《世界遗产公约》），防止那些日益受到破坏威胁的文化和自然遗产项目状况恶化乃至消失。

　　《世界遗产公约》实际上也是国际发展政策史上最重要的文书之一。然而，在我们赞赏并为了保护人类自然和文化遗产付诸巨大努力时，却遗忘了人类的农业文化遗产。它们引入了所有文明的基础——农业，为新石器时代革命奠定基础。在新石器时代，所有农业活动——耕作、放牧、捕鱼、狩猎或采集共同构成了我们的先祖沿袭至今的生活方式。这些农业活动强调多样性、文化、演化、发展、连续性和复原力，期望在适应不断变化的环境和社会文化需求的同时，保持其核心价值观不变。近期的人类文明见证了现代化、全球化和数字革命，割离了我们与生命根源的联系，使我们逐渐忘记了、忽视了自己的农业文化遗产。

　　使文化回归农业，强调多样性对可持续发展的重要性，促使我构想了"农业文化遗产"这一概念，并强调它是保障粮食安全和可持续农业发展的基础。"全球重要农业文化遗产"（GIAHS）的概念和"动态保护"的创新方法抓住了农业文化的精髓，促进了国际和国家层面对全球重要农业文化遗产的认可，并强调遗产管理者和本土社区在为人类的永续未来培育农业文化遗产方面发挥了重要作用。GIAHS保护倡议是第一个强调农业和文化遗产间的联系、引领发展前沿的全球倡议，这不仅仅因为杰出的农业系统具有巨大的遗产价值，还因为这些农业文化遗产对保障粮食安全、维持更可持续的发展模式有着重要的历史、当代和未来意义。

　　世界各地许多的GIAHS遗产地都证明了农业文化遗产具有卓越的生命力和复原力，能经得起时间的考验。它们为今世后代以及社会、经济和环境的可持续性提供了良好的解决方案。这些巧妙的"农业'文化'（agri-'cultural'）"系统是在世代积累的知识和经验基础上建立起来的，它们反映了人类的演化，体现了人类与大自然间深刻的和谐，不仅造就了具有杰出美感的景观，还维护了具有全球重要意义的农业生物多样性、具备复原力的生态系统以及宝贵的文化遗产。更重要的是，这些农业文化系统持续地为世界上最贫穷和最偏远社区的人们提供着多种商品与服务、保障着他们的粮食和生计安全以及生活质量。

　　我曾多次强调："GIAHS不是关于过去，而是关乎未来。"当今，人类面临诸多挑战，现代文明的基础受到威胁。人口增长、气候变化、不可持续的自然资源管理、饮食和生活方式的变化以及全球化进程正在造成资源利用的扭曲和本土价值的畸变。如果局势持续恶化，我们的子孙后代将再也享受不到如今这般多样化的、自然营养丰富的粮食作物，也无法了解和体验那些不断发展的相关文化。在国际政策对话中，2030 年可持续发展议程的第二个可持续发展目标（SDG2）是"消除饥饿、实现粮食安全、改善营养状况并促进可持续农业"。这一目标认识到支持可持续农业、增强小农力量、促进性别平等、消除农村贫困、确保健康生活方式、应对气候变化的重要性，其与 2015 年后发展议程所提出的 17 项可持续发展目标中其他待解决议题相互交织、密切关联。世界各地的农业系统必须提高生产力并减少浪费，必须从整体和综合的角度推行可持续发展的农业实践和粮食系统，包括生产和消费。很显然，人们已经广泛认识到并日益关切到这一点。我相信，维护和珍惜我们的全球重要农业文化遗产将有助于实现 17 项可持续发展目标中的许多目标，也有助于保证任何群体不掉队。

图为被列入《世界遗产名录》的菲律宾伊富高（Ifugao）水稻梯田中的一个集群，这一农业系统也是杰出的农业文化遗产。拥有 2 000 多年历史的伊富高水稻梯田如今依然在投入使用，并且具有很强的生命力。这一农业文化遗产的存续及其生存能力体现了文化、自然、社会间强大的平衡，也由此造就出绮丽绝美的景观

图片来源：玛丽・简・拉莫斯・德拉克鲁兹（Mary Jane Ramos dela Cruz）。

GIAHS 倡议旨在以平衡和全面的方式维护可持续发展的支柱——环境、经济和社会，而不是为了满足眼下的需求不惜损害未来一代满足自身需求的能力。倡议涉及当地粮食生产和消费，呼吁增强本土社区的权能、利用最新的科学知识来丰富传统农民的知识体系、减少碳足迹、对我们的生物多样性和自然资源加以保护和可持续利用以及与自然和谐相处。倡议还呼吁提升文化遗产价值以及乡村景观的审美价值。

然而，GIAHS 的认定不仅在于遴选出杰出的农业系统，将其转化为富有美感的旅游胜地，吸引游客们前来拍照留念。正如联合国教科文组织在《世界遗产公约》中所表明的那样，人们会为自己的遗产所具有的价值感到自豪，当自己所打造培育出的系统被列为世界遗产或全球重要农业文化遗产时，人们会感到由衷的欣慰。世界各地无数的农业文化遗产既承载着文化特性，是创新、创造力和知识交流的源泉，也是人类互相扶持、共赴可持续发展的未来保障。

我出生于伊朗的一个小村庄，是家庭农场主的儿子，我的大部分职业和个人生活都奉献给了支持小农户、家庭农场主和本土社区发展的事业。2002—2012 年在联合国粮农组织工作期间，我构思、发展并推广了 GIAHS 保护倡议，并继续通过建立世界农业文化遗产基金会，与一些长期的合作伙伴、具有奉献精神的科学家以及 GIAHS 倡议的倡导者们一起，为农业文化遗产的保护提供支持和帮助。我深信，通过多方的共同努力，我们一定能实现对世界上杰出的农业文化遗产及其本土社区和生计进行评估和保护的目标，以保障这些农业文化遗产在不断变化的社会、经济和环境条件下可持续地良性发展。

　　　　　　　　　　世界农业文化遗产基金会主席

　　　　　　　　　　帕尔维兹·库哈弗坎博士

　　　　　　　　　　　　　写于意大利罗马

目录

第一章
农业的过去、现在与未来

图 1 - 1　云南元阳快乐的哈尼族儿童
图片来源：玛丽·简·拉莫斯·德拉克鲁兹。

传统农业的演变和作用

　　在人类悠久的历史长河中，人们直接依赖着大自然和自然资源进行狩猎与采集。他们需要广袤的天地来满足对食物、纤维、住所及药物的需求。人类从在道路旁开展种植逐渐演化至穿越森林采集狩猎（Hynes，Chase，1982），继而在其社会生态演化阶段转为撂荒耕作制，并最终形成定居农业。正是这一时期，森林、草原或湿地等自然生态系统内形成了各种复杂的多物种定居系统。传统社会实行撂荒耕作，在不同地区被俗称为"刀耕火种""烧垦"等。世界各地区发展起来的其他传统定居系统，至今仍以当地自然资源为基础，与大自然密切相关。现有的生物多样性有助于满足传统社会的基本生计需求（Ramakrishnan et al.，1996；Ramakrishnan，2000，2008），由于这些传统文化都依赖于自然以及人为管理下的生物多样性，保护生物多样性的文化应运而生。

最初的农业文明由最早的一批定居社区群落组成，这些社区为后来的城邦、国家和帝国的建立奠定基础。尽管现代人（智人）已经存在了15万年以上，但只有在农业出现后的几千年里，文明才得以存在。7 000～10 000年前，一场最为重要的革命，即所谓的新石器时代革命，永远改变了人类与周围世界之间的互动。这场革命引入了使文明成为可能的因素——农业。事实上，农业也是人类得以在永久性社区定居的唯一决定性因素。考古学家研究发现，自公元前6500年左右，农业在美索不达米亚得以发展后，生活在部落或家庭中的人们再也不必为寻觅食物或放牧而不断地迁徙。

最早的农业文明似乎出现在中东，世界主要农业地区大多集中在美索不达米亚、埃塞俄比亚、撒哈拉以南非洲、中国、中美洲和南美洲的高地与低地上。各地都有各自的生态特征，并具备栽培植物、驯养动物的一套技术。这些地区的人们及其文化和宗教都与他们所种植的主要作物密切相关，全球范围内皆是如此。

这种农业发展主要由气候、文化和技术的巨大差异所驱动，所有农业文明都在适应环境、经济和社会转型以及科技进步的同时强调自身的多样性、演化性、连续性和复原性，以保持其核心价值观。这一过程在数字革命、全球化和即时通信飞速发展的时代仍处于过渡状态。

　　早期的农业文明往往沿着河流发展，因为古代文明的农业耕作需要依赖可靠的水源供给，对于早期社会来说，水源一般来自河流、溪流或是有规律的降水。人们开始在土质肥沃的河谷中建立永久群落，定居者学会利用水源灌溉土地。在固定的地方定居使他们有可能驯养动植物，为生存提供可靠的食物和衣物来源。一些最复杂精巧的水资源管理和灌溉系统至今仍见证着先民智慧的独创性，是干旱地区农业文化遗产的代表（如伊朗的坎儿井灌溉农业系统、中东和北非的绿洲系统、中亚和东亚的果园系统等）。

　　苏联植物学家、遗传学家瓦维洛夫[①]认为，植物不是随机被驯化的，而是在特定区域被驯化的。这些驯化的起源中心同时也是高度生物多样性的中心。直至今日，瓦维洛夫所指出的驯化作物起源中心[②]仍然是农作物野生近缘物种多样性极其丰富的地区，代表着驯化农作物自然近缘物种的集中区。

　　尽管最早的农业文明也种植如扁豆、鹰嘴豆、豌豆、根茎作物等其他作物，但主要从事的基本上都是小麦与大麦农业。这种农业向西扩散至地中海周边地区，跨越北非和南欧，向北穿过巴尔干半岛抵达西欧、不列颠群岛、斯堪的纳维亚半岛和俄罗斯。它向东延伸至埃塞俄比亚高原，然后抵达印度。在印度，小麦与大麦混合农业形式在高地落地生根，冬季也在低地开展种植，作

---

　　① 瓦维洛夫于 1935 年提出了作物的 8 个起源中心，分别是 1. 墨西哥南部和中美洲中心；2. 南美中心（秘鲁、厄瓜多尔、玻利维亚）；2A. 智利中心；2B. 巴西和巴拉圭中心；3. 地中海中心；4. 西亚中心；5. 埃塞俄比亚中心；6. 中亚细亚中心；7. 印度中心；7A. 印度马来西亚补充区；8. 中国（东亚）中心。——译者注

　　② 尼古拉·伊万诺维奇·瓦维洛夫（1887—1943 年），苏联植物学家、遗传学家，他将一生都贡献给了有关小麦、玉米和其他支撑世界人口的谷物研究当中，是世界上公认的对植物种群研究作出最大贡献的学者之一。瓦维洛夫在学术上最大的贡献是提出了"遗传变异的同源系列定律"和"栽培植物起源中心理论"。——译者注

为水稻、高粱和黍类等夏季作物的补充。小麦和大麦在中国和日本也变得日益重要，但却并不适合东南亚，在那里水稻仍是主要的谷类作物（Damania et al.，1998；Loskutov，1999）。

与此同时，非洲正在发展独立农业。一组作物（包括高粱、珍珠稷、豇豆、非洲水稻等）在撒哈拉以南非洲被驯化，虽然没有明显的驯化中心，但它们的活动范围从大西洋跨越到印度洋。埃塞俄比亚也有若干本土作物，其中一些是该地区所独有的，包括苔麸，小葵子和象腿蕉属作物。埃塞俄比亚具有典型的驯化中心的特征，而撒哈拉以南非洲则没有，撒哈拉以南的农业很明显是从西亚中心单独发展出来的。

公元前 8500 年，中国北方崛起另一种农业文明。许多早期的农业遗址均位于黄河流域的黄土阶地之上，以不同的谷黍类为早期作物，主要是黍稷和谷子。同时，以水稻为基础的农业在低地发展起来，可能以长江三角洲为中心。这是一种扩张型农业，随着这种农业形式的扩张，从中国东部到印度，再向南至印度尼西亚，水稻的地位变得日益重要。

在美洲新大陆，一种以玉米为基础的农业在墨西哥南部发展起来，蔓延至加拿大北部并深入南美洲腹地。虽然有其他作物，但玉米仍是美洲大部分地区的主要谷类作物。在南美洲，于高地发展起来的农业以块茎作物为基础，其中在北美、欧洲和其他温带地区，马铃薯都扮演着重要角色。低地的主要作物是起源于亚马孙地区的木薯，这也是该区域适应热带降水条件的非常重要的淀粉来源。

"无论是游牧的狩猎者和采集者，还是传统农业系统中的定居农民，这些生态文化群体始终对大自然充满敬畏。事实上，他们对大自然和自然资源的尊重与敬畏是一种无形的价值，与实实在在的有形利益一起，都是传统农业系统复杂景观和环境不可或缺的组成部分，也奠定了传统农业系统动态保护的基础（Ramakrishnan et al.，1998）。"

图 1-2　一名盖丘亚族农妇和她的奎奴亚藜——一种安第斯地区传统的无麸质、低脂、高蛋白并富含纤维的粮食作物
图片来源：阿利皮奥·卡纳瓦（Alipio Canahua）。

　　传统农业系统对于可持续农业与农村发展的未来至关重要。它们不仅保障着农村生计、当地多样化粮食系统和就业，在保护和可持续利用农业生物多样性、活态的生态系统产品与服务方面，也发挥着重要作用。虽然这些农业系统并不总被学术界所认可，但它们承载着先人的智慧，为当下和未来农业技术发展与创新奠定了基础。

返璞归真，回归传统农业与农业生态学

　　发展新型农业系统的起点正是农民们几百年来发展并传承的传统农业系统。那些适应当地条件的复杂耕作系统帮助小农户在

不依赖机械、化肥、农药或其他现代农业科学投入和技术的前提下，可持续地应对恶劣环境，满足生存需要（Denevan，1995）。尽管在世界许多地方有相当多类似的农业系统已然萎缩或消亡，仍有数百万公顷的农业用地在古老的传统管理方式下以培高田地、梯田、复合种养（在同一片农田中同时培育多个物种）、农林复合系统等形式顽强地存续着。它们的存在不仅载录了本土农业战略的成功，也是对传统农民创造力的颂赞。此类传统农业能促进生物多样性，在未使用农用化学品的情况下蓬勃发展，并维持全年产量，充满前景的农业发展模式为其他地区提供了借鉴与参考模式。

自 20 世纪 80 年代初以来，由发展中国家的非政府组织和农民组织所推动的数百个农业生态项目均表明，将传统知识和现代农业科学相融合，可以提升小型农业系统的生产力和可持续性，加强自然资源保护、强化社区粮食主权。新兴的粮食主权概念强调农民使用土地、种子和水资源的权利，同时注重地方自治、地方市场、地方生产消费周期、能源和技术主权以及构建农民对农民的网络（Altieri，Toledo，2011）。

人类未来需要更生态、更具生物多样性、地方性、可持续性和社会公平性的农业新模式。这也意味着未来农业发展应植根于传统小规模农业的基本生态原理，学习践行成功已久的社区型地方农业范例。在长达百年间，这些农业系统已养活了世界上许多地区的人们，并持续发挥着功效。同时，农业未来的可持续性还取决于那些愿意留下来，扎根农业的年轻人，因此，农业必须为他们提供一种惬意的生活方式。

历史研究表明，在政策和公共投资的充分支持下，小农农业能够有效地促进粮食安全、加强粮食主权，并在很大程度上为经济增长、创造就业、减轻贫困、解放被忽视和被边缘化的群体以及减少空间和社会经济不平等作出贡献。在有利的政治体制环境中，小农农业可以促进生物多样性和其他自然资源的可持续管理，同时保护文化遗产。

　　小农农业对世界粮食安全和营养的贡献既是直接的，又是间接的。直接贡献在于它将许多农村家庭的生产和消费直接联系在一起。间接贡献在于其为国内市场提供主要的粮食产品；其方式具有潜在的复原力和适应性；其在许多国家作为社会安全网络，发挥着重要作用。

　　在解决微量营养素缺乏问题上，食补是公认的有效办法。要知道，大自然和传统农业为人类提供了多种多样的食物，然而这种近乎无穷尽的食物多样性常被人们所忽视，并因当前盛行的工业食品生产系统而逐渐被人遗忘以致消失（Hajjar et al.，2008）。认识到传统农业所具有的营养和饮食多样性是探索可持续粮食系统的重要切入点。食物种类的贫瘠和饮食结构的简化其背后的原因和所导致的后果都是复杂的，涉及文化、卫生、农业、市场和环境等多个方面。然而，农业生物多样性似乎可以在缓解营养问题方面发挥作用（Johns，2006；Johns，Eyzaguirre，2006；De Wit，2015）。传统农业生态系统将多种作物和动物相结合，不仅可以更有效地利用生态位，还能增加当地可用于人类饮食的营养素，或是通过提升家庭收入，使其有能力在市场上购买替代食品。

　　传统农业和家庭农场中的地方性物种除了在生态生产系统中发挥重要作用外，对健康也产生关键影响。对于很多作物来说，选择不同的品种很有可能带来巨大差别，某一品种能提供充足的微量营养素，而换成另一种则很可能致使微量营养素缺乏。综合实施可持续农业和营养改善方案的农业项目成功地利用了当地现有的生物多样性，以振兴当地或区域粮食产品和粮食系统，对社区的生计和健康产生积极影响。

　　发展中国家和发达国家未来农业所面临的挑战是如何作出一

个双赢的选择，使得土地利用的集约化或变化能够满足不断扩大的人口与经济发展需求，同时减少纯粹以市场为基础的农业生产所带来的负面外部因素，维持环境提供的商品与服务。对于所有可行的土地利用和农业系统来说，理想的设计是通过其功能和服务，既能提升资源使用者或管理者的个人利益，又能提升公共利益。在这种情况下，跨学科设计的目标是保障粮食安全、缓解贫困问题、保护个人土地以外的环境，并将全人类的福祉和生态系统服务问题纳入考虑。同时，社区也需要参与发展决策，以便调动集体智慧和意愿来平衡生产与保护，并确定可持续农业发展的辅助方案（Nabhan，2008）。

科学家日益认识到，传统的农业生态系统可以解决当今世界的许多危机（Toledo et al.，2010）。在金融、能源和气候剧变的时代，传统农业系统是可持续发展和人与环境和谐进程中希望的灯塔。事实上，脱胎于传统农业系统基本原理的农业路径在未来发展中颇有前景，将大大有助于可持续发展目标（SDGs）的实现。

一直到 21 世纪 20 年代，世界范围内还有数百万小农户和传统农民从事着具有生物多样性的资源节约型农业。尽管受到现代经济力量的冲击，这些古老的农业实践依然顽强坚持，实实在在地证明了在面对持续的环境和经济变化时，传统农业生态系统具有非凡的复原力和生命力，为国际、区域和地方各级粮食安全作出重大贡献（Altieri，Toledo，2011）。这些传统社会与大自然合作，利用其生物多样性，不断积累并动态地保护着丰富的传统生态知识。这是一种随时间和空间演变的宝贵遗产，在各个考量层面（如遗传、物种、生态系统和景观层面）上，都赋予了生物多样性一个神圣的维度。传统社会除了从生物多样性中寻求有形利益外，还赋予其无形价值。"有形"与"无形"间的互通互联使传统社会得以亲近自然，从今天生物多样性保护的角度来看，这一点日益重要。

农业创新和演化的过程创造出了无数的农业系统，这些系统以丰富的驯化作物和动物物种为特点，通过对土壤、水资源和生物多样性的巧妙管理得以维护和加强、通过日益丰富的知识体系得以繁盛。在世界上许多地区，仍然显著地存在着文化、生态和农业多样性，来自本土社区、家庭农场、小农户以及当地少数民族的男男女女们，正是利用原始的地方性动植物物种开展农作来共同维护着这些多样性。新兴研究表明，小农户农业生态生产对粮食安全、农村生计、地方和国家经济都有显著贡献。然而，这些农业系统所作出的积极贡献，及其为全球社会所提供的生态系统产品与服务均未能得到充分重视（Zimmerer，2014）。

我们必须了解环境退化和景观受到破坏的原因及风险，我们必须理解是什么构成了生物完整性，以及生物完整性如何影响有关族群生计系统中农业生物多样性的保护及可持续利用，只有这样，才能使经受了时间考验的传统农业系统成为解决方案的一部分。我们需要将持续的农业生态和社会创新与世世代代积累并传承下来的知识经验转化相结合。保护与发展，这两者经常相互冲突，如何做好保护与发展的并行是一个需要认真考虑的关键议题。例如，如何避免仅创造出一个"农耕博物馆"；如何在保护传统农业系统关键特征的同时，增强其动态发展的生命力；如何通过技术改进、激励措施和为农村社区提供更多的生计机会，来实现当地居民的愿望、达成国家的目标。

参考文献

Altieri M A，Koohafkan P，Nicholls C，2014. Strengthening resilience of modern farming systems：A key prerequisite for sustainable agricultural production in an era of climate change [J]. TWN Briefing Paper，70：

1-8.

Altieri M A, Toledo V M, 2011. The agroecological revolution in Latin America: Rescuing nature, ensuring food sovereignty and empowering peasants [J]. Journal of Peasant Studies, 38 (3): 587-612.

Bosc P M, Piraux M, Dulcire M, 2014. Contributing to innovation, policies and local democracy through collective action [M] //Sourisseau J M. Family Farming and the Worlds to Come. Dordrecht: Springer: 145-162.

Damania A B, Valkoun J, Willcox G, et al., 1998. The Origins of Agriculture and Crop Domestication [M]. Aleppo, Syria: ICARDA.

Denevan W M, 1995. Prehistoric agricultural methods as models for sustainability [J]. Advance Plant Pathology, 11: 21-43.

De Wit M M, 2015. Are we losing diversity? Navigating ecological, political, and epistemic dimensions of agrobiodiversity conservation [J]. Agriculture and Human Values, 32 (2 Summer issue).

FAO, 2011. Women in agriculture, closing the gender gap for development [R] //The State of Food and Agriculture 2010—2011. Rome, Italy: 1-61.

FAO, 2012a. Greening the Economy with Agriculture [R]. Rome, Italy.

FAO, 2012b. Strategy for Partnerships with Civil Society [R]. Rome, Italy.

FAO, 2014a. International Year of Family Farming Concept Note [R]. Rome, Italy.

FAO, 2014b. The State of Food and Agriculture: Innovation in Family Farming [R]. Rome, Italy.

FAO, IFAD, WFP, 2015. The State of Food Insecurity in the World 2015: Meeting the 2015 International Hunger Targets: Taking Stock of Uneven Progress [R]. Rome, Italy: FAO.

Hajjar R, Jarvis D I, Gemmill-Herren B, 2008. The utility of crop genetic diversity in maintaining ecosystem services [J]. Agriculture, Ecosystems

&. Environment，123：261-270.

Hynes R A，Chase A K，1982. Plants，sites anddomiculture：Aboriginal influence on plant communities in Cape York Peninsula [J]. Archaeology in Oceania，17：38-50.

IAASTD（International Assessment of Agricultural Knowledge，Science and Technology for Development），2009. Agriculture at a crossroads [R] // IAASTD，Global Report. Washington，DC：Island Press.

Johns T，2006. Agrobiodiversity，diet and human health [M] //Jarvis D I，Padoch C，Cooper D. Managing Biodiversity in Agricultural Ecosystems. New York：Columbia University Press：382-406.

Johns T，Eyzaguirre P B，2006. Linking biodiversity，diet and health in policy and practice [J]. Proceedings of the Nutrition Society，65：182-189.

Koohafkan P，Altieri M A，2010. Globally Important Agricultural Heritage Systems：A Legacy for the Future [R]. Rome，Italy：FAO.

Loskutov Igor G，1999. Vavilov and His Institute：A History of the World Collection of Plant Genetic Resources in Russia [M]. Rome，Italy：International Plant Genetic Resources Institute.

Nabhan G P，2008. Where Our Food Comes from：Retracing Nikolay Vavilov' s Quest to End Famine [M]. Washington，DC：Island Press.

Ramakrishnan P S，2000. An integrated approach to land use management for conserving agroecosystem biodiversity in the context of global change [J]. International Journal of Agricultural Research，Governance and Ecology，1（1）：56-67.

Ramakrishnan P S，2008. Linking knowledge systems for socio-ecological security [M] //Brauch H G，Oswald-Spring U，Grin J，et al. Facing Global Environmental Change：Environmental，Human，Energy，Food，Health and Water Security Concepts：Hexagon Series on Human and Environmental Security and Peace. Berlin‐Heidelberg‐New York：Springer-Verlag：817-828.

Ramakrishnan P S, Saxena K G, Chandrasekara U, 1998. Conserving the Sacred: For Biodiversity Management [M]. New Delhi: UNESCO. Oxford & IBH Publishing.

Schery R W, 1972. Plants for Man [M]. Englewood Cliffs, NJ: Prentice Hall.

Toledo V M, Boege E, Barrera-Bassols N, 2010. The biocultural heritage of Mexico: An overview [J]. Landscape, 3: 6-10.

Wolfenson K D M, 2013. Coping with the food and agriculture challenge: Smallholders' agenda [C]. Preparations and outcomes of the 2012 United Nations Conference on Sustainable Development (Rio+20).

Zimmerer K S, 2014. Conserving agrobiodiversity amid global change, migration, and nontraditional livelihood networks: The dynamic uses of cultural landscape knowledge [J]. Ecology and Society, 19 (2): 1.

第二章
农业文化遗产与可持续的粮食系统

图 2-1　来自安第斯山脉地区的食品——奎奴亚藜。它营养价值高，是一种能够承受极端温度和气候变化的超级作物

粮食系统与可持续发展

能否成功实现减贫、粮食安全和可持续自然资源管理的关键

在农村地区。因为在大规模的城市化进程下，极端贫困仍主要发生在农村。全球 8.45 亿饥饿人口中，95％生活在发展中国家，主要分布在农村地区，而在全球 12 亿极端贫困人口中，75％生活在农村地区，主要以农业、林业、渔业和相关活动为生（FAO，2015）。

工业化农业和全球化背后日益增长的推动力强调出口作物、转基因作物和生物燃料作物（油棕、甘蔗、玉米、大豆、桉树等）的快速扩张，强调获取和掠夺土地。这股推动力正在不断重塑世界农业和粮食供应，并可能为经济、社会和生态带来严重的负面影响与风险，特别是对于那些发展中国家而言。在气候不断变化的情况下，这种重塑预计将对农业部门和作物生产力产生重大而深远的影响，对于发展中国家的热带和干旱地区而言，这种影响将尤为显著（Altieri，Nicholls，2012）。

尽管全世界范围内的援助高达数十亿美元，几十年来实现了前所未有的技术进步和飞速发展，但是对世界上近 10 亿的人口来说，缓解贫困和保障粮食安全依然遥不可及。环境退化和生物多样性丧失问题日益严峻，气候变化造成严重危害，包括低洼地区洪灾频率增加，半干旱地区旱灾频率和严重程度增加、气温过高等，受影响最严重的就是那些最贫穷、最边缘化的国家。上述所有问题都将限制农业多样性和生产力的发展（Altieri et al.，2015）。

一些国家农业主要以单一栽培为基础，围绕着竞争性出口导向型农业来组织经济活动。有人可能会提出，通过出口谷物和大豆等农作物，巴西、阿根廷赚取了可用于从国外进口其他商品的硬通货，为其国民经济作出了重大贡献。然而，此类工业化农业除了对公共健康和生态系统完整性造成负面影响外，还会导致对全球化市场的日益依赖，使传统农村社区及其多样化的粮食生产系统遭受破坏（Rosset，2011）。

　　不幸的是，越来越多的证据表明，在几乎所有存在传统农业系统的区域内，本土文化和生态基础正在以惊人的速度退化、被更替、被侵蚀。气候变化和环境变化外的其他因素（如政治动荡、土地掠夺、艾滋病毒肆虐等）以及城市化和全球化进程正在导致当地粮食系统迅速退化。正因为人类的未来也许只能仰赖这些农业多样性系统中孕育而生的生物多样性和生态系统，目前发生的一切无异于一场重大的悲剧（Plieninger，Bieling，2012）。

　　近几十年间，不可持续的食品消费和不健康的饮食习惯呈现上升趋势。许多与健康相关的事件，例如 1996 年疯牛病的暴发、2001 年口蹄疫流行和 2008 年的二噁英恐慌事件等使得消费者质疑工业化食品系统能否出产安全健康的产品。反复出现的争议性事件使消费者对那些为人类提供大部分食物的粮食生产系统产生了怀疑。

　　粮食对健康生活来说必不可少，在可持续发展的社会，它对经济和环境来说也至关重要，同时它也是生产者和消费者文化认同的重要组成部分。尽管目前的粮食系统为消费者提供了廉价食品，但是这些热量超高、营养不足的加工食品无论是质量还是其日益增长的环境足迹，都使人们不禁质疑当前粮食生产和消费趋势的长期可持续性。

　　生产、加工、运输与消费阶段的粮食损失和浪费会影响到粮食安全与营养、粮食系统的可持续性以及它们为今世后代提供优质和充足粮食的能力。根据联合国粮农组织的数据，全球出产的所有供人类食用的食物（每年约 13 亿吨）中有近 1/3 正在被浪费。当前需要采取更全面的措施来维持粮食的可持续性，重点关注构成食物链各层级基础的结构、系统与关系。管理过程中应将社会、环境和公平等维度纳入考虑，帮助一体化战略更好地实施，以促进环境保护与社会健康，更好地造福人民。粮食供应系统是地方和区域各级支持社会、经济和环境可持续性发展的一个关键考量因素（FAO，2014a）。

令人遗憾的是，对可持续农业与农村发展，特别是针对传统农业、小农户和家庭农业投资的减少，进一步限制了农村人口现有的发展机会，这也是农村发展停滞和发展中国家人口流失的一大重要原因，特别是在一些高地和旱地地区，以及一些农村贫困人口密集、生态系统脆弱的地区。减少世界范围内的贫困不仅是道德责任和社会公益，也是全球和平与稳定战略以及地球生存战略的优先事项。

几个世纪以来，发展中国家在当地的水土资源及其他资源、地方性物种与技术知识基础上发展农业，孕育出了许多具有生物多样性和遗传多样性的小型农场，这些农场具有强大的生命力和内在复原力，能够快速适应气候变化、应对病虫害。

人类需要更生态、更具生物多样性、地方性、可持续性和社会公平性的农业新模式。这也意味着未来农业发展应植根于传统小规模农业的基本生态原理，学习那些践行已久的社区型地方农业的成功典范。未来发展进程中，应鼓励生产者和消费者之间建立更密切的联系，这将使当地生产和消费之间以及城乡之间的关系更加紧密。过去的三十年里，在此全球趋势下粮食主权和以生态为基础的生产系统（例如生态农业）得到了广泛关注。

自 20 世纪 80 年代初，由发展中国家的非政府组织和农民组织所推动的数百个农业生态项目均表明，将传统知识和现代农业科学相融合，能够优化小型农业系统的生产力和可持续性，加强对自然资源的保护，提升地方和国家粮食安全。新兴的粮食主权概念强调农民使用土地、种子和水资源的权利，同时注重地方自治、地方市场、地方生产消费周期、能源和技术主权以及建立农民对农民的网络（Altieri，2009）。最近，在传统农业和家庭农业中根深蒂固的农业生态学概念已成为政策制定和相关技术方法中的主流理念，国际社会正在推广此类方法和相关学科。

小农户和家庭农场主在可持续粮食系统中的作用

小规模家庭农业及更传统的农业和粮食系统可以显著解决当今与未来许多可持续农业方面的问题。小农户和家庭农场主调整了他们的农业系统，采取了新的做法以适应大规模的经济与环境变化。他们在全球、国家和地方各级范围内持续供应最基本的粮食产品（FAO，2014a）。小规模农场能够提供一系列环境、经济、社会和文化服务，带来就业机会、营养食品和文化价值，提升生活质量（Koohafkan，Altieri，2010；Altieri，Koohafkan，2013）。这些系统的管理久经时间的考验，具有很强的复原力，管理者巧妙地将技术与实践相结合，保障粮食主权，带来可持续的资源与收入，保护自然资源和生物多样性。事实上，拥有高水平社会和人力资产的农业系统能够不断创新并应对各种不确定性。家庭农场主为全球农业生产作出了重要贡献，因此被认为是确保未来粮食安全的关键杠杆。在区域层面，小农户实际上提供了亚洲和撒哈拉以南非洲高达80％的粮食供应。其中，妇女发挥着关键作用，因为她们占发展中国家农业劳动力人口的43％，在东亚和东南亚以及撒哈拉以南非洲，这一比例高达近50％（FAO，2011），当地的耕作模式以组织农业生产为基础，主要依靠家庭劳动力，无论男女。在家庭农业和传统农业中，核心方法是将生产活动与当地景观结合起来，使资源具有互补性、综合性和可持续利用价值。小农户所应用的本土知识和传统技术脱胎于他们在日常农耕活动中对环境的深刻认识和不断适应。这些知识不仅是多样化和环境可持续性生产系统的支柱，还有助于农民们更好地适应环境变化，在面对气候变化与其他压力时更具复原力。尽管具备上述这些优势，小农户们仍因全球化进程和融入共同经济区所带来的不公平贸易、市场推动力以及竞争压力而备受威胁。因此，他们的命运是要么成为自给自足的边缘化生产者，要么成长为更大的农业生产体与大型工业化农场竞争，而这与当前的全球需求背道而驰（VanderPloeg，2009）。

现今，约有 5 亿户小农家庭共计 15 亿人，生活在 2 公顷甚至更少的土地上（FAO，2013，2014b，2015）。尽管较高的粮食价格可能使他们摆脱贫困，但近几十年来不可持续的农业政策已使他们成为最贫困、粮食不安全程度最高的群体。

"2014 国际家庭农业年"促使了一系列事件的发生，让人们逐步关注到家庭农场主是农业的基础。根据联合国粮农组织的官方数据（FAO，2014c，2015），家庭农场占全世界农场总数的88%（FAO，2014c，2015），远远领先于公司和农业综合企业。在此类别下，生活在不到 2 公顷土地上的家庭农场主和小农户则几乎占此类农场的 85%，约占全世界劳动力人口的 40%。正因为家庭农场主和小农户们非常了解自己所利用和耕种的边缘性土地，一旦他们得到明智的公共政策和可持续的投资支持，得以公平进入市场，将会在保障粮食和营养安全、创造就业机会、减少贫困和不平等、提供可持续的生计并促进区域发展等方面发挥出巨大潜力（Bosc et al.，2015）。

农业文化遗产与粮食安全

全球社会日益认识到，虽然在过去的半个世纪中，通过资源的集约利用，全球粮食产量显著增长，但这种做法会消耗自然资源，削弱农业生态系统可持续生产的能力。此外，目前的集约型生产和粮食分配系统并没有显著减少世界各地长期处于饥饿状态的人口数量。我们也已强调，通过促进现有粮食生产系统向有效利用生态系统服务的可再生型生产系统转型，能够最大限度地减少负面影响，同时解决未来需求，既切实可行，也颇有裨益。这种粮食生产的生态方法往往是知识密集型过程，需要对自然生态功能和生物多样性进行优化管理，以提高农业系统的性能和效率、改善农民的生计问题（Royal Society，2009；Clay，2011；FAO，2011；Foley et al.，2011）。因此，其重点是农民、顾问和研究人员的生产知识和管理技能，这也是农业生产系统中的一项主要投入。除了所有农业系统的核心预期生产力产出外，人们越来越意识到，农场和农业在单一商品产出外的其他方面也对人类的生计发挥着核心作用。农场和农民正在并且应当有能力提供多种商品与服务，且这些商品与服务往往不局限于农场之中。例如，许多农业区是城市的集水区，为下游用户提供清洁水源。许多农业区位于生物多样性热点地区和作物遗传多样性中心，农民需要为今世后代保持这些遗传多样性。如果当地人口多样化，农业系统将在很大程度上促进其饮食多样化。这些农业区可能是数百年来传统知识和文化代代传承的宝库。人们日益认识到，农业实践会对适应气候变化、减缓温室气体排放以及土壤中的碳固存产生影响。

通过采取多用途战略，许多本土资源使用者及农民对一系列农业和自然系统进行就地管理，收获了各类产品和生态效益。多样化系统，例如基于间作、农林业、作物和牲畜或作物和鱼类相结合的复合系统，以及对与土壤生物类群、病虫害调节生物体相关的生物多样性进行管理的系统，都被证实更具可持续性，也已成为众多研究者的研究对象。农业系统的积极特性，与其较强功能水平的生物多样性及其对农业生态系统过程的稳定作用密切相关。其所面临的挑战在于如何更好地管理农业生态系统，以维持或加强重要的生态服务，如养分循环、生物虫害防治和水土保持等。经过几代人的开发，许多传统和地方农业系统及其管理实践均能对物种间的关系，以及土地资源生物过程间的互联互通进行妥善利用（Altieri，Nicholls，2012）。

在非洲旱地世代开发的传统粗放型农牧系统中，在人口压力巨大的爪哇、印度尼西亚等亚洲地区采用舍饲养畜的改良化集约型系统中，利用牲畜对于维持养分循环和生态系统复原力来说意义重大。随着与这种协同作用相关的科学知识日益积累，在此基础上发展起来的现代农业生态技术不断被证明更具生产力，尤其是在那些农场生物结构得到优化，劳动力与当地资源得到有效利用的边际土地上。特定农民群体在有利的社会经济和政治环境下，会将现代农业生态技术运用于不同的系统当中。有机农业就是典型的案例，它的生产过程有利于环境保护，但产品价值通常较高，主要是为城市社区提供有机产品。从更广泛的范畴来看，另一个自发利用农业生态技术的绝佳案例是许多国家主动采用的保护性耕作技术。

传统的复种轮作系统为全球提供了高达 20％的粮食供应，复合种养至少占西非总耕地面积的 80％，在拉丁美洲的热带地区，主要作物的生产形式也大多是复合种养。在这些多样化的农业系统当中，小农户在同一片田地或菜园中生产粮食、水果、蔬菜、饲料和动物产品，其产量甚至超过了单一作物系统的单位产量，例如在大规模农场中单一种植的玉米等。

复合种养系统被认为具有"高产"的优势，因为当两种或两种以上作物一起种植时，它们的产量比单一种植时要高，这种增产优势可以达到 20％～60％。复合种养系统减少了杂草所造成的损失，农作物占据了杂草的生长空间，多物种的生存对于病虫害也有一定的抑制作用。在此类系统中，水、光和营养等可用资源都能得到更高效的利用。

较之复合种植玉米、豆类、南瓜、土豆和饲料的小规模农场，一个大规模农场每公顷也许可以产出更多的玉米，然而，在由小农户开发的复合种养系统中，可收获产品的单位面积生产率高于同等管理水平下的单一种植系统。农场规模与产量之间成反比，源于小农户更善于有效地利用土地、水、生物多样性和其他农业资源，尤其擅长对劳动力进行集约化利用。

在总产量方面，多样化的农场能出产更多食物，且对环境的负面影响更低。研究表明，小农户通常能更好地保护自然资源，例如他们在减少土壤侵蚀和保护生物多样性方面就表现卓越（Rosset，2011）。

农业文化遗产与营养多样性

当探讨传统农业在可持续粮食系统中的作用和地位时，营养和饮食多样性的价值正成为一个日益关键的切入点。造成食物种类不足和饮食结构单一的原因及其后果十分复杂，涉及文化、卫生、农业、市场和环境等多个方面的因素。然而，农业生物多样性可以在解决营养问题方面发挥重要作用（Johns，Eyzaguirre，2006）。恢复木薯、藜麦、豆类和其他粮食作物等传统食物的生产，可以有效应对高昂且不断波动的国际粮食价格。与此同时，也为促进小规模农业和当地生产提供了非常重要的机遇（FAO，2012）。

除了在生态生产系统中发挥关键作用外，地方性物种对健康也至关重要。选取作物不同的栽培品种，很可能带来微量营养素缺乏或微量营养素充足两种截然相反的结果。目前正在实施的多项可持续粮食系统和改善营养综合办法倡议，成功地基于当地可利用的生物多样性，振兴区域或当地粮食产品与生产系统，并对社区生计和健康产生了积极影响。许多非洲南部国家逐渐用"现代化的"卷心菜替代"拿不出手的"当地蔬菜，致使当地居民维生素和微量营养素摄入量减少（Bioversity International，2010）。为解决这一问题，一场基于营养学和农学研究的运动通过向农民派发种子、宣传当地传统食谱，将一种在当地未受充分重视的本土叶菜重新引入肯尼亚当地大卖场。自 1997 年以来，在内罗毕城郊生产的叶类蔬菜总量增长了 10 倍以上（Bioversity International，2007），居民收入也随之增加，尤其是在当地菜农能成功地与市场产生密切联系的地区。作物成分分析可以帮助提供有关栽培品种（包括鲜为人知的品种和野生变种）的微量营养素含量信息。最近的作物成分分析显示，不同甘薯品种间 β-胡萝卜素的含量可能存在高达 60 倍的差异。每 100 克不同品种香蕉中可能包含 1 000 微克至 8 500 微克不等的维生素 A 原类胡萝卜素（Lutaladio et al.，2010）。

　　在许多国家，出于健康和环境方面的考量，消费者乐意为产自可持续农业系统的农产品、有机食品和传统景观类产品支付更多的费用。产品认证是识别和为此类产品增值的最常见工具之一，能为生产者提供溢价。20 世纪 90 年代初以来，经认证的有机产品的市场年均增长 20%，其增长速度无论是在发达国家还是发展中国家都远超其他食品工业。在许多国家，预计未来有机产品市场年增长率将在 10%～50%。仅 2008 年一年就认证了超过 3 500 万公顷的有机产品（FiBL，IFOAM，2010），认证不仅针对有机农产品，还针对那些在保护土壤资源、野生生态环境、濒危物种或林地的进程中所出产的产品。雨林联盟曾开展过一项咖啡认证项目，专门对那些有助于维持森林覆盖率、防止土壤侵蚀的荫生咖啡进行认证。美国的鲑鱼安全农产品项目则为那些保护鲑鱼栖息地的农民颁发专门的认证标志。公平贸易的标志承载着一种可持续发展的理念，这种理念超越了自然和环境价值，将社会公平纳入其中，旨在保证生产者，特别是那些发展中国家的小农户和家庭农户能够保障生计、获得足够的收入。

　　鉴于尚有许多未被驯化或充分驯化以及未被商业开发的作物、牲畜和鱼类，开发这些品种的市场潜力巨大。此类开发将通过利用更多遗传资源、为农民提供多样化生计选择和增收机会等方式来支持环境保护，这对于应对全球变化来说意义重大。然而，新市场的开发需要考虑整个供应链可能出现的变化，包括那些为确保种养库存的稳定供应、调整加工技术和制定质量标准而采取的措施。

农业文化遗产与农业生态学

尽管有证据表明小规模传统农业系统具有复原力和生产力优势，许多科学家、发展专家和组织仍认为自给型农业的表现令人失望。在从自给型农业往商业化生产过渡的进程中，农药和转基因集约化生产不可或缺。虽然这种集约化方法屡次失败，但研究表明，对传统的作物和动物复合种养进行适当调整可以提高生产力水平。因此在重新设计小规模农场时，如能遵循生态原则，改善生态环境从而促进植物健康生长、重点防治害虫、保护有益生物，便能更好地促进对劳动力和当地资源的有效利用。

一些报告充分证明，在气候变化和能源成本不断增加的情况下，小农户仍可为农村和邻近城市社区提供大部分所需的粮食。有确凿证据表明：由世界各地农民、非政府组织和地方政府牵头实施的新型农业生态方法与技术已为国家、区域和家庭各级粮食安全作出了充分贡献（Altieri，Nicholls，2012）。

普雷蒂（Pretty）、莫里森（Morrison）和海因（Hine）于2003年组织进行了首次针对全体发展中国家农业生态项目（生态举措）的综合评估。根据评估记录，约2 900万公顷以上的耕地粮食产量明显增加，粮食多样性和粮食安全的提升使近900万个家庭受益。在面积约358万公顷，约由442万农民耕种的雨养旱作区——典型的小农户所生活的边缘化环境中，推行可持续农业实践促使每公顷实现了 50％～100％的谷物增收（每户每年约 1.71 千克，增产 73％）。在以块根农作物（马铃薯、甘薯和木薯）为主食的 14 个项目中，54.2 万公顷耕地面积上的 14.6 万个农场每年增加 17 吨家庭粮食产量（增产 150％）。这类产量的提升帮助那些脱离了主流农业制度的农民实现了粮食安全，是一种真正的突破。重新审查 2010 年的数据后可以发现，57 个"贫穷国家"所实施的 286 项干预措施共覆盖 3 700 万公顷的耕地面积（占发展中国家总耕地面积的 3％），在改善生态系统服务的同时，这些措施提高了 1 260 万个农场的生产力水平，作物平均增收 79％。

上述数据进一步证实了联合国贸易与发展会议报告中所提出的观点："有机农业可以促进非洲的粮食安全。"基于对非洲 114 个案例的分析，报告显示，将农场转型为有机或接近有机的生产方式可将农业生产率提升 116％。世界银行和联合国粮农组织委托进行的"农业知识，科学和技术促进发展国际评估"（IAASTD）建议，加强和巩固农业生态科学将有助于在解决环境问题的同时保持并提高生产力。评估报告还强调，传统的本土知识体系可帮助改善耕种土壤的质量、生物的多样性，加强对营养、虫害和水资源的管理，并提升应对气候变化等环境压力的能力。前粮食权调查员奥利维尔·德舒特（Olivier De Schutter）在其提交给联合国人权委员会的报告中强调，扩大农业生态化实践可同步提高农业生产力、保障粮食安全、提高收入、改善农村生计、扭转物种流失和遗传侵蚀的趋势。

能否实现农业生态创新的潜力，并将其推广，取决于若干因素以及政策、机构、研究与开发途径的重大变化。所拟议的农业生态战略需要有意识地针对贫困人口，该战略不仅旨在增产和保护自然资源，还必须创造就业机会，并提供获取当地资源和进入当地市场的机遇。任何注重可持续农业技术发展的实践都必须在研究过程中运用当地的知识和技能。必须特别强调让农民直接参与研究议程的制定，采用注重经验分享、加强地方研究和提高问题解决能力的"农民对农民"模式，让农民积极参与技术创新和传播过程。农业生态发展需要农民的参与，需要提升他们关于农场与自然资源的生态教养，为农村社区赋权和持续创新奠定基础。

此外，还必须注重发展公平的市场机会，强调地方商业化和分销计划、强调价格公平和其他机制，更直接地与农民联系并加强农民与其他群体的团结。我们所面临的终极挑战是增加对生态农业的投资与研究，努力扩大那些被成千上万的农民们证明行之有效的相关项目的规模。这将对全人类的收入、粮食安全和环境福祉产生有意义的影响，特别是对于那些因常规的现代农业政策、技术和多国农业企业渗入发展中国家而遭受不利影响的小农户来说。

粮食系统与粮食主权

除了技术创新、"农民对农民"网络以及"农民对消费者"的连带关系之外，可持续农业的发展还需要重大的结构变革。如果没有社会运动促使决策者产生政治意愿，以废除或改变目前阻碍可持续农业发展的体制和条例，那么这种变革就不可能实现。当前需要对农业进行一场更彻底的改革，如果在社会、政治、文化和经济领域缺乏影响农业的类似变化，就不可能促成农业领域的生态变化。

如"国际农民运动"和"巴西无地农民运动"（MST）等有组织的农民和本土土地运动长期以来一直认为农民需要土地为自己的社区和国家生产粮食。因此，他们主张进行真正的土地改革，以获取并控制对社区发展至关重要的土地资源、水资源与生物多样性，旨在满足日益增长的粮食需求。

为了保障生计、就业、人民粮食安全和健康以及保护环境，粮食生产必须继续掌握在小农户和家庭农场主手中，不能任由大型农业综合企业或连锁超市掌握控制权。只有改变大规模农场的工业化农业生产模式，才能打破贫困、收入水平低、农村人口向城市迁移、饥饿和环境退化等问题的恶性循环（Rosset，2011）。

绿色革命不足以减少饥饿与贫困，也不足以保护生物多样性。如果不正视饥饿、贫穷和不平等诸多问题的根源，必然会加剧社会公平发展与生态保护之间的紧张关系。有机农作系统如果不去颠覆农场单一种植的本质，仅依靠外部资源投入以及外界提供的、昂贵的认证标志，或是依靠为农业出口所设立的公平贸易制度，对于依赖外部资源和国外动荡市场的小农户来说，几乎毫无助益。如果想要激励农民重新设计更具生产力的农业生态系统，使他们得以摆脱对外部资源的依赖，仅靠使用有机农业投入替代方式，或是对他们的投入使用进行微调是远远不够的。面向发达国家的利基市场①与任何不优先考虑粮食主权的农业出口系统面临同样的困境——长期依赖外部资源和长期存在饥饿问题（Altieri，Nicholls，2012）。

农业部门新兴的社会运动与致力于支持这些农民运动的民间社会组织联合起来，相互协调、步调一致地推进建立更具社会公正性、经济可行性的环境友好型粮食系统。希望来自农民组织和其他方面不断施加的政治压力，能促使政治家们作出响应，更加积极地制定政策、加强粮食主权、保护自然资源基础、确保社会公平和经济农业生存能力（Holt-Gimenez，Shatuck，2011）。

---

① 利基市场（niche market）是高度专门化的需求市场，指在较大的细分市场中具有相似兴趣或需求的一小群顾客所占有的市场空间。——译者注

参考文献

Altieri M A，2009. Agroecology，small farms，and food sovereignty [J]. Monthly Review，61：13-19.

Altieri M A，Koohafkan P，2013. Strengthening resilience of farming systems：A key prerequisite for sustainable agricultural production [R] //Global Research Partnership for a Food Secured Future. United Nations Trade and Environment Review. Wake up before it is too late：make agriculture truly sustainable now for food security in a changing climate. United Nations Publications：56-60.

Altieri M A，Nicholls C I，2004. Biodiversity and Pest Management in Agroecosystems [M]. 2nd ed. New York：Haworth Press.

Altieri M A，Nicholls C I，2012. Agroecology scaling up for food sovereignty and resiliency [M] //Lichtfouse E. Sustainable Agriculture Reviews Ⅱ. Dordrecht：Springer Science＋Business Media：11-29.

Altieri M A，Nicholls C I，Henao A，et al. ，2015. Agroecology and the design of climate change-resilient farming systems [J]. Agronomy for Sustainable Development，35：869-890.

Bioversity International，2007. Annual Report [R/OL]. Rome，Italy [2015-12-21]. www. bioversity international. org/fileadmin/ _ migrated/ uploads/tx _ news/Bioversity _ International _ annual _ report _ 2007 _ 1284. pdf.

Bioversity International，2010. Sustainable Agriculture for Food and Nutrition Security [R/OL]. Rome，Italy [2015-12-21]. www. bioversityinternational. org/fileadmin/ _ migrated/uploads/tx _ news/Bioversity _ lnternational _ annual _ report _ 2010 _ 1479. pdf.

Bosc P-M，Piraux M，Dulcire M，2015. Contributing to innovation，policies and local democracy through collective action [M] //Sourisseau J-M. Family Farming and the Worlds to Come. Dordrecht：Springer [Pays-

Bas]，145-160.

Brookfield H，Padoch C，1994. Appreciating agrodiversity：A look at the dynamism and diversity of indigenous farming practices ［J］. Environment，36（5）：6-45.

Clawson D L，1985. Harvest security and intraspecific diversity in traditional tropicalagriculture ［J］. Society for Economic Botany，39：56-67.

Clay J，2011. Freeze the footprint of food ［J］. Nature，475：287-289.

Craats R，2005. Indigenous Peoples Massai ［M］. New York：Weigl Publishers，Inc.

ETC Group，2009. Who Will Feed Us? Questions about the Food and Climate Crisis - 2009 ［R］. Action Group on Erosion，Technology and Concentration.

FAO，2008. Conservation and Adaptive Management of Globally Important Agricultural Heritage Systems （GIAHS） GCP/GLO/212/GFF Project Document ［R］. Rome，Italy.

FAO，2011. Save and Crow：A Policymaker's Guide to Sustainable Intensification of Smallholder Crop Production ［R］. Rome，Italy：FAO.

FAO. 2012. Conservation and Adaptive Management of Globally Important Agricultural Heritage Systems （GIAHS） Project Progress Implementation Report ［R］. Rome，Italy.

FAO，2014a. Food Losses and Waste in the Context of Sustainable Food Systems ［R］. A report by the High Level Panel of Experts on Food Security and Nutrition.

FAO，2014b. Regional Rice Initiative for Asia and the Pacific. The multiple goods andservices of Asian rice production ［R］. Rome，Italy.

FAO，2014c. The State of Food and Agriculture：Innovation in Family Farming ［R］. Rome，Italy：FAO.

FAO，IFAD，WFP，2015. The State of Food Insecurity in the World. Meeting the 2015 international hunger targets：taking stock of uneven progress ［R/OL］. Rome，Italy：FAO ［2015-12-10］.

www. fao. org/ hunger/en.

FiBL，IFOAM，2010. The World of Organic Agriculture，Statistics and Emerging Trends ［R］. Wilier H，Kilcher L. Bonn，Germany：IFOAM and Frick，Switzerland：FiBL.

Foley J A，Ramankutty N，Brauman K A，et al.，2011. Solutions for a cultivated planet ［J］. Nature，478：337-342.

Gliessman S R，1998. Agroecology：Researching the ecological processes in sustainable agriculture ［M］//Chou C H，Shan K T. Frontiers in Biology：The Challenge of Biodiversity，Biotechnology，and Sustainable Agriculture. Taipei：Academia Sinica.

Harlan J R，1992. Crops and Man ［M］. 2nd ed. Madison，WI：American Society of Agronomy.

Harwood R R，1979. Small Farm Development - Understanding and Improving Farming Systems in the Humid Tropics ［M］. Boulder，CO：Westview Press.

Holt-Gimenez E，2001. Scaling up sustainable agriculture- Lessons from the Campesino a Campesino movement ［J］. LEISA Magazine，17：3.

Holt-Gimenez E，Shatuck A，2011. Food crises，food regimes and food movements：Rumblings of reform or tides of transformation? ［J］. Journal of Peasant Studies，38（1）：109-144.

Johns T，Eyzaguirre P B，2006. Linking biodiversity，diet and health in policy and practice. Symposium on wild-gathered plants：basic nutrition，health and survival ［J］. Proceedings of the Nutrition Society，65：182-189.

Koohafkan P，2002. Globally important ingenious agricultural heritage systems ［C］//Biodiversity and the Ecosystem Approach in Agriculture，Forestry and Fisheries Satellite event on the occasion of the Ninth Regular Session of the Commission on Genetic Resources for Food and Agriculture，October 12-13，Rome，Italy.

Koohafkan P，Altieri M A，2010. Globally Important Agricultural Heritage

Systems, a legacy for the future [R]. Rome, Italy: FAO.

Lutaladio N, Burlingame B, Crews J, 2010. Horticulture, biodiversity and nutrition [J]. Journal of Food Composition and Analysis, 23: 481-485.

Natarajan M, Willey R W, 1986. The effects of water stress on yield advantages of intercropping systems [J]. Field Crops Research, 13: 117-131.

Netting R McC, 1993. Smallholders, Householders: Farm Families and the Ecology of Intensive, Sustainable Agriculture [M]. Stanford, CA: Stanford University Press.

Perfecto I, Vandermeer J, Wright A, 2009. Nature's Matrix: Linking Agriculture, Conservation and Food Sovereignty [M]. London: Earthscan.

Plieninger T, Bieling C, 2012. Resilience and the Cultural Landscape: Understanding and Managing Change in Human-Shaped Environments [M]. New York: Cambridge University Press.

Pretty J, Koohafkan P, 2002. Land and Agriculture [R]. Rome, Italy: FAO.

Pretty J, Morrison J I L, Hine R E, 2003. Reducing food poverty by increasing agricultural sustainability in the development countries [J]. Agriculture, Ecosystems and Environment, 95: 217-234.

Pretty J N, 1995. Regenerating Agriculture: Policies and Practice for Sustainability and Self-Reliance [M]. London: Earthscan.

Qualset C O, Shands H L, 2005. Safeguarding the Future of US Agriculture: The Need to Conserve Threatened Collections of Crop Diversity Worldwide [R]. Davis, CA: University of California, Division of Agriculture and Natural Resources, Genetic Resources Conservation Program.

Rosset P M, 2011. Food sovereignty and alternative paradigms to confront land grabbing and the food and climate crises [J]. Development, 54: 21-30.

Rosset P M, Machín Sosa B, Roque Jaime A M, et al. , 2011. The Campesino-to-Campesino agroecology movement of ANAP in Cuba: Social process methodology in the construction of sustainable peasant agriculture and food sovereignty [J]. Journal of Peasant Studies, 38 (1): 161-191.

Royal Society, 2009. Reaping the Benefits: Science and the Sustainable Intensification of Global Agriculture [M]. London: The Royal Society.

Thrupp L A, 1998. Cultivating Diversity - Agrobiodiversity and Food Security [M]. Washington, DC: World Resource Institute.

Tilman D, Wedin D, Knops J, 1996. Productivity and sustainability influenced by biodiversity in grassland ecosystems [J]. Nature, 379: 718-720.

Tscharntke T, Klein A M, Kruess A, et al. , 2005. Landscape perspectives on agricultural intensification [J]. Ecology Letters, 8: 857-874.

VanderPloeg J D, 2009. The New Peasantries: Struggles for Autonomy and Sustainability in an Era of Empire and Globalization [M]. London: Earthscan.

West T D, Griffith D R, 1992. Effect of strip-intercropping corn and soybean on yield and profit [J]. Journal of Production Agriculture, 5: 107-110.

Wilken G C, 1987. Good Farmers: Traditional Agricultural Resource Management in Mexico and Guatemala [M]. Berkeley: University of California Press.

Wilken M, 1987. The Paipai potters of Baja California: A living tradition [J]. Masterkey, 60: 18-26.

Wolf E C, 1986. Beyond the Green Resolution: New Approaches for Third World Agriculture(Worldwatch Paper 73)[R]. Washington, DC: Worldwatch Institute.

Zhu Y, Chen H, Fan J, et al. , 2000. Genetic diversity and disease control in rice [J]. Nature 406: 718-722.

第三章
保护我们的遗产

图 3-1　来自伊朗的藏红花。古代波斯的礼拜者将藏红花用作祭品、香水、食用香料和药物。它是最古老的农作物之一，栽培历史超过3 500年，在各大文化、各大洲和多种文明中都能找到它的身影。纵观历史，藏红花一直是世界上最为昂贵的香料之一，被用作调味品、香料、染料和药物

图片来源：玛丽·简·拉莫斯·德拉克鲁兹。

世界遗产公约

还记得"世界遗产信托基金会"吗？早在 1965 年，美国就提出了将文化遗产保护与自然遗产保护相结合的想法，它呼吁为全世界公民的现在与未来建立一个"世界遗产信托基金会"，通过国际合作来保护"世界杰出的自然风景区和历史遗址"。世界遗产信托基金会认识到人类与自然互动的方式以及保持两者平衡的基本需求。在稍后的 1968 年，国际自然保护联盟（IUCN）为其成员制定了类似提案，并在 1972 年于斯德哥尔摩召开的联合国人类环境会议上提交，最终通过各方商定达成共识。联合国教科文组织大会于 1972 年 11 月 16 日通过了《保护世界文化和自然遗产公约》（又称《世界遗产公约》[①]）。《世界遗产公约》的基本原则是防止任何文化和自然遗产的退化或消失，这些遗产日益遭受破坏的威胁，一方面因年久腐变所致；另一方面，变化中的社会和经济条件也会致使遗产状况恶化，造成更加难以应对的损害与破坏现象。鉴于此，《保护世界文化和自然遗产公约》共起草 38 项条款，旨在从国际和国家层面做好所有文化和自然遗产的保护工作，这些遗产具有突出的重要性，因而需作为全人类世界遗产的一部分加以保护。该公约进一步强调：在生活环境飞速变化的社会中，为人类的平衡与发展保留一个适宜的生存环境是至关重要的。在那里，人类将继续与大自然和世代相传的文明保持接触。有鉴于此，应当让文化和自然遗产在社区生活中发挥积极作用，并将我们时代的成就、过去的价值观和自然之美纳入整体政策当中去。

[①] 《世界遗产公约》（WHC）是国际发展政策史上最重要的公约之一，它提醒了我们人类与自然互动的方式，以及保持人与自然平衡的基本需要。

《牛津词典》中"遗产"的其中一个定义为"有价值的物品，例如历代相传的历史建筑和文化传统"。事实上，遗产可分为两大类：一类以实物、有形的形式呈现，如考古发掘、艺术、活动物体、建筑和景观。而另一种形式的遗产是指非物质遗产，它与特定社会或社区的文化财富及其表现形式相关，如典礼、节庆、人生重大仪式活动、传统与风俗管理以及关于自然和社会互动的知识实践等。

自《世界遗产公约》通过以来，遗产概念发展迅猛。后续又有若干公约和相关方案被制定并实施，以确保遗产的保存和保护。本章将简要介绍三项重要公约。

《保护世界文化和自然遗产公约》

《保护世界文化和自然遗产公约》旨在确定、保护、保存、展出和传承"具有突出的普遍价值"的文化和自然遗产。该公约的实施部分是通过对遗址（在学术上被称为"遗产"）进行识别，判断其是否具备且能否表现出突出的普遍价值。"突出的普遍价值"是《世界遗产名录》选址时的关键概念。在《世界遗产公约》中并未对其进行定义，但《实施〈世界遗产公约〉操作指南》（以下简称《操作指南》）对其进行了解释，它联系着某种文化现象或自然景观的普遍性、独特性和代表性。根据《操作指南》所述，文化和自然遗产的特征如下：

"文化遗产：

- 文物：从历史、艺术或科学角度看具有突出的普遍价值的建筑物、碑雕和碑画，具有考古性质成分或结构的铭文、窟洞以及景观的联合体；
- 建筑群：从历史、艺术或科学角度看在建筑式样、分布均匀或与环境景色结合方面具有突出的普遍价值的单立或连接的建筑群；

- 遗址：从历史、审美、人种学或人类学角度看具有突出的普遍价值的人类工程或自然与人的联合工程以及考古遗址等地方。

自然遗产：

- 从审美或科学角度看具有突出的普遍价值的由物质和生物结构或这类结构群组成的自然面貌；
- 从科学或保护角度看具有突出的普遍价值的地质和自然地理结构以及明确划为受到威胁的动物和植物生境区；
- 从科学、保护或自然美角度看具有突出的普遍价值的天然名胜或明确划分的自然区域。"

《保护非物质文化遗产公约》

非物质文化遗产，又称活态遗产，是人类文化多样性的主要源泉。保护非物质文化遗产保证了人类持续的创造力，在联合国教科文组织 1989 年通过的《保护传统文化和民俗的建议》、2001年发布的《世界文化多样性宣言》以及在 2002 年第三次文化部长圆桌会议上发布的《伊斯坦布尔宣言》中都强调了这一点。《保护非物质文化遗产公约》中强调"承认各社区，尤其是原住民、各群体，有时是个人，在非物质文化遗产的生产、保护、延续和再创造方面发挥着重要作用，从而为丰富文化多样性和人类的创造性做出贡献"。非物质文化遗产的类别包括被各社区、群体，有时是个人，视为其文化遗产组成部分的各种社会实践、观念表述、表现形式、知识、技能以及相关的工具、实物、手工艺品和文化场所（图 3-2）。当非物质文化遗产被世代相传，在各社区和群体适应周围环境以及与自然和历史的互动中，被不断地再创造，为这些社区和群体提供认同感和持续感，从而增强其对文化多样性和人类创造力的尊重时，非物质文化遗产才能被视为世界遗产。同时，《保护非物质文化遗产公约》只考虑那些符合各社区、群体和个人之间相互尊重的需要以及顺应可持续发展的非物质文化遗产。该公约为西方国家以外的人类遗产提供了机会，促进了由西方国家主导的《世界遗产名录》的平衡。

图 3-2   非物质文化遗产分类

图片来源：联合国教科文组织，世界遗产网站（http：//whc. unesco. org/ en/list/stat），2016 年 3 月 13 日。

《保护和促进文化表现形式多样性公约》

《保护和促进文化表现形式多样性公约》于 2005 年 10 月通过，该公约确认了文化多样性是人类的一项基本特性，是人类的共同遗产，应当为全人类的利益对其加以珍爱和维护。同时，该公约对于文化遗产的多样性、内容和表现形式作出了更明确的区分定义，并确定了为保存、保护和加强文化表现形式多样性应当采取的措施。

"文化多样性" 指各群体和社会借以表现其文化的多种不同形式。这些表现形式在他们内部及其间传承。

"文化内容" 指源于文化特征或表现文化特征的象征意义、艺术特色和文化价值。

"文化表现形式" 指个人、群体和社会创造的具有文化内容的表现形式。

"文化活动、产品与服务" 指具有特殊属性、用途或目的，或是体现、传达文化表现形式的活动、产品与服务，无论其是否具有商业价值。

使自然与文化紧密相连

将自然与文化更紧密地结合在一起是《保护世界文化和自然遗产公约》的核心理念。这份公约是承认和保护具有"突出的普遍价值"的人类文化和自然遗产的独特手段。然而，直到通过20年后的1992年，该公约才真正成为一项国际性的法律文书。

世界遗产委员会在其第十六届会议上通过了文化遗产类别，以便在执行《世界遗产公约》过程中能更好地使自然与文化紧密相连。这是在《世界遗产公约》保护框架基础上的一次创新，因为它强调了"活态的文化遗产"，这需要一种适应性的保护措施以及一种思考人类及其环境的新方式。以可持续发展为愿景，将文化与自然紧密联系起来已得到国际社会的正式认可。

世界遗产委员会承认，文化景观属于文化遗产，正如《世界遗产公约》第一条所述，它们是"人类与大自然的共同杰作"。文化景观见证了人类社会和居住地在自然限制和（或）自然环境影响下随着时间的推移而产生的演化，也展示了社会、经济和文化外部与内部的发展力量。毫无疑问，"文化景观"一词包含了人类与自然环境相互作用的多种表现形式。因此，如《操作指南》所述，当一项文化景观中所体现的人与自然的互动具有"突出的普遍价值"，那么它便适合被列入《世界遗产名录》。

在这一分类下，"文化景观"一词包含了人类与自然环境相互作用的多种表现形式（表3-1）。很显然，文化景观通常能够反映可持续性土地利用的特殊技术，即使在恶劣的自然环境中，也能体现人类的创造力和聪明才智。正是这特定的精神境界和与大自然的紧密相连造就了丰富的文化景观。在世界许多地区，持续存在的传统土地利用形式让生物更具多样性，同时也体现出培育了土地和环境的本土社区所具有的强大文化价值观。因此，保护传统文化景观也有益于保护生物多样性。

表 3 - 1 世界遗产委员会于 1992 年通过并列入《操作指南》
（2002 年）第 39 段的世界遗产文化景观类别

类别	《实施〈世界遗产公约〉操作指南》的摘录
（1）	最易识别的一种是明确定义的人类刻意设计及创造的景观。其中包含出于美学原因建造的园林和公园景观，它们经常（但不总是）与宗教或其他纪念性建筑物或建筑群相结合
（2）	第二种是有机演进的景观。它们产生于最初始的一种社会、经济、行政以及宗教需要，并通过与周围自然环境的相联系或相适应而发展到目前的形式。这种景观反映了其形式和重要组成部分的进化过程。它们又可分为两类： •残遗（或化石）景观，它代表过去某一时间段内已经完成的进化过程，它的结束或为突发性的或为渐进式的。然而，其显著特点依然清晰可辨地体现在实物上 •持续性景观，它在当今社会与传统生活方式的密切交融中持续扮演着一种积极的社会角色，其演变过程仍在进行中，而同时，它又是历史演变发展的重要物证
（3）	最后一种景观是关联性文化景观。将这一景观列入《世界遗产名录》是因为这类景观体现了强烈的与自然因素、宗教、艺术或文化的关联，而不仅是实体的文化物证，后者对它来说并不重要，甚至是可以缺失的

列入《世界遗产名录》的标准

在执行《世界遗产公约》的 40 多年间，公约委员会对《操作指南》进行定期修订，以反映世界遗产概念本身的演变，从《世界遗产公约》的实际执行中不断吸取经验教训以加强公约实施，并提出一份具有平衡性与可靠性的《世界遗产名录》。例如，截至 2004 年年底，世界遗产地是根据 6 项文化标准和 4 项自然标准来进行遴选认定的。公约的实施采用了修订后的《实施〈世界遗产公约〉操作指南》（WHC，2013），一共包含 10 项评定标准，具体如下：

•作为人类天才的创造力的杰作；

- 在一段时期内或世界某一文化区域内人类价值观的重要交流，对建筑、技术、古迹艺术、城镇规划或景观设计的发展产生重大影响；
- 能为延续至今或业已消逝的文明或文化传统提供独特的或至少是特殊的见证；
- 是一种建筑、建筑整体、技术整体及景观的杰出范例，展现人类历史上一个（或几个）重要阶段；
- 是传统人类居住地、土地使用或海洋开发的杰出范例，代表一种（或几种）文化或人类与环境的相互作用，特别是当它面临不可逆变化的影响而变得脆弱；
- 与具有突出的普遍意义的事件、活传统、观点、信仰、艺术或文学作品有直接或有形的联系（委员会认为本标准最好与其他标准一起使用）；
- 绝妙的自然现象或具有罕见自然美和美学价值的地区；
- 是地球演化史中重要阶段的突出例证，包括生命记载和地貌演变中的重要地质过程或显著的地质或地貌特征；
- 突出代表了陆地、淡水、海岸和海洋生态系统及动植物群落演变、发展的生态和生理过程；
- 是生物多样性原址保护的最重要的自然栖息地，包括从科学和保护角度看，具有突出的普遍价值的濒危物种栖息地。

除上述标准外，只有同时具有完整性和（或）真实性的特征，且有恰当的保护和管理机制确保遗产得到保护，遗产才能被视为具有突出的普遍价值。

虽然有形遗产和无形遗产密切相关，但如知识体系、行动准则和人类固有的价值观和信仰等无形遗产只有在能被共享和传承后世的情况下才能被视为遗产。自 1972 年以来，在联合国教科文组织的主持下，遗产概念得到显著发展，被广泛研究、宣传，并不断演变，反映了国际和国家层面对遗产和那些从历史、艺术或科学角度看具有突出的普遍价值的自然文化遗址的日益重视。

世界遗产：人类的宝藏

严格来说，世界遗产并不像任何一个国家的国家公园那样是被指定为世界遗产的，而是被提名列入一份 1976 年联合国教科文组织世界遗产委员会成立时设立的《世界遗产名录》。在过去40 年中，《世界遗产公约》被证明在确定和保护世界遗产方面极富远见。其业务规模以及那些被列入正式名录和预备名录中的复杂多样的世界遗产充分反映了公约所达成的重大进展与成就。目前，关于世界遗产保护与管理方面的各类参考书目和行动指南汗牛充栋。截至本书（英文版）截稿之时，世界范围内共有 1 031处世界遗产被列入《世界遗产名录》（表 3 - 2 和图 3 - 3）

表 3 - 2　按区域划分的世界遗产

地区	文化	自然	混合	总计	占比（%）
非洲	48	37	4	89	8.6
阿拉伯国家	73	4	2	79	7.7
亚洲和太平洋地区	168	59	11	238	23.1
欧洲和北美地区	420	61	10	491	47.6
拉丁美洲和加勒比地区	93	36	5	134	13.0
总计	802	197	32	1031	100

资料来源：联合国教科文组织，世界遗产网站（http：//whc. unesco. org/en/list/stat），2016 年 3 月 13 日。

虽然联合国教科文组织正在努力促进平衡，但被列入《世界遗产名录》的遗产地仍主要来自发达国家（图 3 - 3），即欧洲和北美地区，占比约 48%，其余 52% 则分布在亚洲和太平洋地区、

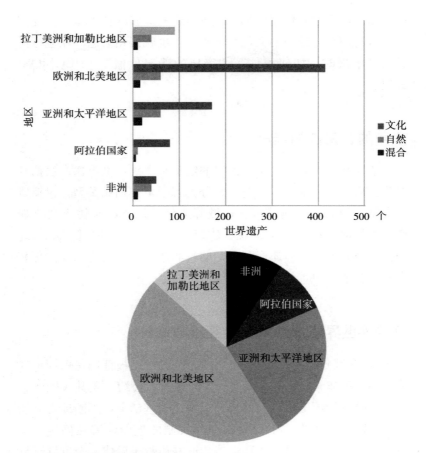

图 3 - 3　按区域划分的世界遗产数量与分布

资料来源：联合国教科文组织，世界遗产网站（http：//whc. unesco. org/en/list/stat），2016 年 3 月 13 日。

非洲、拉丁美洲和加勒比海地区以及阿拉伯国家（UNESCO，2016）。国际古迹遗址理事会（ICOMOS）的一项研究结果表明，这种世界遗产分布上的差异主要源于结构性与质性制约。结构性制约因素包括缺乏促进和准备提名工作的技术能力、缺乏对遗产的充分评估或缺乏适当的法律及管理框架，上述因素无论是单一作用或是共同作用，都会阻碍遗产的提名准备工作。质性制约因素与潜在遗址地的文化特征相关，也就是相关遗产在进行世界遗产申报时，如何评估其"突出的普遍价值"（ICOMOS，2004）。

珍贵的、无价的遗产

依照联合国教科文组织提出的定义和类别，世界遗产根据其群体如何利用和受益于该遗产，分为若干个类别或类型，包括以下类型：纪念碑、建筑群、古城等遗址、地域、非物质文化遗产、可移动遗产、文化景观、建筑、文物、考古遗址、纪念地等。在被列入《世界遗产名录》的自然遗产、文化遗产或文化和自然混合遗产中，均能找到上述遗产类型。

总结《世界遗产公约》的经验与教训

自 1972 年通过以来，《世界遗产公约》已被证明是保护世界遗产的一种非常有远见的手段。《世界遗产公约》及其《操作指南》在吸取的历史教训和取得的重大成就基础上，不断地发展演变，以稳固其作为一个可靠的国际机制的地位，旨在确定、保护、保存、展出世界文化和自然遗产并传承于后代。全世界还见证了遗产概念范式的转变，包括引入文化景观类世界遗产、将遗产范畴从有形的（静态）遗产扩大到无形的（活态）遗产、发展出更为综合的保存和保护措施。特别是文化景观类文化遗产概念的引入，以及随后一系列文化景观类遗产被列入《世界遗产名录》，加深了我们对于遗产的理解，更让我们进一步认识到在全球化和现代化进程中，对遗产的保护刻不容缓。同时，《世界遗产公约》也为缔约国提供了新的机遇，包括：

- 成为联合国大家庭的一部分，加强与其他国际公约间的联系；
- 将遗产管理作为可持续发展的驱动力；
- 改善商业结构、计划和实践做法；
- 借助民间团体的支持；
- 利用新兴技术更快、更有效地提升认识和分享知识。

更重要的是，文化景观类遗产的引入实施促使遗产管理成为人类共同的责任，从而确保任何类型的遗产都能得以保存，所有文化的多样性和独特性都能得到尊重，并且确保它们能积极参与到发展规划中去。

活态的农业文化遗产，使我们的文明生机勃勃。它在适应环境、经济和社会转型以及科技进步的同时，强调自身的多样性、演化性、连续性和复原性，以保持其核心价值观。这一过程在数字革命、全球化和即时通信飞速发展的时代仍处于过渡阶段。

被遗忘和被忽视的农业文化遗产

《世界遗产公约》在提升人们对世界遗产的重视方面着实成绩斐然。遗产已然成为热门议题以及各类科学研发的平台。尤其是在促进社会、经济和农村发展方面，遗产提供了更多的机遇，"遗产"一词在许多国家成了时髦术语。文化景观类文化遗产备受欢迎，且为促进《世界遗产名录》的平衡性作出了重大贡献。此类遗产也包含了一些不同寻常的特质。世界遗产中心的官方网站上有各种各样代表性文化景观遗产的介绍，至今共包含779处文化遗产地。这些被认可的遗产地都符合《操作指南》中所述定义："它们反映了因物质条件的限制和（或）自然环境带来的机遇，在一系列社会、经济和文化因素的内外作用下，人类社会和定居地的历史沿革。"此外，"文化景观"这一术语被定义为"人类与其所在的自然环境之间互动的多种表现"。根据《世界遗产公约》的官方定义，文化景观遗产是文化与大自然的共同杰作，随着时间的变迁不断塑造着环境，并形成了今天的景观。而且，《操作指南》专门将自然保护融入文化景观的定义当中，体现了文化在景观形成、可持续土地利用、保护自然价值以及维持生物多样性方面的作用。

通过这些例证不难看出，在提及人与自然的互动关系，即与环境，与巧妙的知识，与对大自然、粮食生产和生计的透彻理解之间的互动关系时，我们忽略了这样一种遗产，一种我们人类共同的遗产。显而易见的是，国际上对于农业文化遗产的认定和保护是在联合国教科文组织和国际古迹遗址理事会的框架内，从两个不同的方向开展的：

一是联合国教科文组织《世界遗产名录》上的农业景观以及具有突出的普遍价值的文化和自然混合遗产地；

二是将农业活动本身、非物质文化遗产概念下与农业活动相关的技能和传统以及为保护与迎合普遍审美而开发的工具纳入联合国教科文组织的《急需保护的非物质文化遗产名录》。

因此，国际古迹遗址理事会、联合国教科文组织和其他国际组织已围绕这些目标展开讨论和研究。尽管农业文化遗产从未单独作为一个遗产类别列出，但许多文化和自然遗产类别下的遗产地与农业文化遗产异曲同工，比如水稻梯田、灌溉渠、水井、乡村宅邸、果园、作物种植、传统节庆、美食烹饪、地方性物种、景观等。毫无疑问，上述这些均是极为宝贵的、具有全球重要意义的活态农业文化遗产的一部分。这份先人传承下来的遗产确保了我们这一代可以有食物果腹，让我们能享受大自然的馈赠、驯化动植物、培育作物品种。和谐的农业系统也造就出了美丽的文化景观。我们的祖先们在不断实践、试错的基础上，持续地调整着捕鱼、耕种和放牧的方式，同时也保护着环境并分享着收益（Erickson，2003）。12 000 年来，随着生态系统、社区和文化的协同演化，这种农业文化遗产代代相传并不断得到改善。然而，最近的文明发展、全球化和现代化进程却使得我们与我们的"根"分离（Menotti，O'Sullivan，2013）。世界公认的文化和自然遗产包括文物、博物馆、考古遗址、地质和自然地理结构以及其他类似群体。虽然所有这些都体现了更广泛、更深层次的多元化遗产，但我们人类的农业文化遗产却被忽视和遗忘了。

大部分农业景观都具有重要的有形与无形价值，并为当地人民、国家政府和国际社会提供文化、生态和经济服务。然而，在现如今对世界遗产的界定中，这些农业系统及其对人类的价值似乎被遗忘了。目前，传统农业系统正遭受被损毁的威胁，迫切需要对其进行动态保护。同时，也亟须对生物多样性与创造这些系统的农民本土知识体系进行动态保护，否则这些知识将面临永久流失的风险。全球性的倡议和支持对于小农户、家庭农场主和本土社区及其宝贵的农业文化遗产来说至关重要，也将有助于重塑那些目前仍忽视多样化和本土农业系统的发展政策。将传统农业景观正式认定为世界遗产也许会成为一种重要手段，促使农民们扎根于土地，鼓励他们继续开展当地生产、维护多样化生产系统、保护具有全球意义的生物多样性和遗传资源。

为了确保那些在传统土地上耕作并使用传统可持续技术的小农户能继续留在原址，为他们提供体面的收入、教育资源、医疗保障和进入市场的渠道，保障他们的土地安全，使他们免受暴力侵害等至关重要。尝试将农业文化景观冻结在当前的状态或过去的某个时刻，以期对其进行保护是不可取的。本书中所认可的方法是对农业文化遗产进行认定并对其开展动态保护，同时对景观中的居民们进行积极的管理。

参考文献

Erickson C L, 2003. Agricultural landscapes as world heritage: Raised field agriculture in Bolivia and Peru [M] //Teutonico J M, Matero F. Managing Change: Sustainable Approaches to the Conservation of the Built Environment. Los Angeles, CA: The Getty Conservation Institute: 181-204.

ICOMOS, 2004. The World Heritage List: Filling the gaps - an action plan for the future [R/OL]. http: //whc. unesco. org/archive/2004/whc04—28com- inf13ae. pdf.

Menotti E, O'Sullivan A, 2013. The Oxford Handbook of Wetland Archaeology [M]. London: Oxford University Press.

UNESCO, 1973. Records of the General Conference. 7th Session, November 17-21, 1972 [C]. Volume 1: Resolutions Recommendations. Paris: VNESCO.

UNESCO, 2016. World Heritage Sites [EB/OL]. [2016-03-13]. http: // whc. unesco. org/en/list/stat.

WHC, 2013. Operational Guidelines for the Implementation of the World Heritage Convention (WHC. 13/01) [R]. Paris: UNESCO, World Heritage Centre.

第四章
全球重要农业文化遗产（GIAHS）：
概念与倡议

图 4-1　中国的哈尼族。哈尼族是热情好客、性格开朗的民族，崇尚并保护自然。他们最喜欢的颜色是黑色，传统服饰上的刺绣和银色装饰象征着水稻梯田

图片来源：玛丽·简·拉莫斯·德拉克鲁兹。

来自过去的农业文化遗产——通往未来的发展道路

世界农业的历史与全球范围内人类文明的演化、多样性文化和社区的历史沿革紧密交织。迄今为止，许多发展中国家的农业和农村生活深受社会文化传统、地方社区制度和价值观的影响。这些传统、制度和价值观大多受自然条件以及人们在自然资源管理与使用时所积累的知识经验的广度与深度所制约。

这些农业文化遗产体现了不同环境中本土传统农业系统多样性的价值，彰显了一代又一代人在适应变化莫测的外部环境时所展现出来的杰出能力，讲述了承载着当地文化智慧的动人故事。人类对地球母亲作出承诺，会保护并尊重自然，矢志不渝，农业文化遗产正是这些承诺所留下的不可磨灭的印记。几千年来，农耕一直是一种与大自然和谐相处的生活方式。其中相当一部分本土传统农业系统值得被誉为"全球重要农业文化遗产"（GIAHS），它们不仅是来自过去的遗产，也是通往未来的发展道路。这些传统农业系统不仅造就了杰出的景观，更重要的是，它们还使具有全球重要意义的农业生物多样性得以永存，使可恢复的生态系统得以维护，使宝贵的传统知识和文化活动得以传承。也许最重要的是，它们体现着一种最基本的原则，一种能够可持续地提供多种商品与服务，保障粮食营养与生计安全，维持一定的生活品质同时与自然密切联系的基本原则（Wilken，1987）。

全球重要农业文化遗产（GIAHS）的定义为农村与其所处环境长期协同演化和动态适应下所形成的独特的土地利用系统和农业景观，这种系统与景观不仅具有丰富的生物多样性，而且可以满足当地社会经济与文化发展的需要，有利于促进区域可持续发展（FAO，2002）。

GIAHS 是农业系统中一个独特的组成部分，它体现了本土农民对具有全球重要意义的农业生物多样性的习惯使用方式，被认可为全人类的遗产。

联合国粮农组织，2002 年

社会生态景观

在世界各地，农业文化遗产证明了农业社区在利用和管理生物多样性以及物种间相互作用方面具备创造力和独创性。更重要的是，人们在开发利用其所在自然景观的物理属性时，独特的民间智慧与创造力汇集形成传统的、不断发展的知识、实践和技术体系。具有独创性的农业生态系统反映了人类演化的过渡阶段，与社会文化和生物物理发展过程密切相关。在那些条件边缘化、极端化的特殊生态系统中，人们运用传统知识，通过反复尝试和经验学习发挥洞察力与创新力，以独特的智慧创造出均衡发展的农业生态系统，通过具有高度适应性的社会文化习俗与制度对其进行组织管理，若非如此，当地的生计和生物多样性很可能难以为继。这些农业景观往往与相关的生命景观并行发展，它们以持续的技术和文化创新为特点，根据自然事件和不断变化的社会、技术和政治环境来调整管理实践以及对资源和生态系统的使用（Toledo，Barrera-Bassols，2008）。

传统知识体系

农业文化遗产是适合农业活动和本土社区的一整套实践、知识、制度、技术、技能、传统、信仰与社会价值观。特定遗产地所使用的传统本土知识体系是管理一般生态系统、维持景观完整性的基础。因此，农业系统与社区共同演化、代代传承、持续改善、不断微调，以应对特定环境和地点的变化，确保粮食、营养与生计安全。世界上许多地区的农业系统引发了景观尺度上的生态系统变化，为相关动植物群落提供了一个个繁衍生息的小生境，这些群落目前主要依赖于对其生存能力的持续化管理。在世界上许多地方，特别是在那些气候、土壤、资源可及性①和社区所处的自然条件不利于开展集约化生产的地区，一代又一代的农民、森林居民、渔民和牧民们运用传统知识与实践对农业生态系统和景观进行管理与维护，使其得以存续（Altieri，2004）。因此，GIAHS 认可并重视这些具有复原力以及可持续性的农业系统中的本土知识与技术。

食物和农业的生物多样性与遗传资源宝库

人们逐渐意识到，同时越来越多的科学研究结果也表明，本土传统农业系统具有丰富的食物和农业植物遗传资源。农业文化遗产通常反映了物种内部和不同物种间，以及在生态系统和景观层面上丰富、独特且具有全球重要意义的农业生物多样性。例如，在由耕地、休耕田、多层农业实践、综合家庭花园和农林复合用地组成的热带农业生态系统中，每块田地通常栽种着高达 100 多种植物。这些具有生物多样性的农产品被用于制作草药等药品、牲畜饲料、木材与建筑材料，更重要的是，它们为家庭提供粮食、保障其营养安全（Perfecto et al.，2009）。人们借助农业中不同社区文化间不可分割的纽带和互联互通进行管理。在传统农业系统中，人们非常注重生物实践与栽培技术，例如保障着约 14 亿人（主要是自给型农业家庭

①　可及性（accessibility）又称可接近性，指能够获取某类事物、资源或技术的可能性；又指某类事物或技术等所能涵盖的、达成的效果，或者是其功能用途所能涉及的范围和内容。——译者注

和本土社区）粮食与生计安全的复种耕作制度。大多数传统农业和农业生态系统都是作物多样性的中心和起源地，包含驯化物种与适应性地方品种的生物可变种群，以及作物（和杂草）的野生近缘种。

创造出此类生态系统的管理体系对系统中丰富的生物多样性进行有效的管理、调控及妥善保护。这种管理体系包括本土知识体系与技术、特定社会组织的具体形式、习惯法或正式法以及其他文化实践（Jarvis et al.，2008）。GIAHS 起源于古代文明，是人类无可替代的生物、文化多样性宝库，因其具备的食物和农业的植物遗传资源等若干因素，它在现在和未来的可持续发展中都发挥着举足轻重的作用。

独特的农业景观与美感

大多数农业文化遗产地都是人造景观。随着时间的推移，社区演变成特定的、具有高度适应性的社会组织形式，并通过这种形式进行生态系统与景观管理，保持文化特质。这些本土的传统农业系统造就了杰出的壮丽景观，具有非凡的美感，其中一些农业景观似乎同时契合联合国教科文组织《世界遗产公约》的遴选标准与发展目标。有着 2 000 多年历史的菲律宾伊富高水稻梯田就是其中典范，壮观的水稻梯田景观保存并保护着重要的农业生物多样性和相关生物多样性，它以杰出的工程系统、本土社区在保护自然资源方面的创新为特色，展现了人类在征服与守护大自然中达成的和谐。伊富高水稻梯田也因此被称为"活态的文化遗产"。其他一些农业文化遗产及遗产地，如中国云南省的哈尼稻作梯田系统以及印度尼西亚巴厘岛的苏巴克灌溉系统，也都被认定为世界遗产。

促进文化认同与文化多样性

除去粮食和纤维生产、食物和农业生物多样性、遗传资源管理与保护以及所提供的其他服务外，农业文化遗产还具有更为重要的价值。农业系统不断演变，留存承载着各个本土社区的文化特性。凭借着对自然、家庭、社区、历史的统一价值观，以及对其自然生境的归属感，这些本土社区努力保持着自身文化特色的完整性。GIAHS 遗产地同时也是世界遗产的一种，它与联合国教科文组织所认定的世界遗产地一样，有着相同的价值观，同样以"突出的普遍价值"为特征。然而，GIAHS 不是静止的或是被冻结于某一时间或空间点上。它是一幅活态的、不断演变的画卷，展现了社会经济、文化和制度的方方面面，反映了几个世纪以来各个本土社区如何在适应人类文明飞速进步需求的同时，保护其文化并将其丰富的习俗、生活模式和景观遗产留存至今。GIAHS 的文化多样性是强化其遗产特征的一大重要因素，通过文化身份、语言使用、种族划分、美学以及对地球母亲的尊重紧密串联。GIAHS 是一种农业类遗产，不仅是具有历史价值的重要农业生态系统、景观或地标，还是活态的、持续发展的社区、生态和文化遗产制度。

GIAHS 的扩展定义

GIAHS 缩写中的每个字母都有相应的含义：

全球重要（Globally-Important）：作为 GIAHS 遗产地，它要么对于许多在当地几乎无法维持正常生计的人们来说，在地理位置和社会效益上具有重要意义；要么无论其地理范围，在概念上具有重要意义，比如涉及保护不可替代的自然资源，或是包含有价值的知识体系，在特定农业系统的持续发展及适应不断变化的生物物理或社会经济条件方面，具有独特性和全球重要意义。

独创性（Ingenuity）：GIAHS遗产地总是根据不同家庭个体、农业技术、社会结构、文化习俗、长期社会需求、生态动力学、多样性或复杂性等情况，表现出适应性或具有革新意义的独创性，以应对不同的环境条件（例如环境脆弱性、生物物理严重性或环境变化）。

农业/农业的（Agriculture/al）：根据传统定义，农业包含作物生产、林业、渔业和水产养殖（鱼类、甲壳类动物和其他水生动植物）、放牧系统以及为了粮食生产和保障生计所开展的上述系统的综合一体化形式。GIAHS遗产地不仅涉及这些

图4-2　安第斯山脉地区的土著农民早早地在他们的小农场中开始了一天的耕作，为他们的饮食和文化培育着土豆及其他作物。通常，一个农民种植着120～140种本地土豆品种

图片来源：帕尔维兹·库哈弗坎。

农业系统的生物物理、农艺和管理层面，还涵盖其社会、文化和体制层面。其在空间和时间尺度上的多样性也反映了农业社区中不同成员对资源的复杂管理，从管理单个地块或田地到社区公共资源，再到景观水平；从开展一年一季耕作到多年轮作。

遗产系统（**Heritage System**）：GIAHS 遗产地需要在生物物理、技术、社会和文化方面突出展现其长期遗产价值，以及人、社区与水土资源之间不断变化、错综复杂的关系。农业文化遗产应是活态的、不断演变的农业系统中不可或缺的重要组成部分，而非僵化的，仅能存续在类似博物馆一般的环境当中。此外，针对资源、农业生态互动以及世代传承的知识文化方面的考量也是必不可少的。

GIAHS 遴选和认定的一般标准与必要考量因素

与任何被认定的世界遗产地类似，GIAHS 遗产地的描述和选择也遵循一些基本的实操标准。[①] 遴选的标准和基本考量是基于数百个案例，多学科专家与专业人士经过一系列磋商之后制定的。根据基本价值和内在特征，GIAHS 遗产地必须具有全球重要意义。全球（或国家）重要意义是一项综合性的遴选标准，此项标准所确立的是特定遗产地作为全人类（或整个国家的）遗产所具备的传统农业系统的整体价值。全球（或国家）重要意义范畴下包含五项相关标准，具体描述了如何体现地方、国家乃至全球的整体公共利益价值。只有整合五项相关标准、标准间复杂的相互关系以及系统要素间的积极联系，针对遗产系统所开展的全

① 本书所述的全球重要农业文化遗产（GIAHS）遴选标准是 2002—2006 年经多方长期协商后的结果，用于遴选 GIAHS 动态保护试点遗产地，这些试点遗产地为后续 GIAHS 国际遴选与认定奠定了基础。

面综合评估才有意义。此项标准类似于联合国教科文组织在《世界遗产公约》中提及的"普遍价值"，然而对于不断发展的农业系统和社区来说，这一评价标准在某种程度上颇为主观，很难客观评判。

对遗产地（遗产系统）单一和综合特征所具有的全球重要意义进行概述是确定该遗产地是否为代表性农业文化遗产的关键信息。概述包括遗产系统所具备的内在复原力、实现社会环境平衡的能力、对人类发展的历史与当代意义以及该遗产系统是否为杰出且独特的农业系统范例。遴选时应当从农业文化遗产与解决可持续发展和生态系统管理等全球关切问题之间的相关性、其文化与农业遗产价值等方面入手，总结遗产的突出特征。GIAHS 的五项基本遴选标准体现的是遗产系统所提供的有形与无形的价值、功能、货物和服务的总和。

粮食与生计保障

被提名的农业文化遗产应有助于当地（通常是本土）社区的粮食、营养和生计安全，并为社区提供大部分生计来源。这也包括地方社区间的粮食供应与交换，以建立一个相对稳定且有复原力的粮食和生计系统。

人们因粮食和生计而依赖传统农业，因此这一标准是在遴选 GIAHS 遗产地、监控其可持续性过程中最重要的基础。尽管农业迅速工业化和全球化，但许多传统农业系统正在为世界各地，特别是发展中国家的数十亿农民提供着基本的粮食与生计保障。

生物多样性与生态系统功能

GIAHS 遗产（遗产地）应当拥有用于食物和农业的、具有全球（或国家）重要意义的生物多样性和遗传资源（例如地方特有的、稀有的、濒危的作物和动物物种），包括与农业系统和景观有关的野生近缘种、授粉媒介和野生动植物。

知识体系与适应性技术

GIAHS遗产地应当维护宝贵的知识、独具匠心的技术和自然资源（包括生物群和水土资源）管理系统；维护社会组织和制度，包括农业生态管理的传统习俗制度，资源获取和利益分享方面的规范安排等。

文化，价值体系与社会组织

在平衡环境和社会经济目标、创造复原力、再现所有对农业系统运作至关重要的要素和进程等方面，地方制度发挥着关键作用。有些地方制度保护并促进了在使用和获取自然资源方面的公平；有些帮助传播传统知识体系，强调其在促进生物多样性和水土资源管理方面的重要价值；有些则敦促了规划、合作、创新和适应性发展。这些社会制度的表现形式多样，有的以礼仪、宗教信仰与实践为形式（包括文化与宗教禁忌、仪式与节庆）；有的以习惯法和冲突解决方案为形式（如规定资源所有权）；有的体现在亲缘关系、婚姻和继承制度上；有的以领导、决策和合作为形式；有的则表现为口头和书面传统、游戏及其他形式的教育教学；还有些体现在角色分工与劳动分配（包括性别角色和专门职能）等无形的方面。

卓越的景观因素

景观多样性是具有复原力的农业生态系统的基本特征。在人类管理下所产生的景观特征为应对环境或社会制约因素提供了实用且独具匠心的解决办法，如土地镶嵌利用、灌溉或水资源管理系统、梯田、特殊适应性建筑等，这些景观都可以促进资源保护和提升资源利用效率，为宝贵的生物多样性、游憩价值①提供生境。集体或非商业价值用途（生态系统的美学、艺术、教育、精神和科学价值）是景观的显著特征之一。

GIAHS 具有以下属性：

- 它们具有保障粮食和生计安全的潜力。
- 它们拥有具有全球重要意义的农业生物多样性和遗传资源。
- 它们是本土传统知识技术的宝库。
- 它们具有独特的文化多样性和社会组织形式。
- 它们具有明显的景观特色和相应的审美价值。

GIAHS 的分类与范例

基于上述遴选标准，GIAHS 是农业系统中一个独特的组成部分，它体现了本土农民对具有全球重要意义的农业生物多样性的习惯使用方式。在特定生态和社会文化因素的制约下，GIAHS 的生物物理、经济与社会文化资源不断发展、演化，同时也造就了引人注目的景观。类似的农业文化遗产有数百种类型，是数以千计的民族、本土社区和当地人的家园，孕育了无数的文化、语言和社会组织形式。GIAHS 的类型可以是任何农业、林业、渔业、牧业和畜牧系统及其组合，下面列举几种。

以山地稻作梯田为基础的农业生态系统

这些是结合森林综合利用和（或）农林复合系统的绝佳山地稻作梯田系统，如贝塔福贝齐寨（Pays Betsileo，Betafo）农林

---

① 游憩价值是指旅游资源所提供的集经济、生态和社会效益于一体的综合效益。——译者注

香草系统、马达加斯加的马纳纳拉（Mananara）稻作梯田和农林复合系统、菲律宾伊富高水稻梯田系统等。这些系统还包括各类农业及其他要素，如拥有多种水稻和鱼类品种（基因型）的稻鱼共生或稻鱼鸭共生系统、东亚和喜马拉雅山脉地区常采用的综合林地水土资源利用系统等。

以复种或混合种养为基础的农业系统

这些是开展多作物品种混合栽培的、杰出的农业系统，有可能与农林复合系统相结合。它们的特点是独具匠心的小气候调节、水土管理方案以及依据气候变化对作物进行适应性利用。这些农业实践在很大程度上依赖其丰富的本土农业知识资源和相关的文化遗产，例如阿兹特克人开发的以玉米和块根作物为基础的农业生态系统（墨西哥的人工岛农业系统）、位于秘鲁和玻利维亚的的的喀喀湖（Titicaca）周围由安第斯地区的印加人开发的瓦鲁瓦鲁（waru-waru）农业系统或苏卡科洛斯（sukacollos）农业系统等。

以林下叶层植物为基础的农业系统

这些农业系统整合了林业、果园或其他作物系统，涵盖林冠层和林下叶层生态环境。农民利用林下作物获得更早的回报，使作物或产品多样化，有效利用土地和劳动力资源。此类做法在热带地区十分常见，例如在以芋头或块根作物为基础的系统中复合耕种来自当地遗传资源的地方作物品种。这类农业系统在巴布亚新几内亚、瓦努阿图、所罗门群岛和其他太平洋发展中岛屿国家相当普遍。

游牧与半游牧系统

这些是在具有高度动物遗传多样性和绝佳文化景观的恶劣不均衡环境中，通过畜群迁徙和改变畜群结构来对牧草、水、盐分和森林资源进行适应性利用的放牧系统。这些系统包括高原、热带和亚热带旱地以及寒地系统，如在拉达克地区、印度和中国的高原藏区等地区以牦牛为基础的草原管理系统，蒙古国和也门部分地区的高度粗放型牧场系统，东非马赛以牛和混合畜群为基础的牧场系统以及斯堪的纳维亚和西伯利亚温带森林地区萨阿米人和涅涅茨人以驯鹿为基础的苔原管理系统。这些系统所形成的景观往往为野生物种包括濒危物种提供栖息地。

独特的灌溉与水土资源管理系统

这些系统在干旱地区最为常见，是独具匠心、设计精巧的灌溉和水土资源管理系统，具有较高的、适应系统所处环境的动物和作物物种多样性，例如古老的地下水资源管理系统坎儿井，使得伊朗、阿富汗等国家拥有专业化、多样化的农业种植系统以及相应的家庭庭园系统，同时，在坎儿井地下水道中还可以饲养当地特有的盲鱼物种；北非和撒哈拉沙漠地区的绿洲农业系统；传统的谷地和湿地管理系统，如非洲乍得湖（Chad）、尼日尔河流域和内陆三角洲的水资源管理系统，具体包括浮水稻和灌水稻系统等；由喀麦隆巴米累克（Bamileke）地区、马里的多贡（Dogon）部落、塞内加尔的迪奥拉（Diola）部落等开发的巧妙的灌溉系统以及斯里兰卡和印度的梯级蓄水池储水系统。

复杂的多层庭园系统

这些农业系统具有复杂的多层家庭庭园，包含多种用于提供食品、药品、观赏植物和其他材料的野生树木、驯化树木、灌木和植物。它们可能与复合农林、轮歇地、狩猎采集或圈养牲畜相结合，例如在中国、印度、加勒比地区、亚马孙的卡亚波（Kayapó）地区和印度尼西亚的东加里曼丹省和芭提提圭

（Butitingui）等地区的家庭庭园系统。

海平面以下系统

这些农业系统的特点是水土管理技术，通过对三角洲沼泽进行排水来创造耕地。这些系统在海平面和河流平面不断上升的情况下发挥作用，与此同时持续不断地提高耕地水平，从而对土地进行多功能利用（用于农业、娱乐和旅游、自然保护、文化保护、城市化以及应对气候变化）。例如，荷兰的围垦农业系统、印度喀拉拉邦的库塔纳德（Kuttanad）湿地和孟加拉国的漂浮花园。

部落农业文化遗产系统

这些系统以管理生物多样性、水土资源和（或）复合耕种系统以及整合本土知识系统的各部落农业实践和技术为特色，例如印度安得拉邦的西坦佩塔（Seethampheta）系统、阿帕塔尼（Apatani）水稻耕作系统、扎博（Zabo）系统，喜马拉雅地区的大吉岭（Darjeeling）系统以及印度的许多其他系统。

高价值作物与香料系统

这些农业系统以古代农田、高价值作物和香料的管理实践为特色，专门用于生产特定作物，或是采用需要娴熟技巧的作物轮作技术以及收获技术。例如伊朗、阿富汗和克什米尔地区的藏红花系统。

狩猎-采集系统

狩猎-采集系统以独特的农业生产方式为特色，如在非洲乍得的野生水稻种植系统和中非、东非地区森林居民的蜂蜜采集系统。

被认定的 GIAHS 遗产地或潜在的 GIAHS 遗产地已经存在

了数百甚至数千年，它们除了丰富人类的文化多样性外，在大多数情况下还发挥了有益的保护作用。其中大多数农业系统都具有以下一种或多种特征（Koohafkan，Altieri，2010）：

- 在调节生态系统的功能、提供具有地方和全球意义的生态系统服务方面，该系统内丰富的生物多样性发挥着重要作用；
- 该系统中传统知识和农业生态实践、农民的创新与技术促进了农业生态系统的形成；
- 该系统拥有独创性的生物多样性、水土资源管理及保护体系和技术，可用于改善现代农业生态系统管理；
- 该系统是能保障地方和国家粮食与生计安全的多样化农业系统；
- 该系统表现出足以应对（或尽量减少）气候变化风险的复原力和适应性；
- 该系统能够提供全球、区域和地方生态系统服务；
- 该系统由强大的文化价值观念以及集体形式的社会组织所调节和管理，其中包括农业生态管理的传统习俗制度、资源获取和利益分享的规范安排、相关价值体系和节庆仪式等。

在遴选全球重要农业文化遗产时，可以将若干与实施和实现农业文化遗产地动态保护高度相关的社会与文化特征纳入考虑，包括生态系统服务、气候变化适应、具有全球重要意义的其他环境效益、考古及历史价值以及有利于政治稳定等具体特征。详情如下：

效益最大化：经济、社会、生计和环境效益最大化。

社会凝聚力和文化表达：促进社会凝聚力、团结、归属感和认同感，如饮食文化、节日、艺术、音乐等。

资源禀赋和知识体系：具有显著的自然资源禀赋（特别是生

物多样性）和具有全球效益的内在知识体系。

社会和文化多样性：代表着不同的社会文化、体制和经济管理方法。

公共物品：为全球公共物品和遗产提供必要的经济价值评估。

传统知识：保存有关景观、遗传资源、人类文化以及社会组织机构的宝贵知识与技术。

与土地的关系：景观和农业生态系统对集体和个人的生存与生计、身份与精神、宗教与哲学生活及其艺术表现的日常价值和关联价值。

历史意义：遗产地的历史意义在于农业系统或遗产地在农业生物多样性驯化和发展、珍贵景观创造、世代发展的农业知识和技术以及对人类、社会和文化总体发展等方面的贡献。此外，历史意义还取决于该系统或遗产地能否保持可持续性，并展示出其应对环境变化和社会经济变化的复原能力。

当代意义：遗产地的当代意义在于当前与未来能保障粮食和生计安全，有利于提高人类福祉和生活质量，为社区和更广大的社会提供全球、国家和地方经济和环境方面的产品与服务。该项遴选标准涉及农业系统或遗产地对于全球或国家政策以及可持续发展的意义，最重要的是实现粮食安全、人类福祉和环境目标方面的意义，如气候适应、碳固存以及保护水源、土地和生物多样性。根据这一标准，应强调从特定农业系统或遗产地汲取的具体经验教训或原则在其他地方也可适用。

根据试行标准过程中的经验和教训，对遗产进行系统的界定和分类至关重要。这与地域、系统类型和社会文化因素无关，遗产地遴选时应考虑以下因素：

实用性：鉴于其中许多系统非常复杂，GIAHS 分类方法需切实可行，具有实操性，以满足实用目的。

动态性：GIAHS 分类方法需以过程为导向，因为传统农业生态系统是动态的，承载着具有重要意义的农业生物多样性，体现了人与自然之间不断变化发展的相互作用，展示了城市化、全球化、市场经济和文化变革进程中所面临的压力和挑战。

物理边界：GIAHS 分类方法必须依据地籍、地理、景观、土地利用、社会系统对所选定系统、遗产地和地区的物理边界进行明确界定，抑或是例如在游牧系统中那样，依据内生群体来界定。

概念边界：GIAHS 分类方法必须明确界定具有独创性和全球重要意义的传统农业系统的概念边界。例如，亚洲有多种多样的传统稻鱼共生（或是牲畜蔬菜复合种养）系统，尽管这些农业生产系统可能都具有相当的独创性，但它们并非都能保护具有重要意义的农业生物多样性。

地理边界：GIAHS 分类方法必须有地理标志、标签或命名原则，保证系统内产品的知名度和营销潜力。鉴于原产地产品、有机产品和其他类型产品或市场认证计划的经济价值和溢价不断提高，可能会为本土社区带来更高的收入和效益，因此这方面尤其重要。

GIAHS 是由人类创造出来的。它们通过不断适应持续变化的、更广泛的自然生态系统，以应对其带来的挑战。系统内的人们探索多种方法以满足教育、医疗保健、产品营销方面的需求。由于能持续地适应包括气候变化在内的诸多变化，GIAHS 得以留存并沿用至今。纵观历史，人们选择新的植物和栽培品种、引入新的作物、发明或引进适应当地条件的新技术、建立新的劳动社会组织形式、打造新的文化元素（如文化素养）逐步成为 GIAHS 管理和社区生活的一部分。与任何一种主流农业系统相一致，GIAHS 由内生进化所驱动，跨文化传播影响所引起的历史变迁也是其固有特征之一。然而，较之那些主流农业，GIAHS

在更广泛的环境中具有特定的农业生态和政治经济特征，更聚焦一些看，它们具有更强的文化精髓，这些特质都使得农业文化遗产不至于消亡或是在历史长河中演变得面目全非。然而，全球变化对 GIAHS 管理者产生了重大影响，其影响力度大、速度快，连同作物品种同质化、现代化生活方式、劳动力节约型管理方式等若干外部因素一起，对 GIAHS 的存续构成了严重威胁，其中最显著的影响莫过于导致农村青年向城市外流。因此，若要对 GIAHS 进行动态保护，就必须充分了解现存传统农业文化遗产的丰富性和多样性。只有发动所有利益攸关方（政府、非政府组织、科学家、从业者和本土社区）一起协同努力、共同行动，才能实现针对这一遗产形式的动态保护和适应性管理。

图 4 - 3　种植多种藜麦品种的农场所创造出的令人惊叹的美景
图片来源：帕尔维兹·库哈弗坎。

GIAHS 倡议——倡导在国际上认可农民的价值并对他们的遗产进行动态保护

农业文化遗产的基本特征与当代发展和未来的可持续发展密切相关，那为什么不从现在就开始关注并动态保护这些被我们遗忘的遗产呢？正是在这一背景下，本书主要作者帕尔维兹·库哈弗坎博士构想了 GIAHS 这一概念，认可农民和本土社区的价值，并倡导对其农业文化遗产进行动态保护。2002 年，在南非约翰内斯堡举行的可持续发展世界首脑会议上，GIAHS 这一概念作为全球伙伴倡议被提出。GIAHS 概念[①]基于这样一个前提——全球重要农业文化遗产的主要管理人正是那些开发和维护遗产系统，并继续仰赖于系统为他们提供粮食、营养和生计安全的本土社区。

GIAHS 伙伴倡议[②]旨在帮助不断发展的农业文化遗产及其相关生态系统产品与服务在国际上获得认可，为其动态保护和适应性管理奠定基础。如今，全球范围内所面临的一大挑战是家庭农业和传统农业系统日趋消亡，主要包括以下两大主要趋势：第一，这些传统农业系统在数百年甚至数千年来一直保持着丰富的农业生物多样性。然而由于外界缺乏对传统农业系统的正确认识，导致它们逐渐被高度依赖外部农业输入的现代单一作物种植方式所取代。第二，当前缺乏合适的激励措施来劝阻年轻人往城市地区迁移。年轻人相信他们在城镇能获得更多的工作机会、享有更轻松的生活方式。这也使得传统农业系统中知识和本土技术

---

① GIAHS 概念是以《生物多样性公约》农业生物多样性工作计划（1996 年）和全球环境基金第 13 号行动计划：《对农业具有重要意义的生物多样性的保护和可持续利用》（2000 年）为背景建立的。

② 《全球重要农业文化遗产（GIAHS）伙伴倡议》，即 GIAHS 保护倡议，最早始于六个试点国家（中国、菲律宾、智利、秘鲁、阿尔及利亚和突尼斯）。

的传承变得愈加艰难。GIAHS伙伴倡议认为主要有三大措施可以帮助应对上述挑战：

一是借助国家和全球对其重要性的认识与相关制度支持来保护农业文化遗产；

二是加强本土农业社区和国家机构能力建设，更好地保护和管理GIAHS，促进创收，以可持续的方式为遗产系统内的产品与服务增加经济价值；

三是促进扶持政策的制定，打造监管和激励环境，促进GIAHS保护和适应性发展，提升其生存能力。

在此背景下，伙伴倡议的主要目标不再仅仅是保护遗产系统，而是通过采取综合办法，在实现可持续发展的同时，将GIAHS管理者（小农户、家庭农场主和本土社区）的福祉也纳入考虑。运用宣传手段有助于增进对传统农业基本价值的理解，更好地实地展示动态保护措施成效，是必不可少的。通过宣传，农业社区本身也能实实在在地看到及感受到动态保护带来的益处。这不仅能够激励农业系统的开发者，也能为决策者提供参考，从而在重塑发展战略方案时加大对传统农业系统，即被遗忘的农业文化遗产的关注与投入。

保护农业文化遗产

GIAHS概念中对于"农业文化遗产"的保护理念完全不同于传统的遗产保护。农业文化遗产植根于过去，为世界粮食与营养安全、现在与未来的可持续发展作出了重要贡献。GIAHS保护措施重视农业系统本土社区的粮食主权、营养、生计、愿景与文化。农业文化遗产是一种活态的农业系统，是许多农村人口粮食、营养与生计的来源，也是他们的生活方式，因此，对其实施动态保护和区位特定管理是最恰当的措施。重新思考自然资源和

环境保护，应对粮食安全挑战，限制生态效应和环境成本，是
GIAHS 动态保护的基础。

GIAHS 倡议促进了公众对农业文化遗产的理解与认可。农
业文化遗产地的小农户、家庭农场主和本土社区所提供的多种产
品与服务在许多方面都是与众不同的。农业文化遗产保障了粮食
主权，为许多贫穷偏远地区的人们保障了食品安全和营养健康，
保护了具有全球重要意义的食物和农业生物多样性与遗传资源，
维护了生态系统服务、产品与服务、集体和个人知识体系以及文
化多样性。本书载录并阐述了自 2002 年起 GIAHS 倡议从概念
到实施所取得的主要成果。

参考文献

Altieri M A，2004. Linking ecologists and traditional farmers in the search for
    sustainable agriculture ［J］. Frontiers in Ecology and the Environment，2
    （1）：35-42.

dela Cruz M J，Koohafkan P，2009. Globally important agricultural heritage
    systems：A shared vision of agricultural, ecological and traditional
    societal sustainability ［J］. Resources Science，31（6）：905-913.

FAO，2002. Report of the FAO Workshop of Potential Stakeholders and
    Steering Committee on Globally-Important Ingenious Agricultural
    Heritage Systems ［R］. August 5-7，2002. Rome，Italy：FAO Land and
    Water Division.

FAO，2008. Conservation and Adaptive Management of Globally Important
    Agricultural Heritage Systems（GIAHS）GCP/GLO/212/GFF Project
    Document ［R］. Rome，Italy：FAO.

FAO，2012. GIAHS Partnership, the Operational Framework ［R］. Rome，
    Italy：FAO.

Jarvis D I，Brown A H D，Cuong P H，et al.，2008. A global perspective of the richness and evenness of traditional crop variety diversity maintained by farming communities [J]. Proceedings of the National Academy of Sciences of the United States of America, 105: 5326-5331.

Koohafkan P, Altieri M, 2010. Globally Important Agricultural Heritage Systems: A Legacy for the Future [R]. Rome, Italy: FAO.

Perfecto I, Vandermeer J, Wright A, 2009. Nature's Matrix: Linking Agriculture, Conservation and Food Sovereignty [M]. London: Earthscan.

Toledo V M, Barrera-Bassols N, 2008. La Memoria Biocultural: la importancia ecológica de las sabidurias tradicionales [M]. Barcelona: ICARIA Editorial.

Wilken G C, 1987. Good Farmers: Traditional Agricultural Resource Management in Mexico and Guatemala [M]. Berkeley: University of California Press.

第五章
全球重要农业文化遗产（GIAHS）
动态保护

图 5-1 全世界许多地方的人们都通过分享食物、载歌载舞来庆祝农业节庆，儿童也会参与其中，一起庆祝播种与丰收。回顾宗教或历史是农耕社区社交聚会中的重要环节，反映了当地的人们与大自然间的亲密关系，也是他们实现知识体系代代传承的方式
图片来源：玛丽·简·拉莫斯·德拉克鲁兹。

导言

本书所描述的全球重要农业文化遗产（GIAHS）包括分散在许多国家和地区的一小部分传统农业系统，它们以丰富的生物多样性、知识系统、文化多样性和环境复原力为特征。这些系统的存续生动地叙述着一代又一代的人们如何运用自身力量与创造力，调整并适应不断变化的物质环境（Marten，1986）。尽管现代农业不断威胁着本土社区自身及其遗产的可持续性，这些系统的管理者始终致力于保护并尊重大自然以及具有重要意义的农业文化遗产。其中许多传统农业系统在资源管理及使用方面积累了丰富且广泛的知识经验，因此，将它们作为国家和全球的重要资源，在保护的同时促进其动态发展刻不容缓（Koohafkan，2012）。此类生态文化资源对人类的未来具有根本性的重要价值。

然而，在脆弱的农业和环境政策、气候变化及经济文化压力等背景下，GIAHS 在适应瞬息万变的环境和社会经济方面面临巨大挑战。全球化促进了强调出口的专业化单一种植，加重了小规模家庭农业系统所背负的压力。

全球产品驱动型市场向偏远地区的渗透，往往导致 GIAHS 系统中的当地产品不得不与来自世界其他地区（往往是有生产补贴的地区）集约型农业的农产品相竞争。在这样的压力下，引入有补贴的外部输入产品、降低主食和经济作物产地价格等不恰当的政策往往会彻底改变传统农业系统的整体经济生存能力和生物多样性基础（FAO，2008；Koohafkan，dela Cruz，2011），也限制了当地居民满足粮食安全和生计需求的能力。

这一渗透所带来的负面影响往往还包括采用不可持续的农耕方式、传统知识体系受到侵蚀、过度开发资源、生产力水平下降、土地退化、外来驯化物种输入等，从而导致严重的基因侵蚀以及农村社区、农村人口的社会分化与文化侵蚀，使得这些擅长土地利用的生计系统提供和维持全球商品供应与当地效益的能力下降。

目前多样性文化、不同的生境和人类所创造的各类生态系统正在迅速消逝，其流失的速度有可能摧毁应对 21 世纪粮食安全挑战的一切希望。因此，农业文化遗产独一无二的特质亟待保护。除非得到妥善保护，否则 GIAHS 也会像世界各地大多数其他类型的农业系统一样，伴随着工业化和现代化的发展逐渐消亡。因此，必须在全球范围内制定保护这些系统的战略。

许多政策直接或间接地影响着农业系统的演变，它们之间存在复杂的相互作用。根据 GIAHS 遗产地社会经济和生物物理现实不同，政策对其产生的影响也各不相同。宏观政策是变革的重要驱动力，往往决定着特定系统中的农民们将面临的威胁和机遇。汇率、利率、贸易自由化、财政政策、价格稳定和结构调整政策都决定着特定的农耕系统能否存续。

农业政策毫无疑问对农业系统的生存起到关键作用。这类政策包括资金分配政策（如分配多少资金用于灌溉、针对小农户或给定商品的补贴、资金的区域分配等）、国内农业市场自由化政策、土地使用权政策、信贷政策、国际农业贸易政策、农业所得税政策、研究和培训政策、次级部门相关政策与方案以及降低农业领域补贴和公共服务的相关政策等。上述这些政策在惠及其他方面的同时，也会带来自然资源方面的压力、致使当地收入产生变化、限制特定农业系统或农业实践的发展与存续。

一些非农业政策，虽然没有具体针对农业领域，但在很大程度上仍会影响农业系统及其可持续性。一部分此类政策与农业关系紧密，包括环境保护，例如自里约热内卢全球环境首脑会议以来所有的国际环境协定以及旨在减少贫穷，加强国家粮食安全、基础设施和农村发展（更具体而言，农村地区的非农业发展）的战略及方案。

　　当然，还必须提及制造业和服务业的相关政策，因为它们影响这些部门与农业之间的贸易条件。此外，这些政策在确定推拉因素时也至关重要。推拉因素可能引发城乡收入差距日益增大，农村人口往城市大量外流，使得农业系统的自然资源基础压力过载。

　　上述这些政策都会以某种方式影响农业系统的环境条件、系统的构成以及生产力水平。它们将影响特定农业系统内个别农场的经济生存能力、贫困发生率和该地区的粮食安全水平，以及该系统所特有的迁出、迁入水平。

　　20世纪90年代，在发展中世界所观察到的政策改革往往颇具戏剧性。大多数改革是在持续的结构调整方案范围内放宽贸易政策，放松国内市场管制，实行私有化和分权管理。在许多国家，较之农业部门所制定的政策，宏观经济政策变化更为有效，能更有力地推动农业系统的发展变革。

　　尽管对外贸易和汇率对农业转型的影响大于中央农村政策和农业发展政策，但是农业农村部门制定的政策仍具有决定性的作用，影响那些由宏观政策引发的变化的规模及发展方向。在国家内部宏观改革的基础上，对于具体的农业系统来说，农业领域的相关政策即便不是最重要的，也仍是促进变化的主要驱动力之一。

　　简而言之，造成生物多样性丧失的主要原因包括土地利用变化、作物改良方案、过度开发野生资源、过度捕捞、特定社会大量的粮食消耗与粮食浪费、贸易自由化与农业补贴。生物多样性的丧失使得依靠当地生态系统维持生计和粮食安全的穷人陷入困境。显然，背后的驱动因素可能相当复杂，但通常结合社区智慧和科学知识，从不同的视角出发，就能轻而易举地识别和理解积极与消极的主要动因。这些观点必须经过反复地推演，针对一组问题的回答会引出另一组新的问题，直到所有各方都确信已经对驱动因素有了充分的识别和认识。通过动员当地民众，或是更多的行为者与利益攸关方，包括公司与决策者参与其中，能为生物多样性丧失问题找到解决办法。但这种动员绝不应将社区本身排除在外，也不应在未经社区充分理解、事先同意知情的情况下启动。

GIAHS 动态保护与适应性管理框架

动态保护这一理念源自这样一种观点：保护的机遇不仅仅存在于博物馆或原始森林当中，而是更多地存在于农村当地人民满足特定需求和愿景的日常生活当中。随着时代的变化，社会经济和环境需求也在改变。动态保护的理念培养了一种创新精神，使得个人和社区能够维持并调整其传统实践、产品与服务，同时在保护的进程中不忽视其重要性、系统的核心价值与服务，或是有助于维持它们的历史进程（FAO，2014）。因此，对具有文化特色的高质量产品与服务进行创新性开发的潜力，例如开发当地手工艺品、美食、生态和农业旅游，打造活跃的市场形象等，是奠定 GIAHS 遗产地基础的一大主要因素。

GIAHS 的动态保护方法尝试借助本土知识、适应性管理以及社会学习过程去模拟自然，遵循农业生态过程，从而提升那些创造并持续依赖着这些农业系统的人们的福祉水平。动态保护所面临的主要挑战在于如何在不损害本土人民文化特性和价值观、社会关系、知识体系、农业生物多样性或生态系统完整性的前提下，改进整个系统的性能。GIAHS 的遴选和认定所依据的最重要的原则是生活在这些传统农业系统中的人们表示有兴趣维持这些系统，并着力提升其复原力。这种同意必须确保所有群体充分知情；代表有关社区和利益攸关方之间真正的共识（确保所有受影响的群体都得到通知并予以同意）；以对相关社区具有文化意义的方式获得。

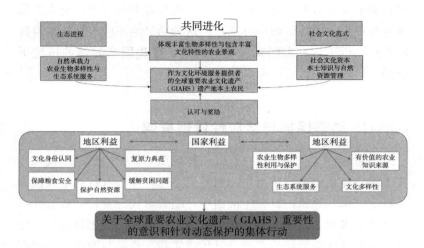

图 5 - 2　GIAHS 动态保护框架

图片来源：Koohafkan P，Altieri M A，2011. Globally Ingenious Agricultural Heritage Systems：A Legacy for the Future［R/OL］. Rome， Italy： FAO. www. fao. org/fileadmin/templates/giahs/PDF/ GIAHS _ booklet _ EN _ WEB2011. pdf。

认可传统农民与 GIAHS 社区

　　GIAHS 倡议的基础在于认识到全球重要农业文化遗产的主要管理者是开发这些系统，并为了维持生计和文化的完整性持续依赖着这些系统的人们。倡议还认识到，如果不能保障这些系统所有者、经营者的福祉，那么对系统的动态保护和对农业生物多样性的就地保护就无从谈起。福祉不仅由生物物理学中的绝对原则来界定，还与多样化的农业系统及其景观中不可分割的文化价值息息相关。

　　GIAHS 倡议还基于这样一条公理——为了保护世界上绝大多数的农业文化遗产和农业生物多样性，必须对世界上大部分的文化多样性进行保护。这就意味着，必须让那些开发和维持这些系统的人们成为最大的受益者。GIAHS 倡议并非建议将"贫困的"本土传统农民、牧民、森林居民和资源利用者隔离在"文化自然保护区"内，维护农业系统和农业生物多样性，以造福人类和整个动植物界；全球其他地区的人们则享受着该系统中的知识和劳动力所产出的遗传、文化和美学副产品。

相反，GIAHS 倡议建议，应当妥善处理那些导致农业生物多样性丧失、削弱文化和农业系统造福人类与环境的能力的负面因素。倡议还认识到，人类和生物多样性正在受到威胁，因此需要协调一致的全球行动去提高认识、调整政策方向、消除负面驱动因素、促进系统及其本土人民复原力的发展。GIAHS 被认为是一种社会生态系统，既需要深入了解多种生态系统以及系统内各要素如何协同运作，也需要深入领悟其复杂的社会关系和社会组织形式（包括亲属关系、属地责任、群落、群体成员、身份、性别关系、领导和政治组织）、文化（如世界观、语言、价值观、权利、知识和审美观）、生产方式、劳动分配、技术与实践以及在社会生态系统福祉方面的成果（Jackson et al.，2012）。

建立 GIAHS 最大的挑战是引介这一概念，争取各利益攸关方的参与，为建立多个利益攸关方参与的对话过程创造有利的环境，打造发展并实施 GIAHS 动态保护的共同愿景，包括进程监测和总体发展。无论参与的意愿多么急切，外界都不太可能去"动态地保护"任何社会生态系统，因为对系统的动态保护完全取决于开发、了解并使用该系统的人们本身的意志。通过设定目标或是控制这些社区并不能保护系统内的文化或是其农业生物多样性与生态系统，主要因为这将导致系统经营者缺乏动态保护的动力与能力。相反，外界需要尊重和支持系统经营者及其决策自主权。这就是为什么 GIAHS 一直在推动一项战略，在确定需求、问题、优先事项、驱动因素和干预措施可能产生的影响等方

图 5 - 3   智利奇洛埃（Chiloé）岛上的一位农妇——塞西莉亚·吉内奥（Cecilia Guineo）。她种植了多达 30 种土豆，还有苹果、草莓和岛上特有的各类大蒜。塞西莉亚多年来一直与 GIAHS 保护项目紧密合作，因其丰富的本土知识和高超的农业技能而远近闻名、深受尊敬

图片来源：莉安娜·约翰（Liana John）。

面，以生活在这些系统中的人们为本，支持他们的决定，鼓励当地政府制定相关政策，促进提升本地优先级。

奖励提供生态与文化服务的传统农民

如上所述，许多传统农民通过其土地利用做法提供环境服务，如流域保护、生物多样性保护与碳储存，这些做法大多有益于外部利益攸关方。在奖励环境服务方面，GIAHS 倡议计划建立鼓励机制以提升公众利益，旨在奖励那些为具有全球和地方意义的生态系统提供保护的贫困农民（Koohafkan，Altieri，2011）。

农民、非政府组织与外部捐助者的资金协同合作，能在制定和维持农业生物多样性利用与保护方案方面发挥重要作用，例如在农民与环境服务付费机构之间建立沟通桥梁，或是努力提升GIAHS系统内那些利用并保护独特农业生物多样性的增值产品的产量。此外，农业以外的利益攸关方，如生态旅游者，也可能会被说服为保护措施买单，以此补贴因农业景观中生物多样性的丧失所造成的农民收入与生计保障方面的损失。

据文件记载，邻近GIAHS遗产地的小城市能受益于由小农

图 5-4　帕尔维兹·库哈弗坎（左）在 2007 年对中国青田县进行实地考察时，与一位稻鱼养殖户吴丽珍（右）合影留念。在中央和地方政府的支持下，青田县的稻鱼共生农业文化遗产成功地受到保护，当地经济得以振兴。稻鱼共生农业系统成了 GIAHS 的典范，也是中国重要农业文化遗产计划的灵感来源。此外，青田县也是中国首个挂牌成立的 **GIAHS 品牌标志与农业文化遗产旅游地**
图片来源：玛丽·简·拉莫斯·德拉克鲁兹。

场主导的景观所提供的一些环境服务，如清洁的水资源、小气候的改善、授粉媒介和健康无农药的食品等。在农场以外，与GIAHS景观相关的生物多样性也可以为社会提供游憩价值。例如，了解到在这个富于生物多样性的农业系统中，独具特色的蝴蝶数不胜数，小型哺乳动物在田边生生不息，这不仅令人满足，对更广泛的社区来说也具有极大的价值。许多城市居民认为景观生物多样性具有象征价值、文化价值及美学价值。因此，城市居民们应建立相应的酬谢机制，以回馈农民们为其带来的诸多利益。由于GIAHS遗产地代表了具有全球重要意义的遗产景观，来自国内甚至远邦的受益者对其环境服务的认可或褒奖，能够为系统内环境服务的提供者带来更多资金回馈和奖励，激励他们继续维持具有丰富生物多样性的农业景观。

为生态系统服务付费

生活在各个GIAHS遗产地及其周边地区的数百万小规模家庭农场主对全球生态系统的价值产生了深远影响。他们的农场帮助隔绝温室气体，所创造的农林复合系统有着丰富的森林生物多样性。世界上许多热带河流的上游流域由小农户管理，这些热带地区的小农户能为设计适应气候变化的农业系统贡献出宝贵的经验，但他们也是最有可能受气候变化恶果影响的群体之一。很不幸的是，当前仍缺乏相应的奖励机制对那些为全球环境作出贡献的小农户进行补偿。

GIAHS倡议进程面临的主要挑战之一是如何激励小农户加强对生态系统服务的管理。必须想办法补偿他们因气候变化可能遭受的损害，并帮助他们适应气候变化。GIAHS倡议认识到这一点，并意识到需要进行重大的政策改革以克服实际困难，不然落实小农户得到资金回报的计划必将受到影响。

问题在于，单个农民提供的生态系统服务难以量化，也很难确定改善这些生态系统服务需要哪些农耕技术方面的变化。目前最典型的热门议题莫过于小农场土壤中所储存的碳。众所周知，小农场土壤中的碳储量相当高，具有巨大的碳固存潜力。但我们如何对大量小农户的生态服务表现进行监控，又如何有效地支付报酬，这些都将是 GIAHS 倡议需要解决的重点问题。

开发可替代的公平市场

在许多 GIAHS 社区，资源的使用与交换往往取决于维持家庭联系、满足社会网络和政治权力的需要，而不仅仅为了养家糊口或是赚取现金。从经济学家的角度来看，满足这些文化需求可能既不经济，也不合理，但这对于使用这些系统的人们来说无关紧要。如何看待和理解新资源、新技术或新市场的引进，要视社会和文化需求而定，而这些需求也许与引介资源、技术或市场的外部代理人目标一致，也许并不一致。

经济人类学家称这种观点为文化经济学，强调并非每个人的行为都像资本家（Wilk，1996；Haugerud et al.，2000）。尽管上述这一事实显而易见，许多开发者仍认为，从不同参与者（无论是决策者、开发机构、科学家还是本土社区）的视角来看，在自给型社会生态系统中要想提升人们的福祉，最显著的手段就是更多地参与市场来增加收入。

改善市场准入、获得信贷和信息、刺激对商品与服务的需求以及增加特定作物或其他物种如鱼、野生植物的生产需求等，都被认为是通过市场促进 GIAHS 社区创收的有效途径。通过更多的市场参与来增加现金收入，同时对自给型社会生态系统进行动态保护，这两者之间是否彼此相容？是否涉及在减少农业生物多样性或保存文化完整性方面的妥协与让步？这些都是非常严肃的议题，尤其是在市场被视为农业生物多样性和文化遭受侵蚀最主要的影响因素这一前提下。

目前所公认的是，在特定情况下特定类型的市场与农业生物多样性的丧失密切相关。许多研究表明，以新市场的形式引入新的交换方式，无论是生态旅游、特定地方品种还是文化产品，都会对社会生态系统内外商品与服务的流动产生实质性影响。市场参与已被证明会影响传统自给型农民对自然资源的管理，包括对农业生物多样性和文化的管理，具体体现在以下方面：

- 一方面，市场和市场生产有可能增加对水、化石燃料及其他类型燃料等外部投入的使用，因此意味着社区对外界因素与外部资源的依赖程度提高，这可能会增加系统脆弱性，并威胁到有限的资源基础，如水或木材燃料。另一方面，市场及由此产生的收入使当地人民有能力购买外部商品来替代当地社会生态系统提供的商品与服务，从而缓解本土商品与服务所面临的压力。比如劳动力稀缺时，可以购买劳动节约型技术；若猎物稀缺，则可以购买替代性肉类产品。
- 市场有可能导致社会互惠和其他社会资本分配形式的改变，进而影响福祉。一方面，社会互惠与本土社会保障机制被削弱将致使从市场优势中获益较少的群体在经济上更加脆弱。另一方面，若增加的收入进入市场循环后没有改变社会互惠，那么普遍来看则可能对福祉产生积极影响（Godoy et al.，2005）。
- 市场有可能影响应对风险时农业系统的脆弱程度。市场往往具有高度不可预测性，如果没有市场多样化和其他缓冲措施来抵御价格与需求的波动，那么农业生物多样性减少或社会资本流失将导致系统丧失复原力，变得更加脆弱。
- 市场有可能导致文化适应（或文化丧失），也有可能实实在在地加强文化认同。从某种程度上讲，在为外部市场生

产非传统商品时、在消费外部市场商品时，就会发生文化
适应或文化丧失的现象。营销传统产品可以加强对此类商
品的文化认同，提高本土社区在外界的社会地位。人们可
以不断对商品进行调整，重新定义其用途和意义以适应其
传统文化。

- 市场有可能助力当地文化价值和产品发展使其增值，也可
  能使其贬值。然而，传统社区通常没有公司所拥有的营销
  能力。当地传统饮品远远无法与拥有强大推广能力的跨国
  公司的软饮料相竞争。随着文化真实性、本土传统艺术形
  式、手工艺品与可持续农产品正获得越来越多人的关注，
  传统社区不断赢得一些竞争优势，然而其中一些流行趋势，
  尤其当它们呈现为大众消费趋势时，很可能仅是昙花一现。

- 不平等和社会分化往往伴随着市场一体化进程。常有报道
  称妇女的生育权由男性所掌控、领导与精英人士很可能会
  在成本外部化进程中霸占收益流。

- 生活便利品比传统文化和精神产品更受外界（游客、政
  府）的青睐，并有可能取代后者（Berg et al.，2005）。

上述这些都清楚地表明，市场的影响及其新的收益流与成本
流既复杂又需要具体问题具体分析。然而，许多人认为，特定类
型的市场可能会加强文化的连续性、维持农业生物多样性而非使
其中断或遭受破坏。大量证据表明，小规模的农业生物多样性市
场推广，特别是推广本土作物和野生物种，能够为以生存为导向
的生产者提供重要的现金来源和更多现金收入，且不会削弱传统
生态知识（TEK）、饮食传统、营养或农业生物多样性本身的基
础。然而，同一组证据也揭示了另一些可能阻碍收入增加的因
素：对外来产品需求的增加导致对本地产品需求的减少、供应商
之间的激烈竞争导致价格低迷、就推广服务而言推广外来产品而
非本地传统产品所导致的压力、在市场准入和获得信贷方面遇到

的困难等（Chweya，Eyzaguirre，1999）。

重新思考 GIAHS 市场

可替代的公平市场背后的主要理念是帮助发展中国家的家庭农场主获得直通国际市场的渠道，为他们的商业能力发展提供支持，助力他们在全球市场中保持竞争力。通过学习如何推广自己的农耕产品，农民们可以自力更生地开启业务，为他们的产品寻求到公平的价格。这种替代贸易以生产者的技术为基础，促使社区在不依赖外界援助的情况下积极开展自身发展，并与此同时满足发达市场的消费者需求。替代贸易的基本特征是在发展中地区的生产者、进口商、商店、标识认证机构和消费者之间建立以相互尊重为基础的公平伙伴关系。替代贸易使得贸易过程变得人性化，尽可能地缩短供销链，使消费者了解生产者内在的文化、身份认同和固有条件。

由于其文化和生态特征，来自 GIAHS 遗产地的农产品对欧洲和北美等发达地区的消费者来说极具吸引力。关键的挑战在于如何遵循一定的标准，在 GIAHS 系统农民与市场消费者群体之间建立伙伴关系。作为最低要求，发展中地区的生产者必须承诺在其组织内实行民主决策制度，并使用可持续的生产方式。作为回报，可替代贸易组织将为当地生产者的产品提供直接进入发达国家市场的渠道，并支付合理的价钱，以满足生产者的基本需求，覆盖其生产成本，为投资利润留下空间。

小农户对更少的资源进行更密集的管理，通常可以获得更高的单位产出利润，即使在每种商品产量较少的情况下，也能获取更高的净利润。随着更多传统农民与当地市场产生联系，实现整体创收的可能性也在增加，因为小农户所提供的产品与众不同，正受到越来越多城市消费者的青睐，传统农民使用有机方法种植的非转基因地方品种在市场上往往能卖出高价。

农业生物多样性还可以为没有土地的穷人提供创业机会。一系列增值后的食品、药品、营养品、工艺品和其他产品能够创造就业机会并帮助创收。因为现如今收入及购买力的不足是导致家庭粮食安全缺乏保障的主要原因，所以此类机遇具有特殊的意义。

人们时常宣称市场机制是解决贫穷问题的最佳（或是唯一）渠道，因为只有货币收入才能使人们有能力自由地根据个人喜好分配资源。然而事实上，许多增进福祉、保障安全的办法都以传统的集体组织形式为基础，而非逐渐削弱它。这种传统的集体组织形式具有经济合理性，以基于"良好社会关系"的福祉文化理念为代表，提供了国家和市场往往无法给予的福祉和安全保障方式，例如为那些年老、体弱或是丧失工作能力的人群提供关怀。

在这里，不可能枚举出每一种潜在的、不损害当地社会生态系统复原力的市场替代方案，这相当于讨论人类在千百年来为改善其经济和福祉而想出的一切办法。不少作者都曾撰文介绍过旨在加强当地粮食系统的非市场替代性方案。其中一个鲜明的案例是秘鲁的拉雷斯亚纳蒂尔（Lares-Yanatile）山谷每周举办的易货集市。每个交易日，在该集市交易的食物近 50 吨，这些食物来自山谷中不同的生态区，包括安第斯山脉和低地雨林。香蕉和柑橘等水果在上坡交易，而土豆和玉米等淀粉类碳水化合物食物则在下坡交易。此类易货方式有助于为所有人提供均衡的饮食。

本土社区是可持续粮食系统的保障

全球重要农业文化遗产的主要管理者是开发这些系统，并为了维持生计和文化的完整性持续依赖着这些系统的人们。若不能保障遗产系统所有者的福祉，那么对系统的动态保护和对农业生物多样性的就地保护就无从谈起。因为在此类系统中，福祉不仅由经济绝对原则来界定，还与多样化的农业系统及其景观中不可分割的文化价值息息相关。

农业文化遗产还基于这样一条公理——为了保护世界上这些独特而宝贵的农业文化遗产及其相关的农业生物多样性，必须对世界上大部分的文化多样性进行保护。这就意味着，发展和维持这些系统的群体应当是农业文化遗产的主要受益人。

了解当地农业生态系统、领会其复杂的社会关系和社会组织形式是深入理解农业文化遗产这一概念的必要先决条件。农业文化遗产系统的动态保护完全依赖于创造并开发这些系统的人们对于农业文化遗产概念的理解与自身的保护意愿，外界人士无论其意愿多么急切，都很难深入参与到系统的动态保护中去。倘若外界试图通过设定具体目标或是调控来实施保护，很可能导致系统经营者丧失动态保护的动力与能力。系统所有者及其决策自主权应当受到尊重。因此，在确定需求与问题，明确优先事项、驱动因素和干预措施可能产生的影响等方面，动态保护战略需给予系统原住民及开发者充分的尊重与支持，鼓励当地政府制定相关政策，在动态保护进程中努力实现本地优先级。

案例 5-1　拯救稻作农业文化遗产

下面这个故事讲述了菲律宾农妇朱莉（图5-5）如何在改善生计的同时，为可持续保护古老的伊富高水稻梯田作出贡献。

朱莉与五个孩子一起生活在菲律宾伊富高省基昂岸朱隆甘镇（Julongan）的一个名为罗霍布（Lohob）的小村庄。村庄四周都是水稻梯田，朱莉在那里种植了各种传统水稻品种，以适应该省份特

图 5-5　朱莉（Julie），菲律宾伊富高水稻梯田系统内的一位农妇

殊的高海拔、低气温环境。尽管她说不清自己租赁和正在耕种的稻田具体有多少，但她清楚地知道，仅靠现有的收成，整个家庭的生计很难维持到下一次收获。她所面临的粮食短缺危机在一定程度上与科迪勒拉斯山系（Cordilleras）恶劣的气候、传统稻作较长的种植周期以及每年仅 1 次的收获期（7—8 月）有关。此外，稻田一半的收成需要作为租赁费支付给稻田所有者，这也让朱莉一家的现状雪上加霜。

朱莉每年的收成只够养活全家约 5 个月，剩下的时间靠购买大米或是种植豆类、洋葱等植物以及其他块根作物来糊口。如果还有结余，她会把蔬菜卖给当地市场的小贩，以获得额外的收入来补贴家用。

朱莉与她的邻居们都面临着一个进退两难的困境，即是否要放弃传统的有机稻作生产方式，从众多跨国企业那里申请贷款去购买用于增产的化学肥料。朱莉在农药使用方面较为节制，只有在虫害过于严重时才会使用。

在过去的几年里，影响她农耕活动的害虫主要有两种，一种是会在梯田周围的堤坝上钻洞，扰乱水量调节的蚯蚓；另一种是会吞食水稻、小型蜗牛、鱼卵、青蛙卵以及其他不同昆虫的福寿螺。

为了赋能于像朱莉这样的本土农民以及本土社区，GIAHS倡议和区域稻米倡议（RRI）组织了能力发展培训，以提升他们对独特的农业系统及其无形价值、生态系统商品与服务的认识。通过 GIAHS-RRI 农民田间学校（FFS）所搭建的平台，朱莉与一些当地农民一起参加每月两次的集会。朱莉从不错过任何一次学习和集会，她积极与其他参与者互动，并在日常生活中分享和实践从农民田间学校里学到的知识。

通过 GIAHS，朱莉现在成了所在社区的一名发言人，她鼓励邻居关注并重视传统有机水稻生产、保护环境、保护伊富高的农业文化遗产。

资料来源：莉娜·古伯勒（Lena Gubler），由玛丽·简·拉莫斯·德拉克鲁兹编辑。

奖励作为生态与文化服务提供者的传统农民

许多传统农民对于土地的利用方式能够提供如流域保护、生物多样性保护与碳储存等环境服务，为外部利益攸关方带来利益。对农业文化遗产的认定能够推动建立驱动机制、提升公众利益，为那些保护具有全球和地方意义的生态系统的贫困农民群体提供相应的奖励。农民、非政府组织与外部捐助者通过三方协同合作，比如在农民与为环境服务付费的机构间建立沟通桥梁、努力提升GIAHS系统内增值产品的产量等，能在制定和维持农业生物多样性利用与保护方案方面发挥不可或缺的重要作用。系统外的利益攸关方也可能为保护措施买单，从而补贴农民们因系统中生物多样性丧失而遭受的收入与生计保障方面的损失（Koohafkan，Altieri，2011）。

受益于小农场和多样化景观提供的环境服务，邻近农业文化遗产地的小城市有机会享受清新的空气、清洁的水资源、宜人的小气候、多样化的授粉媒介和有机健康的食品。除此之外，与GIAHS景观相关的生物多样性也具有一定的游憩价值，富于生物多样性的农业系统能为周边社区带来景观多样性，其象征价值、文化价值及美学价值受到许多城市居民的认可。综上所述，应当建立相应的酬谢机制以回馈GIAHS系统内的农民为周边城市社区带来的上述诸多利益。

为了农业文化遗产将当地与全球市场相连接

本书所描述的全球重要农业文化遗产包括分散在许多国家和

地区的一小部分小农户、家庭农场主和本土社区。尽管它们彼此在性质上各不相同，但这些农业系统都以丰富的生物多样性、可持续性与环境的稳定性为共同的特征，它们的存续生动地叙述着一代又一代的人们如何运用自身的能力与创造力，调整并适应不断变化的外界环境。这些传统农业系统是人类相当重要的遗产，然而如导言所述，现代农业的发展正在不断威胁这种遗产的可持续性。由于其中许多传统农业系统在资源管理和使用方面积累了丰富且广泛的知识经验，将其作为全球重要资源，为其存续和发展提供充分的政策、财政、技术和公共支持，同时保障其动态发展在眼下刻不容缓。

开展针对农业文化遗产的动态保护，防止其迅速退化有以下目标与结果（Koohafkan，2006）：

- 协助传统农民和农户、牧民、渔民以及其他自给型农民培育并调整他们的系统、发展生物多样性、维持生计、保护本土知识与文化价值；
- 制定具体的保护政策、技术援助与激励措施，通过生态农业的方法就地保护生物多样性与传统知识；
- 认识农业"文化"（agri-"cultural"）以及具有全国乃至全球杰出价值的景观多样性，奖励本土社区与本土民众们的成就。

农民们通过学习如何推广农产品自力更生地发展业务，为自家产品寻求公平合理的价格。此类基于生产者技术的替代型贸易能够促使本土社区不依赖外界援助，在积极谋求发展的同时，满足发达市场中消费者的需求。生产者、交易者、商店、标识认证机构与消费者间建立以相互尊重为基础的公平伙伴关系——上述这些均为替代贸易的基本特征，这种贸易有着更加人性化的贸易过程，将供销链尽可能地缩短，使消费者有更多机会了解生产者内在的文化、身份认同与固有条件。由于农业文化遗产地独特的文化和生态特征，来自那里的农产品对于发达地区的消费者来说极富吸引力。如何遵循特定标准，在农民、市场及消费者群体间建立伙伴关系是关键性的挑战。发展中地区的生产者应至少保证在其组织内采取民主决策程序，采用可持续性生产方式。替代贸易组织将为其产品提供直接进入发达国家市场的渠道，并支付合理的价钱作为回报，以覆盖其生产成本、满足生产者基本需求、留足投资空间。

小农户对有限的资源进行密集化管理，往往能够获取更高的单位产出利润和净利润。本土社区的小农户们能提供的农产品往往别具一格，备受城市消费者青睐，譬如传统农民生产的非转基因有机地方品种在市场上能卖出高价。随着更多传统农民与当地市场建立联系，实现整体创收的可能性也逐渐得到提升。此外，通过一系列增值后的食品、药品、营养品、工艺品和其他产品，农业生物多样性还能为没有土地的穷人创造就业机会、提供创业机遇、提升收入水平。这类机遇意义重大，有助于解决现今因收入及购买力不足而导致的家庭粮食安全缺乏保障的问题。

全球化进程使得社会之间与社会内部发展愈加同质化，传统农业中存在的差异是贫困农民所拥有的最重要的资源之一。通过将传统农业生物多样性产品与当地市场相连接，寻求生态旅游、国际市场中的无限机遇，同时确保对上述活动的参与模式进行精心规划并将其交由基层管理，能够对此类差异进行战略化利用。

生态与农业旅游

生态与农业旅游已被证明是维持生物多样性、支持本土社区、保护文化遗产、提高收入从而改善福祉的可行手段。支持者强调，生态旅游旨在更好地管理旅游业所产生的影响——在最大限度地提高效益、保护自然环境的同时，尽可能地减少不利影响。理想的情况是，生态旅游通过认可与利用本土居民在环境管理中所发挥的作用，增进本土居民的参与及体验，使其成为生态旅游中不可或缺的组成部分。这是一个具有潜在可持续性的行业，让当地人民有机会自主管理与外部世界的沟通和交往，并从中受益。但这样理想的画面真实吗？

阿格瑞瓦尔（Agrawal）与瑞德福德（Redford）综述了生态旅游在影响生物多样性保护和人类福祉变化方面的相关研究，并指出迄今为止几乎没有任何实证可以证明以往关于"生态旅游要么缓解贫困，要么维持农业生物多样性，两者不可兼得"的观点。"在过去十年间，生态旅游已成为旅游业中发展最快的一个分支，旅游业本身也被列为全球经济中仅次于石油业的第二大行业。"然而，对于生态旅游的定义尚未形成共识。专家们认为，生态旅游有两大核心目标，"生态旅游应该产生较低的游客影响，并有助于保护生物多样性；同时，生态旅游应该为当地居民创造有益的社会经济成果，帮助减少贫困（Agrawal，Redford，2006）"。然而，"贫困与生物多样性"这两大核心概念的含义常被人们一笔带过，认为其不言而喻、无需赘述。诚如阿格瑞瓦尔与瑞德福德所述："大多数生态旅游研究主要侧重针对贫困的经济措施和针对保护的一般性措施，往往忽略了生物多样性和贫困在概念上所具有的复杂性。"

生态旅游有望改变，但它成功的必要前提是什么呢？在理想状态下，一个原生态本土旅游项目执行的动力应当源自本土居民自身。本土居民与旅游代理商进行商讨，按自己的节奏着手选定旅游项目，全面了解项目可能产生的影响，通过集体商议划定适合该项目的区域，提前确定好本土社区能够接纳和管理的游客人数。如有需要，本土居民将以平等合作伙伴的身份与私营企业或政府签订合同，同时在决策中保留否决权。

本土居民认识到，若要从外界获得最大利益，同时确保新的

图 5-6 哈尼族传统节日——长街宴。哈尼族社区最大的农业和文化节日是以哈尼族传统食品为招牌特色的绿春县哈尼族长街宴。这是一场数千人参加的集体盛宴，沿途还有不同哈尼族族群表演歌舞，景况壮观
图片来源：玛丽·简·拉莫斯·德拉克鲁兹。

价值观不会压倒传统习俗，就有必要对其传统生活进行重新定位。鉴于此，发展生态旅游具有巨大的优势。在有机会得到商业培训和就业机遇，同时获得本土社群知情同意的情况下，生态旅游能够提升生活质量、提供医疗及其他用品、加强语言传承、增强自尊自信。

文化生存建立在自决权的基础上，也就是在自己的土地上决定自己未来的能力。它不一定要求坚持传统，不惜一切代价抵制变革。生态旅游若想要履行承诺，其倡导者就必须兑现他们的诺言，创造条件使本土社会能够实现自决权，即保留对自身事务最大程度的自主权和决策权。

农业文化遗产结对项目

"结对项目是指两个社区一起努力，共同面对他们的问题，发展彼此之间更密切的友谊关系。"这是第二次世界大战后，欧洲市政与地区委员会（CEMR）的创始人之一让·巴雷思（Jean Bareth）给出的关于"结对"的定义。他认为结对最主要的价值在于欧洲各国人民间的友谊、合作和共同意识（www. twinning. org）。结对还体现了从基层开始建立起来的团结与认同，它是最明显的合作形式。目前，已有数千个城镇村庄宣布与另一社区缔结伙伴关系。同时，结对是灵活的合作形式，小型社区、村庄、城镇、郡县等都可以通过结对项目去关注涉及两个或两个以上社区的一系列发展问题。

良好的结对伙伴关系可以为社区带来诸多好处，促进文化和社会经济繁荣。它提供了一个机会，将来自世界不同地区的人们聚集在一起，在涉及共同利益或共同关切的事务上分享问题、交流想法并理解彼此的观点。它可以使年轻一代与来自不同国家的同龄人打交道，并获得自信。当下已积累了许多良好的结对项目实践经验，涉及艺术、文化、生计发展前景、可持续旅游业、地方公共服务、地方经济发展、社会融合、团结和可持续发展等各式各样的问题。

结对代表了伙伴间长期的承诺，使他们能够共同面对危机，经受住政治领导层的变化，在任何一方遇到短期困难时得以幸存，在彼此有需要时互相扶持。作为长期承诺，至关重要的是对伙伴关系进行定期的评估与审查，以满足当前的需要，保持新的活力。

同样重要的是，结对项目的成功需要来自地方当局和本土社区的共同投入。没有当地利益攸关方的积极参与，就不可能有成功的结对项目，鉴于此，往往需要成立由当地官员和本土社区成员共同组成的结对项目委员会以确保结对项目成功。

成功的结对项目离不开细致的预备工作与方案设计，以下是结对项目获得成功的主要因素：

- **找到合适的结对伙伴**：很显然，这是首要的一步。每个结对项目都具有独特性及其具体特征。然而，在大多数情况下，合适的结对对象应是在许多方面与自身社区情况相似的伙伴，比如在生态环境、居民数量、地理位置、经济活动、与其他社区的历史联系以及主要的社会、历史或环境问题等方面。在拟议结对项目前，双方代表应事先进行接触，确保双方有相同的理解与愿景。

- **让决策者与整个社区参与进来**：结对项目离不开双方居民的积极参与。民选代表与公务员通常是结对项目的助推者，但他们不应该是唯一参与项目的人。结对项目需要让每个社区成员都看到并有切身的参与感。例如，可以在当地入口处张贴标语，地方网站也可以发布有关结对项目的新闻。尤为重要的是，应当面向更广泛的公众，特别是面向媒体传达结对项目所发挥的积极作用及其带来的好处，塑造一个良好的结对形象。

- **制定共同的目标**：结对双方从该结对项目中期望得到些什么？这应该是建立结对关系时必须考虑的问题。结对伙伴应共同确定明确的目标和结对活动类型，并在可能的情况下，从一开始就商定好结对项目评估的具体日期。有必要不时地对目标和行动进行重新评估，以确保合作伙伴在结对中朝着一致的方向努力。

- **架构支撑体系**：随着时间的推移，结对关系背后的动力可能会减弱。因此，有必要在每一个结对社区中设立活跃的小团队帮助结对双方保持密切联系，通过新项目促进伙伴关系发展、寻求融资等。这种结对项目的"发动机"可以是结对指导委员会，也可以是与村镇和村镇其他协会以及伙伴村镇有合作关系的，受国家与地方政府认可的组织。

- **与学校和青少年合作**：青少年可以多方位地参与到结对项目中去。学生交流往往是结对伙伴关系的亮点之一，有助于激发学生学习伙伴国家语言的兴趣。此类合作行动往往涉及大部分居民，就其性质而言，还涉及家长、教师、学校工作人员和学生协会等。另一种合作方式是通过网络将结对与线上结对、促进校际合作的在线学习方案结合起来，提供支持、工具与服务，帮助校与校之间在任何学科领域建立短期或长期的伙伴关系。

- **解决当前的主要问题**：通过结对联系开展的活动可以帮助社区成员了解发展中遇到的问题。对于年轻人而言尤为如此。这些问题可能涉及环境、农业文化遗产的未来、市场和旅游业的机遇等。

- **规划可持续的伙伴关系**：一个好的结对联系必须能够经受住时间的考验，而不仅仅是一时兴起。要想在不同农业文化遗产的利益攸关方之间建立牢固的友谊、实现真正的团结合作，需要长期地、持续地逐步发展。只有通过经久历年的坚持，在遭受如收成损失、病虫害暴发、干旱和洪灾以及其他自然灾害时相互扶持，农业文化遗产社区之间才能真正团结、彼此依靠。

- **展望未来，为新的交流奠定基础**：结对联系可以为交流知识和开发新的合作技术创造理想的环境。一起交流经验，就具体问题进行思考，有助于找到解决问题的办法和改进的措施。

- **制定预算和管理财务**：财政拨款是结对方案的必要先决

条件。如果地方当局能拨出一部分年度预算，即使数额不大，也会有助于保持结对项目的进展势头。当地结对项目组织往往非常积极地参与筹款，这本身就能给家庭社区带来好处。当然，每一项结对活动都需要资金支持。通常，地方和国家当局至少可以为结对活动提供一部分财政资助，将结对预算作为长期支持列入地方活动预算非常重要。然而，这部分资金支持不可能解决所有结对项目的资金需求。一些热心支持者会通过组织广泛的地方筹款活动为结对项目筹集资金。某些特定类型的结对伙伴关系也可以从国际捐助或基金会获得资金。

有鉴于此，结对方案可以设立三大目标：

一是促进伙伴国家包容型、赋权型社区的建立，以激励非国家行为体和地方当局参与到农业文化遗产的动态保护中去，实现粮食主权、减贫和可持续发展；

二是增强小农户、家庭农场主和本土社区的权能，提升公众对发展问题（包括联合国可持续发展目标、《变革我们的世界——2030 年可持续发展议程》等）的认识，促进农村社区教育；

三是支持并加强非国家行为体与地方当局的协调与沟通。

区域和地方当局应成为建立结对方案和缔结伙伴关系的助推力，更好地开展农业文化遗产的动态保护，促进社区可持续发展。在一些国家，中央政府也为支持区域（地方）政府伙伴关系的方案或倡议提供资金支持。

参考文献

Agrawal A，Redford K，2006. Poverty，Development，and Biodiversity Conservation：Shooting in the Dark？［R］. Wildlife Conservation Society Working Paper No. 26. New York.

Berg R, 2005. Bridging the great divide: Environmental health and the environmental movement [J]. Journal of Environmental Health, 67 (6): 39-52.

Bioversity International, 2007. Annual Report [R]. Rome, Italy.

Chweya J A, Eyzaguirre P, 1999. The Biodiversity of Traditional Leafy Vegetables [R]. Rome, Italy: International Plant Genetic Resources Institute.

Cultural Survival, 2016. Ecotourism: A Boon for Indigenous Peoples? [EB/OL]. [2016-03-15]. www. culturalsurvival. org/ourpublications/csq/article/ecotourism-a-boon-indigenous-people.

FAO, 2008. Conservation and Adaptive Management of Globally Important Agricultural Heritage Systems (GIAHS) GCP/GLO/212/GFF Project Document [R]. Rome, Italy.

FAO, 2014. GIAHS Project Annual Implementation Report [R]. Field and Programme Management Information System, GCP/GLO/212/GFF Project. Rome, Italy: FAO.

Godoy R, Huanca T, Reyes-García V, et al. , 2005. Do smiles have a face value? Panel evidence from Amazonian Indians [J]. Journal of Economic Psychology, 26: 469-490.

Haugerud A, Stone P M, Little P D, 2000. Commodities and Globalization: Anthropological Perspectives (Monographs in Economic Anthropology Series) [M]. Boulder, CO: Rowman and Littlefield Publishers.

Jackson L E, Pulleman M M, Brussaard L, et al. , 2012. Social, ecological and regional adaptation of agrobiodiversity management across a global set of research regions [J]. Global Environmental Change, 22: 623-639.

Koohafkan P, 2006. Conservation and adaptive management of GIAHS [C] //Proceedings of the International Forum on GIAHS, October 24-26, 2006. Rome, Italy: FAO.

Koohafkan P, 2012. Dynamic conservation of Globally Important Agricultural Heritage Systems: For a sustainable agricultural and rural development ［C］//Sustainable Diets and Biodiversity：Directions and Solutions for Policy，Research and Action. Proceedings of the International Scientific Symposium on Biodiversity and Sustainable Diets United Against Hunger，November 3-5，2010. Rome，Italy：FAO HQ.

Koohafkan P，Altieri M A，2011. Globally Ingenious Agricultural Heritage Systems：A Legacy for the Future ［R/OL］. Rome，Italy：FAO. www. fao. org/fileadmin/templates/giahs/PDF/GIAHS _ Booklet _ EN _ WEB2011. pdf.

Koohafkan P，dela Cruz M J R，2011. Conservation and adaptive management of Globally Important Agricultural Heritage Systems (GIAHS) ［J］. Journal of Resources and Ecology，2 (1)：22-28.

Marten G G，1986. Traditional Agriculture in South East Asia：A Human Ecology Perspective ［M］. Boulder，CO：Westview Press.

Pagiola S，Arcenas A，Platais G，2005. Can payments for environmental services help reduce poverty? An exploration of the issues and the evidence to date from Latin America ［J］. World Development，33 (2)：237-253.

Wilk R R，1996. Economies and Cultures：Foundations of Economic Anthropology ［M］. Boulder，CO：Westview Press.

第六章
经验、教训与影响

图 6-1 智利奇洛埃岛上的农妇与为当地人提供食物与生计的传统农业有着密切的联系

图片来源：莉安娜·约翰。

导言

如前文所述，全球重要农业文化遗产（GIAHS）是农业系统中一个独特的组成部分，它体现了本土农民对具有全球重要意义的农业生物多样性的习惯使用方式（《生物多样性公约》第10c 和 8j 条，1992 年），并在国家和主权管辖范围内被认可为人类的遗产（Koohafkan，Altieri，2010）。

随着全球化、贸易自由化和通信革命进程的发展，这些传统农业系统日益面临以下诸多挑战：

- 农业转型、农业综合企业的出现、传统农业专门知识与技术的丧失；
- 非市场商品及服务缺乏合理回报；
- 由于经济危机或其他地区有更好的工作机会，本土农民不断向外迁移；
- 生物多样性丧失；
- 文化侵蚀。

然而，由于缺乏专门的全球支撑体系，许多农业文化遗产和相关社区濒临消亡。

GIAHS 的可持续性和复原力取决于其在不丧失生产能力的情况下，适应新挑战的能力，这包括系统内的商品与服务，特别是生物多样性、复原能力和文化财富。这种可持续性和复原力需要持续不断的农业生态和社会经济创新，结合慎重的技术转让，对代代相传的本土知识经验加以应用，与特定领域的科学知识进行融合。若企图通过静态的方式对 GIAHS 加以保护，注定会导致系统的退化，致使本土社区陷入贫困、居民被迫移徙。

早期，在 GIAHS 倡议仍处于国家层面时，每个遗产地面临的最大挑战是如何创造出一个有利的环境，促使当地民众与外部行为者围绕遗产地在全球、国家和地方层面上的重要性，振兴和动态保护遗产系统的必要性等方面展开对话。从根本上讲，第一步是就生态系统的商品、服务、景观及其价值达成共识。下一步则是确认、开发和实施战略，以实现提升地方经济、改善生计的双重目标，同时对 GIAHS 遗产地进行动态保护。

　　然而，如果有适当的支撑体系、专门的公共政策、财政和人力资源，就完全有可能通过提升生产力水平、提高可销售商品与服务的质量及价值等方式来克服困难、应对挑战。应对挑战的关键在于启动一个具有参与性的、以人为本的战略框架和改革管理进程，能够长期维持自给型农业向更多样化、更具生产力的农业系统转化，支撑适合 GIAHS 农业多样性和资源禀赋的乡村发展进程。通过这种方式，GIAHS 为可持续农业与农村发展奠定了基础。

　　这一变革过程需要强有力的国家政策支持和国际支撑网络，在全球范围内推动更广泛的国际倡议，以实现新的可持续发展目标。GIAHS 倡议基于农业生态原则，倡导对此类农业文化遗产进行动态保护和生态系统管理，为可持续农业与农村发展的不同发展战略或途径作了有益补充。这种变革管理进程和战略框架建立在农业文化遗产的多维度特征之上。为方便起见，这些维度被划分为四个主要的重叠维度，即遗产与文化；生态与环境；社会经济发展；伙伴关系建立与组织架构。

　　联合国粮农组织将 GIAHS 战略框架作为一项长期愿景。这一战略框架具有相当的前瞻性，并基于这样一种假设，即尽管 GIAHS 植根于历史，但它们仍具有重要的当代意义，因为它们可以作为"基准系统"帮助促进可持续农业的发展。这些系统具有多维特征，虽然在内在价值方面颇为传统，但它们正经历着持续的变化与动态发展。古往今来，不少本土社区、个人和群体成功地选择了替代性的转型路线并与其他社区和大自然和谐共处。上述假设也从他们传承至今的文字记录中得到了佐证。现今，越来越多的人支持并推广另一种农业方法，这种方法更多地建立在生态原则（生态农业）的基础上，并与民族、社会和文化因素和谐并存、协同发展（例如慢食运动、对于有机食品不断增长的需求、生物动力农业和生态农业等）。

　　在若干国家（如亚洲的中国和菲律宾、北非的阿尔及利亚和突尼斯、撒哈拉以南非洲地区的肯尼亚和坦桑尼亚以及拉丁美洲的智利和秘鲁等）的 GIAHS 遗产地中，动态保护管理手段和实施机制主要围绕下列五大战略目标展开：社区赋权与地方对 GIAHS 的认可；知识整合与管理；生物多样性保护与管理；地方经济与市场管理；机构设置与管理。上述五大战略目标，特别是在国家和地方层面是 GIAHS 成功的关键。

图 6 - 2　家庭农场主、小农户与本土农耕社区是 GIAHS 概念的核心
图片来源：帕尔维兹·库哈弗坎。

社区赋权与对 GIAHS 管理者的认可

　　社区赋权和对 GIAHS 管理者的认可是相辅相成、不可分割的。如果本土社区没有被赋予足够的权力，那么对 GIAHS 遗产地的认定将会水土不服。如果本土社区几乎不了解 GIAHS 是什么，那么对于当地利益攸关方来讲，GIAHS 就毫无意义。有效的社区赋权应避免构建过于复杂的概念模型。相关保护倡议还必须摒弃关于社区性质等任何先入为主的观念。社区和社区意识在人类共存发展的进程中并非一成不变，它们的适应能力随着时间和地域的变化而改变。

动态保护意味着文化遗产系统所在的社区必须保留对它们的权力。因此，社区本身必须决定应任命哪些决策实体和代表去参与社区层面和更高层面的决策。同时，非常有必要让可能被排除在传统地方决策之外的重要群体（如妇女、无土地者、本土居民或少数民族等）参与到决策当中去，因为他们会受到 GIAHS 相关决策的影响，他们的行为也会影响 GIAHS 的发展，所以应当以一种文化上可接受的方式促使他们参与决策。

至关重要的是，社区首先应与面临类似变化的其他相似社区交流知识、技术、概念化问题与相应的解决办法，并从中受益。因为这最有可能为社区提供具有文化、社会和生态契合性的适应机制。由于 GIAHS 本身具有相当的复杂性和变异性，相关问题及其解决方案都应根据特定情况进行特定分析。在一个系统中"行之有效"的治理方案、实践与技术等在另一个系统中却有可能完全行不通。

动态保护最重要的功能是支持社区实现其愿景。因此，动态保护的第一步就是与社区进行充分的协商与沟通，了解他们的需求和愿望。然后，进一步了解为什么这些需求和愿望目前尚未得到满足，这就需要社区内不同利益攸关方和科学家们共同进行深入的探讨与研究。

知识整合与管理

现代技术和传统知识不必被视为冲突不断的对立双方。客观的科学研究往往会揭示为何传统农业系统能够做到经久历年地维持良好的生产力。当"现代化"和"发展"的支持者先入为主地认为现存的传统农业系统已然效率低下且"落后",而非努力地去了解那些系统时,"现代化"和"发展"将会成为一股破坏性的力量影响传统系统的存续。当科学家充分了解传统系统时,他们可以为系统的改进提供有利的建议(Altieri,Nicholls,2004)。科学知识颇有益处,但也很难被恰当地运用。部分科学家本身的优越感,他们与本土社区在价值观与目标上存在分歧,加之他们往往不够尊重 GIAHS 管理者的自主权,上述这些因素都极大地妨碍了双方积极有效的互动。因此,参与 GIAHS 社区发展的科学家和开发人员不仅应当具备充分的知识和资格,而且必须拥有能与 GIAHS 社区积极合作、和谐共处的良好记录。将社区智慧与科学知识相结合,往往有助于准确识别特定社会经济体系中积极与消极的驱动因素。这需要双方不同的视角与观点,同时对观点进行反复推演,针对一组问题的回答会引出另一组新的问题,直到所有各方都确信已经对驱动因素有了充分的识别和认识。解决经济和社会问题可能只涉及当地人民,也可能需要动员更多包括决策者在内的行动者和利益攸关方。在允许外部机构发挥作用时,社区本身也应当保留权力。

对于任何一个拟议的解决方案,社区必须能够反思和讨论其对社会关系、文化遗产和生态系统及其不同组成部分、服务、商品和生活方式的影响。解决方案所带来的影响越是显著,则越应严肃认真地开发和考虑产生影响较小的替代性解决方案,并进行慎重的讨论与反思,该过程可能需要反复商榷并要求提供新的信息。此类进程应符合社区现有的审议机制,而非凌驾于这些机制之上。

动态保护过程中产生的冲突应通过文化上最为适宜、最受接纳的办法来解决。当冲突无法在社区内解决时,则需要诉诸被相关社区认可为公平公正的冲突解决机制（或相关人士），其结果也必须被认可为公平公正。国家层面的决策者也应参与社会学习，以便更好地实现 GIAHS 保护目标，即增进全球对 GIAHS 的了解和认可、体现动态保护、促进制定有利的政策、营造有益的监管和激励环境。

GIAHS 理念在全球范围内作出的最重要的贡献在于，它为提升全人类意识提供了一个平台，是政策制定和发展进程中的伟大实践，在 21 世纪，GIAHS 理念为人类发展和环境可持续发展开创了一条与众不同的道路。GIAHS 预示着农业领域必要范式的转变，至少，它改变了传统农业和家庭农耕系统的价值，将所有利益攸关方聚集在一起，通过共同努力，为今世后代确保了传统农业系统的完整存续。

生物多样性保护与管理

从人类简单地使用野生物种（无论是直接用于维持生计，还是间接用于增加所需物种的产量），再到转基因生物的创造和集约化经营，生物多样性一直支撑着农业系统[1]的发展。在此范畴内，农业生物多样性[2]是指在与人类管理体系共同进化的过程中驯化、保护和适应的生物群。因此，地方品种和野生动植物物种是通过遗传适应以应对生物和非生物胁迫的遗传变异性的主要来源（Jarvis et al. ，2007）。

---

① 此处采用农业的广义概念，包括种植业、畜牧业、林业、烧荒垦种、渔业、狩猎、采集及其组合。

② 根据《生物多样性公约》，农业生物多样性是一个广义的术语，包括与食物和农业相关的生物多样性的所有组成部分，以及构成农业生态系统的生物多样性的所有组成部分，包括在遗传、物种和生态系统层面上的动植物、微生物多样性和生存能力，它们是支持农业生态系统发挥关键功能、维持农业生态系统结构以及发展进程的必备要素（第 V/5 号决定）。

至关重要的是，任何形式的农业生物多样性只有在创造它们的人类管理体系中，才能得到有效保护和适应性管理，此类管理体系包括知识系统和技术、特定形式的社会组织、习惯法或正式法以及其他文化实践。生物物理组成部分与维持它们的人类管理体系一起共同构成了"生物文化"综合体系。当此类体系的特征发生变化时，相关的农业生物多样性也在不断地变化与适应，其中的一些元素将以新的形式生存下去，而另一些元素，若缺乏保护措施，则将彻底消亡（Jackson et al.，2007）。

图6-3 多样性耕种系统展现了具有当地和全球重要意义的粮食生物多样性，菲律宾基昂岸的伊富高人通过本土实践来管理和维护这种生物多样性

图片来源：帕尔维兹·库哈弗坎。

全球不少农业实践活动都能为生态系统带来景观尺度上的变化，并为多样化动植物群落提供栖息生境，在此过程中，针对系统生存能力进行持续化管理必不可少。在世界许多地区，尤其是那些气候、土壤、可及性和社区本身自然环境不适合开展集约化生产的地区，一代又一代的农民、牧民们基于传统知识与经验开展农业实践、实施管理与维护，使得农业系统与生态景观得以存续至今。

人类基于丰富的物种多样性及物种间的相互作用，将适应当地环境、巧妙独特的农业系统管理实践与技术相整合，体现了人类社会与其所处的自然环境数千年来的共同演化。这些系统往往反映了存在于物种内部与物种间，在生态系统和景观层面上的、丰富的、具有全球独特性的农业生物多样性。上述系统建立在古代农业文明的基础上，其中一些与重要的驯化动植物物种的起源中心和多样性紧密相连，其就地保护具有重要意义与全球价值。

经济发展与市场

许多 GIAHS 社区中，维持家庭联系、社会网络和政治权力的需要往往支配着资源的使用与交换。从经济学角度讲，满足上述需求很可能既不经济，也不合理。但这对于系统使用者来说无关紧要。社会需求和文化需求影响着对于引进新资源、新技术或新市场的认识与理解，这些需求很可能与引介资源、技术或市场的外部代理人相左。上述观点强调并非每个人的行为都像资本家（Wilk，1996；Haugerud et al.，2000），经济人类学家称之为文化经济学。然而，许多开发者仍笃信，无论从决策者、开发机构、科学家还是本土社区的角度看，自给型社会生态系统若想提升民生福祉，更多地参与市场来增加收入是最卓有成效的手段，有效途径包括改善市场准入、获取信贷与信息、刺激商品与服务需求、增加特定作物或其他物种的生产需求等。通过更多的市场参与以增加现金收入，与对自给型社会生态系统开展动态保护，这两者是否彼此冲突？是否需要在减少农业生物多样性或保存文化完整性方面有所权衡与折中？当市场被视为导致农业生物多样性减少和文化侵蚀的主要诱因时，上述这些都是亟待考虑的严肃议题。

人们常常会想当然地宣称：因为货币收入使人们有能力根据个人喜好自由地分配资源，所以依赖经济活动与市场机制是提升GIAHS生存能力的最佳方式。实际上，GIAHS系统中许多增进大众福祉、保障民生安全的措施都以传统的集体组织形式为基础，具有经济合理性。弘扬良好社会关系的"福祉文化理念"，能给予人们国家与市场往往无法提供的福利与民生安全保障措施。

目前公认的观点是在特定情况下，某一类型的市场会致使农业生物多样性丧失。以新的市场形式引入新的交换方式会对社会生态系统内外商品与服务的流动产生显著影响（FAO，2012a）。许多研究都证实了市场参与会以多种方式影响传统自给型农民对自然资源的管理，其中，就包含了对农业生物多样性与文化的管理。

市场与市场生产有可能增加对水、化石燃料及其他类型燃料等外部投入的使用，随之而来的是本土社区对外部资源和外界参与者依赖程度提高、传统农业系统脆弱性加剧、水或木材燃料等有限的资源受到威胁。但从另一角度来看，市场及市场收入使当地人民有能力购买外部商品以替代传统社会生态系统中的商品与服务，一定程度上缓解了当地系统所面临的压力。此外，市场会影响社会互惠及其他形式的社会资本分配，进而影响社会福祉。当社会互惠与本土社会保障机制减少时，从市场优势中获益较少的群体在经济上将变得更加脆弱；而当市场收入增加未对社会互惠造成改变时，则会对福祉产生积极影响（Godoy et al.，2005）。市场往往具有高度不可预测性，因此会影响系统的抗风险能力。若市场缺乏多样性，同时又没有其他缓冲手段来抵御价格与需求方面的波动，那么一旦农业生物多样性减少、社会资本流失导致系统丧失复原力，传统系统将变得愈加脆弱。

在市场的影响下，传统文化有可能丧失，出现文化适应现象，但也可能加强文化认同。一方面，一些市场行为，如为外部市场生产非传统商品、消费外部市场商品等都会导致文化适应现象的发生。另一方面，推广传统产品则可能加强传统文化认同、提升传统产品与传统文化的社会地位。为了适应其文化，人们会不断调整商品，对其用途与意义进行重新定义。

市场一体化进程往往会造成不平等与社会分化，同时，当地文化价值与产品发展也会受到市场的影响，出现增值或是贬值。大多数情况下，传统社区的营销能力较之公司相对较弱，因此当地的传统产品往往无法与私营企业或跨国公司的产品相抗衡。随着人们越来越看重文化真实性，关注本土传统艺术形式、手工艺品与可持续农产品，传统社区重新赢回了一些优势。然而，某些流行与大众消费趋势有时就像昙花一现，转瞬即逝。

上述这些均充分显示出市场及其新的收益流与成本流的影响非常复杂，需要具体情况具体分析。比如，特定类型的市场反而能加强文化的连续性、维持农业生物多样性，而非使其中断或遭受破坏。另有大量证据证实，对于以生存为导向的生产者来说，对农业生物多样性进行小规模的市场推广，尤其是推广那些本土作物与野生物种能增加收入，是重要的现金来源。此类市场推广也不会对传统生态知识（TEK）、饮食传统、营养或农业生物多样性造成侵蚀。同时，一些可能阻碍收入提升的因素也是我们无法忽略的，譬如由于人们对外来产品需求的增加，导致对本地产品需求的减少、供应商间激烈的竞争致使价格下跌（从而可能产生前文提到的影响）、推广外来产品而非本地传统产品带来推广服务方面的压力、在市场准入和获取信贷方面遭遇困难等（Guarino，1997；Chweya，Eyzaguirre，1999）。

为振兴地方经济和粮食系统，许多群体尤其是世界各地的原住民采取了非市场性的替代办法。前文所述的秘鲁拉雷斯亚纳蒂尔山谷中每周举行的易货集市就是其中的典型案例。

振兴地方经济和 GIAHS 产品的战略应当针对那些清晰地体现并集中利用生物多样性以及传统农村知识的地区。并非所有的农场和农产品都符合 GIAHS 的遴选标准，符合倡议遴选标准的农场往往四散分布在整个遗产地的景观当中。其中，也并非所有符合标准的农场都会积极参与倡议以及加入围绕该倡议所发展的经济体制当中去。

在此背景下，经济的振兴包括在各利益攸关方之间建立网络和联盟，即那些有志于在重视本土特性的基础上，开展更流畅、更有效的商品与服务交换的利益攸关方。因此，可以在当地扩大并优化增值链，在为农村人口带来利益的同时，又不会导致对该地区自然与文化资源的过度索求。

机构设置与管理

无论在哪个国家，都可以通过三大层面上的协调行动和同步实施来确保 GIAHS 倡议的成功。

一是利用国家乃至全球对农业文化遗产重要性的认识以及与遗产保护有关的制度支撑。联合国粮农组织已在 15 个国家认定了 35 个 GIAHS 遗产地。[①] 遗产认定在这些国家产生的积极影响就是一个个成功的范例。

二是在监管和激励机制中促进扶持政策和能力建设，以保护 GIAHS 的适应能力和生存能力。在 6 个 GIAHS 试点国家试行

---

① 此为原书 2017 年截稿时的数据，根据联合国粮农组织官方网站最新数据，截至 2022 年年底，联合国粮农组织已在 23 个国家认定了 72 个 GIAHS 遗产地。——译者注

和实施的动态保护清楚地佐证了这些政策所产生的积极影响
（FAO，2014）。

三是为本土农业社区赋能，为可持续资源管理提供技术援
助，推广传统知识，并通过可持续的方式提高系统的创收能力，
提升商品与服务的经济价值，促使系统更具活力。

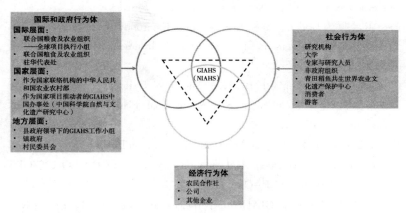

图 6 - 4 中国 GIAHS 管理机构设置
图片来源：联合国粮农组织（2012b）。

应通过公共或私营的伙伴关系、品牌与生态标识、碳固存回
报机制、生态旅游、为其他环境服务提供报酬等方式，促进地方
农业与生计系统逐步与国家、区域乃至全球环境友好型机遇与市
场相融合，从而确保它们的经济活力和可持续性，避免僵化发
展。GIAHS 也可以被视为可持续性农业的基准系统，为制定就
地保护生物多样性的国际和国家战略提供原则参考和经验教训。
GIAHS 倡议的实施应致力于在地方和全球范围内更好地了解本
土人民与自然环境有关的知识及管理经验，并将其应用于当代发
展，特别是 2015 年之后联合国可持续发展目标（SDGs）[①] 中所

_____

① https：//Sustainabledevelopment. un. org/post2015.

提到的振兴可持续农业与农村发展目标。

参考文献

Altieri M，Nicholls C I，2004. Biodiversity and Pest Management in Agroecosystems ［M］. New York：Haworth Press.

Berg R，2005. Bridging the great divide：Environmental health and the environmental movement ［J］. Journal of Environmental Health，67（6）：39-52.

Chweya J A，Eyzaguirre P B，1999. The Biodiversity of Traditional Leafy Vegetables ［R］. Rome，Italy：International Plant Genetic Resources Institute（IPGRI）.

FAO，2012a. GIAHS Project Annual Implementation Report ［R］. Field and Programme Management Information System，GCP/GLO/212/GFF Project. Rome，Italy：FAO.

FAO，2012b. China's GIAHS Experiences and Lessons Learned ［R］. GIAHS Project Implementation Report. Rome，Italy.

FAO，2014. Management Response to External Evaluation of the GIAHS Global Project（GCP/ GLO/212/GFF）［R］. Rome，Italy.

Godoy R，Huanca T，Reyes-García V，et al. ，2005. Do smiles have a face value? Panel evidence from Amazonian Indians ［J］. Journal of Economic Psychology，26：469-490.

Guarino L，1997. Traditional African Vegetables：Promoting the Conservation and Use of Underutilized and Neglected Crops ［C］. Proceedings of the IPGRI International Workshop on Genetic Resources of Traditional Vegetables in Africa：Conservation and Use，August 29-31，1995，ICRAP-HQ，Nairobi，Kenya. IPGRI，Gatersleben/IPGRI，Rome，Italy.

Haugerud A，Stone P M，Little P D，2000. Commodities and Globalization：Anthropological Perspectives（Monographs in Economic Anthropology Series）［M］. Boulder，CO：Rowman and Littlefield Publishers.

Jackson L E, Pascual U, Hodgkin T, 2007. Utilizing and conserving agrobiodiversity in agricultural landscapes [J]. Agriculture, Ecosystems & Environment, 121: 196-210.

Jarvis D I, Padoch C, Cooper H D, 2007. Managing Biodiversity in Agricultural Ecosystems [M]. New York: Bioversity International and Columbia University Press.

Koohafkan P, Altieri M, 2010. Globally Important Agricultural Heritage Systems: A Legacy for the Future [R]. Rome, Italy: FAO.

Pimbert M, 2005. Sustainable Local Food System, Agricultural Biodiversity and Livelihoods, Traditional Resources Rights and Indigenous People in the Andes [R]. IIED.

Wilk R R, 1996. Economies and Cultures: Foundations of Economic Anthropology [M]. Boulder, CO: Westview Press.

第七章
全球重要农业文化遗产（GIAHS）就在我们身边：遗产胜地和遗产系统[①]

图7-1 代表健康生活与文化的茶：在中国普洱，当地人用现代化农业生态茶园系统来辅助森林古茶园
图片来源：玛丽·简·拉莫斯·德拉克鲁兹。

　　本书所研究的全球重要农业文化遗产（GIAHS）包括在我们周围的，以及分散在许多国家和地区的一小部分传统农业系统。这些

---

　　①　本章描述了世界各地各类型农业文化遗产的特点、潜力与挑战。大部分内容摘自多年来各机构与个人主动向 GIAHS 保护倡议提交的全球重要农业文化遗产申报资料。

农业系统均体现了丰富的粮食及农业生物多样性、遗传资源、知识系统、文化多样性、可持续性特征和环境稳定性。它们虽彼此不同，各具特色，但从古至今一直普遍存在，是祖先为我们留下的宝贵遗产。

本章中汇编了 2002 年以来的 GIAHS 案例，它们为制定 GIAHS 动态保护方法、促进国际层面对 GIAHS 的认可和保护提供了灵感与理据支持。经过近 15 年的宣传与意识提升，在试点国家、参与国以及双边和多边资助机构的支持下，GIAHS 倡议终于被纳入联合国粮农组织常规工作计划和预算的主流内容当中（FAO，2015）。

本章首先从若干试点 GIAHS 系统入手，介绍亚洲中国的稻鱼共生农业系统、菲律宾的伊富高水稻梯田；拉丁美洲智利的奇洛埃岛农业、秘鲁的安第斯农业；以及北非的马格里布绿洲系统。之所以选择这些试点系统是因为它们在技术标准、业务和财政委托（通过全球环境基金为 GIAHS 倡议分配的资源）方面具有独特之处。当前，仍有许多农业文化遗产有待被开发、记录、认可和保护。本章所提供的农业系统和遗产地目录仅包括了其中一些潜在农业系统和遗产地名胜，按国家英文名字母顺序依次列出。

上述这些本土和传统农业系统中的许多系统都被称为全球重要农业文化遗产（GIAHS），它们不仅造就了杰出的景观，其中的一些景观还被认定为世界遗产。此外，这些系统使具有全球意义的农业生物多样性得以永续，更为重要的是，它们体现着那些能够可持续性地为人类提供多种商品与服务、保障粮食营养与生计安全、维持一定生活质量，同时又与大自然保持密切联系的基本原则。

GIAHS 保护试点

稻鱼共生农业系统（中国）

中国农民自古以来都与环境和谐相处，他们能在不破坏自然资源基础的前提下，充分利用生态系统的多样性。作为最古老的农业文明之一，中国所拥有的生态环保知识与智慧非常丰富，能够在实现可持续农业与农村发展的进程中加以利用。传统农业的形式之一就是稻鱼共生农业系统及其在不同文化、环境和经济条件下多样化的复合种养方式。稻鱼共生农业系统通过循环利用材料与养分来提升生态和经济效率，发挥协同作用保护水土资源和农业生物多样性（包括水稻、鱼类以及在稻田和其邻近生态系统中繁衍生息的其他生物），同时支持丰富的文化多样性和相关管理机制（FAO，2006）。浙江省青田县龙现村的稻鱼共生农业系统被选为 GIAHS 试点传统农业系统，以展示农业文化遗产有形和无形的基本价值——从古代传承至今为人类带来生态、经济、社会和文化效益的巧妙方法。

稻鱼共生农业系统不需要复杂的工程实践或设施（Min，Sun，2006），也不需要施加任何农药，因为鱼以害虫为食，本身就是有效的生物防治媒介。农药在这类系统中反而会产生不利影响，因为它们对鱼类可能也是致命的。研究显示，相较于单一稻作系统，稻鱼共生系统受到害虫侵袭和发生植物病害的概率较低，这表明鱼类是优良的生物防治剂。尼罗罗非鱼和黄河鲤能捕食水面上的水稻害虫，例如稻飞虱、稻叶蝉、稻纵卷叶螟、稻青虫（稻螟蛉）和直纹稻弄蝶等。此外，由于生境适宜，在许多稻鱼共生系统中，诸如蜘蛛、寄生蜂等水稻害虫天敌的数量也大幅度增加，进一步印证了自然或生物害虫防治方式的有效性。鱼类发挥着天然杀虫剂或生物防治媒介的作用，凸显了稻鱼共生系统的另一经济优势。

稻鱼共生系统中存在着许多彼此裨益的物种相互作用。例如，水稻为鱼类提供遮阴和昆虫；鱼类帮助水稻防治害虫、清除抑制水稻生长的杂草以及导致水稻纹枯病的细菌、为水稻去除受疾病感染的叶子，从而减少除草剂和杀菌剂的使用。此外，鱼能给水供氧并搬运养分、提供生物害虫防治，水厥属植物为水稻固氮，这些都有益于水稻的生长。与传统农业相比，鱼类通过消耗生物质可以将分解植被所产生的甲烷排放减少 30%。与此同时，由微生物、昆虫、捕食者和相关作物组成的复杂各异的食物网也使耕作系统中的各个组成部分受益。此类系统能最大限度地减少风险，适合于资源贫瘠地区的农民，使他们能够在堤坝上种植水果和蔬菜，并将家庭牲畜（猪和家禽，特别是鹅、鸭）作为文化和经济上优先考虑的混合养殖对象。农民在田间种植树木，将其作为防治虫害的人工干预手段和益虫的栖息地。

生物多样性

龙现村稻鱼共生农业系统中存在的主要物种有鱼类、杂草、浮游生物、光合细菌、水生昆虫、底栖生物、水稻害虫、水鼠、水蛇、鸟类以及其他水土微生物。所养殖的最常见的鱼类包括草鱼类（黄河鲤、凤鲤、河源鲤、瓯江彩鲤）、鲫鱼（银鲫）、尼罗罗非鱼、青鱼、鲢鱼、泥鳅、罗非鱼和鲇鱼。其中，黄河鲤是一种杂食性鱼类，自然条件下它在池塘或湖泊中产卵，便于农民收集。瓯江彩鲤则是一种发现于青田县和浙江省南部山区的地方性物种（Lu，Li，2006），俗称田鱼。青田县农民一般在周围的水稻田或梯田中种植 7 类不同品种的本地蔬菜。农田边栽种着各式各样的植物物种，至少有 62 种森林物种在那里苗壮成长，其中 21 种可食用，53 种可药用（FAO，2007）。

管理技术

在水稻生长初期，农民对农田进行灌水，种植水稻，并将鱼苗放入沟渠。种植水稻秧苗后，鱼苗被投放入稻田直至收获，收获时将稻田中的水排干收集稻鱼。这些稻鱼共生系统每公顷可产300～900 千克稻鱼或是 300 千克稻鱼外加 750 千克对虾或螃蟹。

目前，中国已根据当地条件，遵循与大自然和谐相处的生态原则，结合其他种类作物与家畜，开发出了多种多样的稻鱼共生系统。这些多样化的种养方式使得农民能够依据水稻的生长周期和成熟周期，不间断地开展相应的种植活动，并将鱼苗和夏花鱼种直接放入灌水稻田中。稻田的水位需要时时调整或通过排水使其适于水稻种植，一旦稻田条件不适宜鱼种生存，农民便会修建水位适当的沟渠或池塘来容纳鱼种。

全球重要性

稻鱼共生农业系统展示了一种通过激发基本生态功能来优化经济和社会效益的巧妙手段。这些系统对气候变化、水资源管理和生物多样性等全球环境问题来说意义重大。

传统稻鱼共生农业系统体现了一种生态共生关系：鱼为水稻提供肥料、调节微气候条件、松化水土、吞食水稻田中的幼虫和杂草；而水稻则为鱼提供庇荫与食物。此外，农业生态系统中的多种产品与生态服务都为当地农民和环境带来益处。优质的鱼和大米食品有助于维持农民的营养需求和生计，成本的降低和劳动力的减少提高了生产效率。系统减少了使用化肥、农药和除草剂来控制病虫害和杂草生长，有助于保护农业生物资源与环境。

挑战

高产量的水稻单一种植或鱼类单一养殖方式的扩张对稻鱼共生系统造成威胁，其中就包括那些依赖化学制品（特别是水稻农药和鱼类抗生素药物）的水稻或鱼类品种。食品安全、生态功能和环境保护被严重轻视。有了化肥和农药，水稻种植户不再需要依靠鱼类来控制虫害、回收养分。集约型鱼类养殖可以为市场供应大量的低价鱼类，但其（外部化）环境成本很高（FAO，2007）。

促进遗产保护与管理的机遇

稻鱼共生农业系统促进生态共生，旨在加强世界各地的粮食安全和营养安全。龙现村的这一全球重要农业文化遗产中体现的可持续原则也可以在类似地区进行复制。稻鱼共生GIAHS试点系统提供了许多发展机遇，对中国地方经济发展来讲也是一个新的双赢模式。在联合国粮农组织的倡议和全球环境基金的资助下，对农业文化遗产生态系统产品与服务进行动态保护的理念受到了各利益攸关方、决策者、科学家、研究人员、私营机构以及地方和国家政府的关注与支持。现如今，GIAHS已成为地方和国家发展方案的主流工作内容之一。2012年中华人民共和国农业部通过了促进和认定中国重要农业文化遗产（China-NIAHS）的指南，这是在国家层面对全球重要农业文化遗产的认可（FAO，2012）。

图7-2　2005年，当地政府在青田县龙现村入口处修建了一座鱼形雕塑，以纪念青田稻鱼共生农业系统被列为全球重要农业文化遗产首批动态保护试点之一

图片来源：帕尔维兹·库哈弗坎。

案例 7 - 1 中国重要农业文化遗产（China-NIAHS）的诞生——从无到有

传统农业系统通常被认为是"落后的"，注定要在农业现代化进程中被淘汰。2005 年 GIAHS 倡议被引入中国前，农业文化遗产并没有得到地方与国家政府或遗产所有者的重视、推广与保护。虽然少部分中国的研究者已然针对该传统农业实践开展了一些相关研究，但其研究成果却被当时的决策者和当地农民所忽视。

自 2005 年青田稻鱼共生农业系统（RFC）项目启动以来，GIAHS 日益受到决策者的重视，逐渐成为中国一项重点国家计划，中国也成了 GIAHS 示范国。在保护和维持其丰富的农业文化遗产方面，中国表现出越来越大的兴趣和决心，树立了 GIAHS 保护的好榜样。这一崇高目标也体现在中国重要农业文化遗产的制度化上。

在中国，GIAHS 不再是一个不为人知的概念，它已然成为中国的世界遗产中一颗冉冉升起的新星。政府、公众和媒体日益关注 GIAHS，通过重大投资和许多创新实践，中国带头从一个试点遗产系统逐步开发出许许多多个 GIAHS 和 NIAHS（国家重要农业文化遗产）遗产系统。

传统农业系统的保护与发展曾一度被体制所遗忘，国家层面完全没有相关的系统立法或政策制定。在 2012 年之前，中国并没有专门针对 NIAHS 的组织架构，许多传统耕作系统固有的生态和文化价值没有被纳入成本效益分析当中，因此农民们对当地农业文化遗产的保护也没有得到相应的补偿和回报。

自青田稻鱼共生农业系统（RFC）开始，面对气候变化、环境污染和食品安全问题时，中国逐步注意到了 GIAHS 的价值，并根据联合国粮农组织所提出的 GIAHS 一般定义制定了适合本国国情的 NIAHS 遴选标准。

同时，中国在国家层面现有组织架构内设立了常设组织或职能部门，以尽快建立、促进、认定、监测和评估 NIAHS。联合国粮农组织和 GIAHS 中国办事处在提升对 GIAHS 价值的认识方面助力颇多。今时今日，中国正积极地参与并促进全球范围内的 GIAHS 动态保护，它树立了一个相当好的典范，展现了如何从国家层面促进国家重要农业文化遗产的保护，这也激励了其他国家着手保护本国的重要农业文化遗产。

伊富高水稻梯田（菲律宾）

古伊富高水稻梯田（IRT）代表了菲律宾仅存的高原山地生态系统，体现了伊富高人的独创性和其杰出的农业耕作系统。尽管已有 2 000 多年的历史，该系统中的有机稻田耕种方式依然具有活力与效力。古水稻梯田的存续体现了文化与自然间强大的联系、非凡的工程系统以及伊富高人最大限度利用山地进行粮食生产的创新精神与坚定决心。尽管从古至今的伊富高社区一直持续不断地利用着水稻梯田，但梯田一直保持着它的美学价值与功能。时至今日，它们一直都是当地人食物、生计以及文化仪式用酒的来源。2 000 多年前的水稻梯田系统仰赖生物节律技术得以存续并沿袭至今，当地的社会、文化和经济活动以及水稻收获周期、酒水生产和宗教仪式的时间均与气候节律（降水、温度和相对湿度）以及水文节律相一致（FAO，2006）。

水稻梯田离不开对木咏林地（Muyung）（即小片森林）的本土化管理。木咏林地是一种覆盖每个梯田群落的私有化小片森林，本土社区通过集体努力，依据传统部落习俗对其进行管理。梯田顶部在社区公有管理下的林区主要包含约 264 种本土植物，大部分都是该地区所特有的。梯田形成的独特微流域集群是整个山地生态系统的一部分。它们发挥雨水系统和过滤系统的作用，全年灌溉用水充足。前文所述的生物节律技术使农民能够在1 000多米的海拔高度上种植水稻（FAO，2006；DENR，2008）。

除粮食生产外，伊富高水稻梯田还可以保护和维持重要的农业生物多样性与相应景观，比如借助梯田的美学价值来促进旅游业的发展。1995年，伊富高省的5处梯田群落因其壮观的景致，和其所体现的人与自然之间的和谐，被联合国教科文组织认定为世界遗产。伊富高水稻梯田也被誉为"活态的文化遗产"。

生物多样性

当地伊富高族社区通过本土实践方法，对具有地方和全球重要性的生物多样性进行保护与管理。该农业生态系统中土地利用的五大组成部分——木咏林地（Muyung）、刀耕火种的农田（Habal）、梯田（Payew）、居住区（Bubli）和交织的河床（Wah-el或Wang-wang）有助于生物多样性的管理，各组成部分的功能相互关联。木咏林地含有多种动植物物种，有助于养分循环和物种的再生与演替。在一份对其中一处木咏林地生物多样性的评估报告中，记载有约280种植物物种，其中58种是伊富高省所特有的物种。梯田还保存了许多传统的水稻品种，其中大部分是耐受伊富高极端气候的当地品种，被用于供应家用粮食、生产庆典仪式所需的米酒。在国际水稻研究所（IRRI）的基因库中收集并保存了约561个原产于伊富高的水稻品种以供研究。私人或社区公有的木咏林地中通常包含71个植物科下的264种本土植物物种，大多为该地区特有品种。最常见的是大戟科的各类植物，其次是豌豆、草籽、芒果等植物类群和茜草科，甘薯也很常见，从山腰到陡峭的山坡遍布生长。在枯水期，一些农民会转而种植蔬菜或其他经济作物，以填补难以开展水稻种植所带来的缺口（DENR，2008）。

全球重要性

伊富高水稻梯田是依靠丰富的农业生物多样性来促进农业发展的 GIAHS 典型案例，它展现了同时实现生产（社会经济目标）和可持续利用（生态目标）的生存能力。

历经千百年沧桑的水稻梯田主要从有机农业演变而来，以有机农业为基础，水稻梯田将得以持续存在。有机农业系统的扩张和发展，也印证了相较不利于农业生物多样性增长和人类健康的综合农业来说，有机农业更具可行性和生存能力。水稻梯田中不允许使用任何不利于维持有机农业系统的人造产品。因此，在本土传统技术与有助于维持有机农业系统的引进技术之间开展技术协作、优势互补，有助于改善伊富高水稻梯田当前不断恶化的状况，使其成为农业家庭更可持续的收入来源，为农业和生态旅游发展提供更亮眼的景观。

挑战

伊富高水稻梯田农业文化遗产体现了一种整体的农业系统模式——一种平衡的、人与环境间和谐紧密相连的农业生态系统。1995 年，伊富高水稻梯田景观因其古老的特征、壮观的美学体验与审美价值，被联合国教科文组织列入《世界遗产名录》。然而，此举为当地农业人口带来的旅游经济效益却微乎其微。

灌溉渠衬砌等现代技术的应用，加之梯田集群中一些梯田的废弃和土地利用形式的转换，导致了生态系统出现水文不连续和水文不平衡等情况。同样，文化侵蚀、青年劳动力外流、市场推动力和城市化进程也正在影响这一传统农业系统的保护。大多数年轻的伊富高人放弃了耕作，迁移到外地寻求就业机会和更高的收入，仅留下了老龄化人口与被忽视了的水稻梯田。

促进农业文化遗产保护与管理的机遇

GIAHS 倡议提升了对农业生物多样性重要性的认识，促使农业文化遗产保护计划被纳入各层级主流工作当中。多个利益攸关方共同参与和协商后，为国家重要农业文化遗产（NIAHS）和全球重要农业文化遗产（GIAHS）制定了一份合理的发展纲要，同时还拟定了一项通过 NIAHS 对 GIAHS 开展认定和保护工作的政策草案。同时，在 GIAHS 试点遗产地还开展了相关能力建设和培训活动，旨在提升伊富高水稻梯田有形商品与服务的价值。

案例 7 - 2 分享智慧，重视文化

玛丽亚·加莱昂（Maria Galeon）住在基昂岸中心的基昂岸镇，但她出生在纳加卡丹（Nagacadan）的一个小村庄，并在那里将她的 6 个孩子抚养长大。玛丽亚退休之前在两个 GIAHS 试点地——珲段（Hungduan）和纳加卡丹担任小学教师。在玛丽亚童年时期，她曾在当地社区一个传统女孩集体宿舍中住了若干年，在那里，村里的老年妇女常会给女孩们讲有关祖先和社区的历史故事，孩子们总是为此深深着迷。

当玛丽亚讲述她的故事时，听众们也被深深地吸引，仿若走进了另一个时代。也许是因为当了一辈子老师，玛丽亚的身边总围绕着孩子，所以她一直保持着年轻的心态。尽管她已年迈，却仍然有着创新的头脑和批判精神。玛丽亚作为当地农民协会的积极分子，正在努力帮助她的社区发展。

如今，在完成了为期 5 天的培训和现场评估后，玛丽亚正式成为获得当地旅游委员会官方认证的 47 名 GIAHS 遗产地导游之一。她将向那些对当地文化、传统和生活方式感兴趣的外国游客传授知识和经验，因为她坚信这将帮助社区走向未来。玛丽亚并不担心游客拍照或是经过稻田会对当地农民造成困扰。她主要关切的是扩大旅游业很可能会对当地价值观产生负面影响。

玛丽亚分享道："我们这些在纳加卡丹的老年人很担心旅游业的过度发展会使得社区价值观变质。"

当地农民根深蒂固的热情好客很容易会转变为竞争性的商业精神。如果缺乏对传统商品的价格监管，农民之间极有可能低价竞争或是哄抬价格，这将影响系统内的所有人。另一个问题是儿童辍学去从事旅游工作，在菲律宾的其他旅游景点也发现了这一现象。

为了解决这些问题，GIAHS 倡议与当地旅游委员会合作，共同为旅游业的发展制定准则，以确保其顺利且可持续地发展。一个以分享为基础的系统将取代竞争，使得整个社区互惠互利。

通过开展以社区为基础的活动，GIAHS 不仅注重推广旅游业，还关注为当地居民带来利益，例如建立一个以社区为基础的露天博物馆。除了导游外，当地旅游委员会还会对其他所有直接或间接参与旅游业的行为者进行培训。比如三轮车夫，他们作为首批与游客见面的当地人，在接受了历史学家的培训后，对基昂岸和伊富高的历史有了更充分的了解，便于他们更好地与乘客分享。同时，当地旅游委员会还为民宿经营者、按摩业从业者和社区小店店主等群体提供了同样的培训。旅游业能力的提升预计将使该镇有能力接收更多的游客，为社区带来更多经济和社会效益。

强化必要的制度和社会架构，可持续地巩固社区内的农业生态旅游，只是 GIAHS 倡议推广活动的一部分内容。除此之外，倡议还开展相关能力建设和政策宣传，以期将农业生物多样性保护和传统农业纳入当地政府的主流工作当中。

奇洛埃岛农业（智利）

智利湖区群岛被认为是拉丁美洲最有价值的生态系统，尤其是奇洛埃岛。在那片土地上，有着丰富的生物多样性和世代传承的农业智慧（Venegas，2008）。奇洛埃岛的本土社区以种植多种马铃薯、大蒜和苹果，以及开展传统放牧活动为基础，拥有一系列农耕实践做法。在奇洛埃岛上，GIAHS 倡议动态保护的试点遗产地绵延9 181千米^2，区域内包括森林、小型农田、家庭农场、沿海渔业和约43 000公顷的国家公园（CET，2006；FAO，2006）。

　　根据 2002 年的人口普查记录，奇洛埃岛上有154 766人，其中约10%的岛民为维利切（Huilliche）印第安人后裔，其余大多数岛民均为讲西班牙语、信奉天主教的欧洲人与原住民的混血。40%的奇洛埃岛民生活在农村地区，农村居民与城市居民的比率高于智利其他地区。正如整个智利和拉丁美洲一样，奇洛埃岛也正在经历城市化进程，存在农村人口向城市迁移的趋势，然而相对其他地区来说，当地的这种趋势微不足道。

　　在许多方面，奇洛埃岛文化完全不同于智利其他地区，它保留着某种神秘感，以其独特且多样的文化遗产著称，如搬家互助（La minga de tiradura de casas）① 的文化传统、俗称"库兰托"（curanto）② 的传统菜肴、独具当地特色的宗教庆典、彩色高脚屋、木制教堂与神话传说。出于文化方面的原因，奇洛埃岛社区有着共同的文化认同，使得他们能负责任地进行规划和管理，为群岛打造集体的、共享的未来。来自先祖的知识与智慧以及从过去积累的经验是当地强大的文化特征之一，直接影响着他们生态

---

　　① "La minga de tiradura de casas"是智利奇洛埃岛一项有着几百年历史的传统文化，意为"搬家互助"。在当地，搬家的概念与我们通常的理解有所出入。当地人会在社区的帮助下，搬走整栋房子现有的木结构。这也意味着需要大量的准备工作、时间、人力与物力。此类搬家需切割和拔出地基，将整个房屋的框架抬到多个放倒的圆形树干上，借助人力和牛力拖拽着前行。整个过程必须缓慢小心，以免造成房屋损坏。而若想搬家到群岛的另一边，则需借助船只，在社区的帮助下走水路将整个房屋完整地搬迁至目的地。这一传统的基本理念是"请求帮助时，也承诺回报"，现如今仍是当地人所推崇的生活准则和社区精神。——译者注
　　② 库兰托（curanto）是一道当地的传统菜肴，将肉、蔬菜、鱼和土豆放在热石头上烹制而成，在烹调时还会在菜肴上覆盖硕大的蕨类植物的叶子。——译者注

系统的可持续性。奇洛埃岛最显著的特征在于管理海岸线、森林和农田时强大的文化融合。这使得农村家庭能够自然而然地将农业与畜牧业、林业和渔业活动相结合。在此过程中，奇洛埃岛上的人们展示出这样一种能力，即在不同生态位中开发多样化的农耕系统。他们在契合每个生态系统固有特点的同时，又通过整合与调整经济活动对单个生态系统进行开发与利用（CET，2006）。

　　虽然智利大部分地区都经历了经济和文化同一化的现代化进程，但奇洛埃岛上许多与世隔绝的边缘农村人口仍然与其家园和传统社会习俗紧密相连，在文化上特立独行。正是这种坚持不懈的精神真正使奇洛埃岛及其农村社区成为 GIAHS 保护试点。对这些遗产地及其文化表现形式进行动态的持续保护体现了一种在允许区域发展的同时又不损害文化自然特性的战略。

生物多样性

　　奇洛埃岛拥有丰富的生物多样性和自然资源。岛上古老的农耕习俗，例如以种植马铃薯为基础的农业传统是其最显著的特征。几个世纪以来，马铃薯一直是奇洛埃岛上主要的食物来源。纵观其历史，在农业现代化开始之前奇洛埃岛居民已然培育出了800～1 000种本地马铃薯品种（Altieri，Koohafkan，2010），经过多年复杂的拣选和保护，当地如今仍保存有 200 多个马铃薯品种。奇洛埃岛被认为是马铃薯的次级起源中心。在世界各地广泛栽培的白薯就起源于奇洛埃岛，该种质资源让许多爱尔兰人从1845—1851 年的饥荒中幸存下来。

传统技术

　　奇洛埃岛农民使用有机肥料，轮作耕种小麦、豆科牧草和马铃薯作物，以防治害虫。许多本地的大蒜、小麦、大麦和黑麦品种对持续威胁该地区的病原体和干旱有着天然的抵抗力。古老的苹果品种为岛上的绵羊提供了食物来源。因为冬天饲料短缺，动物生产往往是季节性的。奇洛埃岛传统农业以多样性和可持续性为主要特点，岛民们保护当地森林以维持木材的稳定供应，用于制作柴火、建造房屋和船只、获取药品、维系出产非木材产品的家庭手工业。奇洛埃岛人不会不可逆转地消耗资源，他们从资源中收获盈余，并将产品销往当地市场和附近城镇（CET，2006）。尤其是奇洛埃岛上的妇女们，她们致力于在自家菜园的小块土地上开展农业生物多样性保护活动，并在各自的社区内代代传承着关于农场种子保护和马铃薯烹饪的相关知识。奇洛埃岛古老的农业和土地利用传统对于维持本土岛民的社会和经济安全至关重要。总的来说，智利南部地区在可持续农业方面表现出巨大优势，不仅是本地的马铃薯品种，对于那些从西班牙引进的大蒜、小麦、大麦和苹果等外来品种来说亦是如此。当深层土壤具有中等酸度、气候寒冷时，上述物种能产出最为优质的农产品，因此年平均温度为10℃、年降水量为2 500～3 000毫米的奇洛埃岛无疑最为适宜。奇洛埃岛上的农场占地面积一般为1～5公顷，大多位于内陆和沿海山谷（CET，2006）。许多马铃薯品种都是人工培育的，包括主要用作猪饲料的品种、用于播种的品种、供人们全年食用的消费马铃薯品种，以及其他用于制作黄油马铃薯羹的品种。黄油马铃薯羹在当地俗称"米尔考斯"（milcaos），是一种风靡国际的马铃薯蛋糕，由熟马铃薯和马铃薯泥制成。

马铃薯作物和小麦、豆科牧草轮作耕种，以防治害虫。蚕豆和豌豆帮助土壤固氮，当地的生产资源，如海洋藻类和动物粪便等提供有机肥料。大多数奇洛埃岛农民所使用的种子都没有病虫害，特别是不易受到病毒的侵害。

马铃薯是这些偏远岛屿社区生计的核心。因此，各种各样的祖传社会耕作习俗由此发展起来就不足为奇了，许多此类社会习俗早在公元前3000—前2500年就已产生，例如复杂的种子拣选和保护等。由此产生的作物多样性为抵御疾病、防治虫害和应对旱灾提供了安全保障。岛上各个地区的农业生态系统在土壤质量、海拔、坡度和可用水资源方面都各不相同，奇洛埃岛的农民们对这些各具差异的生态系统进行了充分的开发与利用。

图 7 - 3　奇洛埃岛内拥有具有全球重要意义的生物多样性和遗传资源，其海洋和海湾则用于鲑鱼的工业化养殖
图片来源：莉安娜·约翰。

挑战

在全球化带来的现代趋势下，奇洛埃岛人为了在广阔的市场中竞争，被迫牺牲了当地的生活方式和消费习惯。特别是在过去的几十年里，奇洛埃岛的渔业市场经历了急剧的工业化转变。20世纪 70 年代，智利政府颁布了一系列经济政策，迫使奇洛埃岛开放原本相对封闭的市场。

智利的愿景是建立高度私有化、放松管制、以出口为基础的经济政策，鼓励大型渔业公司发展以满足欧洲的鱼类需求。截至2006 年，当地鲑鱼产业已创造了 4 万个就业机会，导致许多劳动力从农村地区迁出。而当鲑鱼产业经历危机时，又有超过 1 万人失业，不得不迁移到其他地区或是返回各自的家庭农场。木材与木材制品公司也入侵奇洛埃岛，导致大量森林遭到砍伐，当地生物多样性和奇洛埃岛人的安全遭受威胁（Chapin et al.，2000）。针对该岛北部地区森林破碎化现象的研究显示，即使该岛森林覆盖率仅略有减少，也会导致生物多样性急剧丧失。

在农业领域，引进新技术，特别是高产的马铃薯品种，导致许多地方性品种受到严重侵蚀。采用新品种的农民会对整套化肥和杀菌剂技术产生依赖，然而其价格高昂，许多农民难以负担（Segarra et al.，1990）。由于病虫害或土壤肥力低下等原因，高产品种在低投入的管理条件下往往表现不佳。

智利政府和大公司为实现奇洛埃群岛现代化所做的努力遭到了当地民众的强烈抵制。即使在今天，奇洛埃岛人仍认为自己与智利其他地区的人们不同，并为他们自己的文化特性感到自豪。当地的传统价值观关注集体社区，奇洛埃岛人会在自身、家人利益与社区集体利益之间作出权衡，并经常将后者放在首位。但是，与当今世界大多数地区一样，随着城市化进程和向城市迁移的农村人口日益增长，农村地区的整体状况受到了负面影响。

促进遗产保护与管理的机遇

奇洛埃岛的 GIAHS 倡议促使人们进一步了解农业文化遗产的内在价值，探索各种机会，通过促进传统知识体系，利用文化遗产产品与服务来平衡遗产保护、社会经济发展和遗产适应性发展之间的关系。通过公共与私人实体以及农业社区各利益攸关方的协商和参与，实现 GIAHS 动态保护目标。根据全球倡议的长期战略和目标对遗产进行分析，标志着漫漫长路的开始。必须确保将农业文化遗产的适应性管理目标纳入广泛的、系统的、持续性的发展进程当中。过去几年间，为促进地方层面 GIAHS 倡议的发展，在区域政府与国家的体制支持下，一系列旨在提高认识、加强能力建设的补充建议得以实施。在对农村地区文化遗产及其要素进行重新评估的基础上，奇洛埃岛上的各行为体和关联方积极探索，尝试建立内生发展战略（FAO，2012）。

案例 7 - 3　奇洛埃岛 GIAHS 的特征

联合国粮农组织和全球环境基金资助的 GIAHS 倡议在智利开展了若干有助于增进对 GIAHS 概念认识、加强相关能力建设的活动。在智利的奇洛埃岛，2013—2014 年，倡议活动最重要的里程碑之一是成功获得了"独具匠心的世界农业文化遗产系统（SIPAM）——奇洛埃岛"的认证。SIPAM 认证标志使奇洛埃岛本土家庭农业的重要性受到了更多认可。

另一个重要的发展方案是由奇洛埃岛当地的牵头伙伴——教育与技术研究中心牵头组织的文化特色区域项目。该项目属于由拉丁美洲农村发展中心（RIMISP）主导的拉丁美洲倡议的一部分。这一方案旨在发现并推广具有奇洛埃岛特色的文化产品，为那些喜欢原产地文化特色产品的消费者（当地人和游客）定制合适的市场流程。奇洛埃岛位于具有全球重要性的生物多样性地区，将当地的文化资本与自然资源联系起来，能为直接涉及原住民及其本土知识体系的区域发展战略奠定基础。许多城市纷纷动员，对其所在地区的文化遗产进行保护，一些市场代理商也开始发挥作用，对专业旅游机构和供应原产地产品的大卖场进行投资。

奇洛埃岛的 GIAHS 动态保护为当地利益攸关方之间的合作伙伴关系提供了众多机遇，使祖先传承下来的传统知识体系与实践的内在价值得以体现，并使人们从中受益。其动态保护的成效也对智利国家政府产生了影响，促使高层决策者采取措施进一步强化奇洛埃岛农业作为 GIAHS 保护试点在地方的价值，并将其作为典范，在全国范围内推广 GIAHS 遗产地的运行管理模式。

安第斯农业（秘鲁）

秘鲁是最重要的作物驯化中心之一，在安第斯农业系统所种植的作物中，有174种是安第斯地区的本土作物，如马铃薯（包含9种驯化物种，超过3 000个品种）、辣椒（包含5种驯化物种）以及玉米（包含36种生态型）。秘鲁丰富的生物多样性不仅有助于全球粮食安全和营养安全，同时也是香料作物的来源。在库斯科省和普诺省的山谷中，距离著名的马丘比丘（Macchu Pichu）不远的地方，许多源自印加文明的文化遗产及农业文化遗产被妥善保护着。历经几个世纪的不断演变与发展，传统农业系统在保护具有全球重要意义的生物多样性和种质资源的同时，也为生活在山区，包括那些海拔4 000米以上山区的本土社区提供着粮食与生计保障。尽管受到西方农业和其他社会因素的强烈影响，这些本土社区依然保持着其文化和传统的完整性，并保存了大部分古老的传统技术（CONAM，2007）。

传统知识与土地管理

安第斯农业最重要的特征之一是山地梯田系统。秘鲁高地上有60多万公顷的梯田，其中大部分是在史前时期建造完成的。大约3 000年前，在秘鲁安第斯山脉的高平原上，梯田系统不断演变。1 500年前，印加人又对其进行完善。考古证据显示，无论遭遇洪水、干旱还是霜冻，这些梯田都能控制土地退化并实现丰收。这些阶梯式的农场被建在陡峭的山坡上，有着石砌的挡土墙。印加人依靠它们维持着食物供应。这些梯田不仅可以防止土壤侵蚀，更重要的是它们使得农民能够在非常陡峭的山坡和不同海拔高度上开展耕种。海拔2 500～4 500米地区有不同的种植模式和耕种系统：较低海拔地区（2 500～3 500米）种植玉米；中等海拔地区（3 500～3 900米）种植马铃薯；海拔4 000米以上地区则主要用作牧场和种植高海拔作物。

当地居民有意识地将山脉梯田化，对不同海拔的土地加以利用，这种垂直多样化的耕作方式促进了丰富的作物品种蓬勃发展。每个作物品种都各具特色，能在不同的土壤类型、水分、温度和其他抑制作物生长的环境因素影响下茁壮成长，由此产生的作物多样性是抵御不利环境和适应气候变化的一种农业保障形式。随着时间的推移，安第斯本土社区管理着适应不同海拔、不同生态区的多种作物。从古至今，安第斯山脉的梯田中所种植的主要作物一直是地方性的块茎作物，如马铃薯、块茎酢浆草、块茎藜，还有谷物和豆类。本土社区制定了非常详细的词汇表，用以对马铃薯进行描述和分类，当地也有许多颂赞块茎作物的神话和传统仪式（Brush，1982）。

安第斯社区维持并保护着农业生物多样性，如马铃薯、藜麦、苍白茎藜、秘鲁胡萝卜、玛卡、雪莲果、灯笼果、莓果、西洋接骨木以及其他具有地方和全球意义的植物遗传资源。本土社区的社会和习俗制度，以及他们对自然与文化间和谐关系的深入理解，正在为子孙后代维持着文化丰富、生物种类繁多的独特环境。

在高原的的的喀喀湖周围，古代农民为种植庄稼，建造了种植床或台田，四周是灌水的沟渠。台田的利用使得农民们能够沿着陡峭的山坡，在不同的海拔高度上开展耕种。他们在耕地周围所挖的沟渠，盖丘亚人称之为"苏卡科洛斯"、艾马拉人称之为"瓦鲁瓦鲁"。灌水的沟渠使得农民们能够对主要依赖阳光供热的小气候进行调整，当夜晚温度下降时，沟渠中的水会释放出温暖的蒸汽，防止一些马铃薯品种和其他地方性作物（如藜麦）等被冻伤。这些位于秘鲁和玻利维亚的的喀喀湖地区的传统农业生态系统是古老的农业系统，最早可追溯至公元前3世纪左右，处于前印加时代，秘鲁和玻利维亚高原上的印加和艾马拉文明都曾利用过这种系统。它们由被水渠围绕的山脊田地或堤岸组成，建造

图 7 - 4　瓦鲁瓦鲁农业系统或苏卡科洛斯农业系统是秘鲁普诺地区的当地农民通过围垦建造的水土交替的长条状农田。这是当地一种独特的农耕方式，利用水渠白天吸收太阳辐射，夜晚释放热量，以降低在极高海拔地区栽培的马铃薯遭受霜冻的风险

图片来源：帕尔维兹·库哈弗坎。

在海拔 3 500～4 000 米的高原湖泊周围，那里往往土壤贫瘠、局部降水量大、霜冻严重，厄尔尼诺现象还会导致旱灾。这些系统包含：

- 用多孔土壤筑成的山脊田地或堤岸，以及用于种植作物和畜牧业的堆肥或覆盖物；
- 周围用不透水黏土筑成的沟渠，用于储存和分配水资源，并用倾斜的堤墙保持稳定；
- 由不透水黏土筑成的堤墙，保证沟渠防水稳固，确保台田的保水性；
- 用于调节流入和排放的进水口与出水口。

山脊田地长 10～120 米，宽 5～10 米，高出水面 2 米，高度浮动在 80 厘米以内。有约 10 万公顷的山脊田地位于的的喀喀湖地区。

　　水渠具有以下若干功能：一是储存多余的雨水、湖泊或地下水，特别是在洪水或高水位期间，供干旱时期使用；二是通过储存太阳辐射将当地温度提升 2.5℃，以调节小气候，防止霜冻对作物造成损害；三是通过扩散和毛细作用灌溉农田，保持台田中的水分；四是积累浸出盐与有机物，促进养分循环（Erickson，Candle，1989）。沟渠中的有机物和土壤经常被循环至山脊田地顶部，促进丰富多样的植物生态型（例如马铃薯、甘薯、藜麦、燕麦、大麦、豆类、苜蓿、洋葱、葱、君达菜、玛卡）的耕种以及多种小型牲畜的养殖（CONAM，2007），提升生产率。

　　瓦鲁瓦鲁农业系统的保护取决于那些使本土社区凝聚在一起的复杂习俗管理与精神文化仪式。有趣的是，瓦鲁瓦鲁农业系统通常被整合进包含其他子系统的更大的农业系统当中，比如饲养美洲驼、羊驼与绵羊的高原牧场系统；再比如阿亚诺卡斯（aynokas）农业系统，这是一种大型的公共社区农田系统，由社区共同轮作马铃薯、藜麦和第三类作物（大麦、苍白茎藜、木薯或其他作物）的许多品种，休耕期 4 年，采用茬地放牧，该系统常在山脚斜坡上建造梯田用以种植适应作物。

生物多样性

　　马铃薯起源于秘鲁的高地，特别是的的喀喀湖周边地区。200 多种野生马铃薯和玉米品种是瓦里文明和印加文明得以发展的基础。随着这些文明日益繁荣，马铃薯被驯化为适应不同环境条件的品种，如适合温带山谷环境的品种、可以在高山冻原生长的抗冻品种等。时至今日，安第斯山脉地区累计种植有 3 000 多种马铃薯（FAO，2002）。在任何当地农民的田地里都能找到至少 50 种马铃薯，一个村庄里可以找到多达 100 种本地命名的马铃薯品种。除此之外，其他具有地方和全球意义的种质资源还包括不同品种的藜麦、苍白茎藜、辣椒、金鸡纳树、可可灌木、块茎酢浆草、块茎藜、块茎旱金莲、苋菜、豆类和羽扇豆等豆科植物以及秘鲁胡萝卜、雪莲果和玛卡等块根类植物。当地还分化出了软质型玉米的特殊多态群。美洲驼、羊驼和豚鼠的驯化同样也起源于这一地区（Tapia，1996）。

全球重要性

安第斯农业拥有重要的生物多样性和遗传资源，这些资源是该区域本土社区生计的重要组成部分。同时，在提供遗传特征以培育高产作物和有复原力的作物新品种方面，它们也发挥了重要作用。安第斯农业系统及其附属子系统拥有各种具有经济和全球重要性的水土资源管理技术、传统知识体系、生物多样性、作物和野生近缘物种以及动物的遗传资源。

促进遗产保护与管理的机遇

GIAHS 强调安第斯农业文化遗产的价值、支持国家生物多样性战略及其相关行动计划、加强当地对农业生物多样性和遗传资源的保护、促进当地社会与习俗振兴。

案例 7-4 安第斯的全球重要农业文化遗产

在秘鲁普诺省广阔的安第斯高原上，随处可见堤防系统或人工台田与深层灌溉渠交错穿插。这些在当地被称为"苏卡科洛斯、瓦鲁瓦鲁或马塞洛内斯（camellones）"的传统农业系统是公元前 1000 年由前印加文化发展而来，用于排水、地下灌溉和蓄水。苏卡科洛斯农业系统是培育块茎作物（如马铃薯、块茎酢浆草、块茎藜和块茎旱金莲）、谷物（藜麦、苍白茎藜和南美羽扇豆）、谷类植物（大麦和燕麦）与豆科植物的有效手段。系统内的田地沟渠中灌满了水，用于吸收阳光的热量。当夜间温度下降时，水释放出温暖的蒸汽，帮助块茎植物抵御霜冻、防治病虫害。

为振兴这一独特的安第斯农业系统并提升人们对它的认识，GIAHS 倡议与秘鲁环境部和地方社区合作，在 18 个本土社区与农耕组织（包括普诺省的 14 个社区和库斯科省的 4 个社区）中先行实施了能力发展试点方案，以加强粮食安全和营养、改善生计，包括寻求地方与国家政府的制度支持，帮助 GIAHS 获得更多认可，使 GIAHS 动态保护的理念成为主流。

马格里布绿洲系统（北非）

马格里布地区的绿洲是郁郁葱葱的绿色岛屿，能在沙漠生态系统恶劣严酷的限制条件下蓬勃发展、生生不息。在那片绿洲中，有着数千年来发展起来的高度集约型、多样化农业系统。传统的地方资源管理机构对这些复杂的农业系统进行维护，负责监督水资源分配并确保公平。管理绿洲资源的社会架构对于整个系统来说重要性丝毫不亚于现有的灌溉系统（FAO，2006）。

生物多样性

这些古老的农业系统中树木与多种作物纵横交错，出产各式各样的水果。石榴、无花果、橄榄、杏、桃子、苹果、葡萄和柑橘，以及蔬菜、谷物、牧草、药用植物和芳香植物在棕榈树林的荫蔽下茁壮成长。系统中有 17 种海枣（又名枣椰树）栽培文化，共计 107 种植物物种。棕榈树、果树和地面作物构成了保障该地区人口生计的三级体系。生态系统中的这三大要素为水资源保护营造了适宜的条件、调节了小气候。树荫降低了环境的整体温度，使其成为撒哈拉沙漠中理想的生活空间和闻名遐迩的游憩之所。

绿洲横跨摩洛哥、突尼斯和阿尔及利亚，占地181 000公顷（FAO，2007）。因环境差异，不同地区的绿洲在生产、灌溉和耕种方面也不尽相同。大陆、山区和沿岸地区都存在绿洲，因其丰富的多样性，这些绿洲系统共同构成了农业文化遗产。

海枣的作用

海枣是马格里布绿洲中最重要的作物。几个世纪以来，马格里布地区一直种植海枣（Elshibli，2009），仅阿尔及利亚一地就有大约 100 个枣树品种，突尼斯有约 50 个。海枣极耐高温，是沙漠环境中的理想作物。从海平面以下 392 米到海平面以上1 500米的地区，海枣树都可以繁茂生长，海拔跨度为1 892米。虽然海枣树的平均寿命仅 50 年，但有些海枣树可以保持长达 150 年的生产力。海枣树的果实椰枣富含果糖、葡萄糖、淀粉和纤维素。椰枣成熟后变得更为干燥，其含水量会随着各个生长阶段逐级递减（Elshibli，2009）。除了能抵御高温，海枣树还具有防风的功效，特别是被当地人称为"梅奇德格拉"（mech-degla）的海枣品种。当地的豆科作物以及香蕉、柑橘等果树都依赖海枣树为它们抵御强风的侵袭（FAO，2006）。

农民们已经学会对每个枣类品种的优势进行优化，他们认为从6 月下旬到次年 1 月是最重要的一段时期，因此他们更倾向选择在这段时间内成熟的枣类品种，以便能够尽快从早实品种中获得新鲜水果，并尽可能晚地从晚实品种中收获（Abdelmajid et al.，2005）。

这里的枣类物种能够快速生长、成熟，并能保持较高的含水量，因此在这片旱灾频发的荒芜之地享有至关重要的地位。当地枣类品种包括阿马里枣（ammari）、拉古枣（lagou）、尕斯比枣（gasbi）、比瑟赫卢枣（besser-helou）以及其他软枣品种（Abdelmajid et al.，2005）。农民们要么在果实成熟时立马进行采摘，要么等待它们完全成形并生长至最大尺寸时再行采摘。此时的枣实往往有着果实第二生长阶段（the Khalal stage）所呈现的微红或泛黄色泽，偶尔呈现第一生长阶段（the Kimri stage）时的绿色。

雨水和湿度等环境条件也影响着农民对枣类的选择。在某些生长阶段，椰枣往往容易受到雨水和湿度过重的影响（Abdelmajid et al.，2005）。于是，生活在这些地区的农民通过调整枣类种植周期来应对这一问题，使枣类最脆弱的生长发展阶段与该地区的干旱月份相对应。阿马里枣、拜迪尔枣（baydir）、谢赫穆罕默德枣（cheikh mhammed）和加尔斯枣（ghars）等枣类品种能够迅速生长并成熟，因此可以在夏季种植，在秋季来临的雨季或湿气对它们造成损害之前就收获。还有一些枣类品种相当罕见地拥有很强的抵抗雨水和湿度的能力，例如奥吉瓦枣（augiwa）、布塞杜恩枣（boucerdoune）、加恩哈泽尔枣（garn-ghazel）、肯蒂奇枣（kentici）、梅奇德格拉枣（mech-degla）和德格拉巴达枣（degla-ba dha）（Elshibli，2009）。

生计服务

地方出产的农产品是马格里布绿洲居民赖以为生的营养和日常收入来源。事实上，绿洲是许多居民的主要或次要生计来源。来自绿洲的大部分农产品被用于家庭消费，维持粮食安全和营养。

阿尔及利亚当地的一些社会机构，例如俗称"阿乌玛"（Aoumma）的社会机构，代表本土社区负责绿洲资源系统的监督、控制和维护。这些机构的合法性及权威均来自习惯法，并仰赖同样是社会生活和规范焦点的当地宗教领袖理事会——"贤者会"（the Halqa of Azzabas）。

挑战

一般来说，马格里布绿洲受到以下威胁：现代灌溉农业进行深层抽水导致蓄水层枯竭、枣类授粉和水资源管理的传统机制被干扰破坏、传统专门知识的传承问题以及青年人口外迁问题。

此外，当局或地方官员对绿洲的作用及价值看法不一。例如在突尼斯，一些当局主要将绿洲视为农业生产区域。因此，加夫萨（Gafsa）绿洲中的那些重要项目只能在有限的保护范围内运作。此类认知掩盖了生态系统的各个组成部分及其多样化的功能，这些政策仅仅聚焦于提高农产品产量，未必能解决绿洲在社会经济、文化和环境层面上面临的问题。

GIAHS 倡议旨在保护海枣绿洲系统中维持生物多样性和文化多样性的那些不可或缺的重要组成部分，包括古老而巧妙的灌溉系统、地下水位及土地管理和维护、动植物管理等。GIAHS 寻求对当地知识和技术的支持，以期实现对这一脆弱环境中的水土与生物资源进行合理且可持续的利用，同时发展出一套新的农业规范。

全球重要性

马格里布绿洲农业生态系统是与世隔绝的独特农业文化遗产类型，此类系统又在全世界的沙漠中广泛分布。因环境差异，不同地区的绿洲在生产、灌溉和耕种方面也各不相同。大陆、山区和沿岸地区都存在绿洲农业系统，它们具有丰富的多样性，共同构成了农业文化遗产。

图 7 - 5　绿洲系统是干旱地区最复杂、最具生物多样性的农业系统。突尼斯的加夫萨绿洲是北非地区最早被提名为 GIAHS 保护试点的遗产地之一

图片来源：努尔丁·纳斯尔（Noureddine Nasr）。

古特（Ghout）绿洲系统（阿尔及利亚）

古特绿洲系统位于阿尔及利亚东北部的埃尔维德苏夫（El Oued-Souf）地区。这些绿洲在恶劣的环境中能够蓬勃发展，体现了古特人的独特智慧。古特人建立了一个基于传统知识体系的多样化蔬菜、海枣树和（其他）果树三级体系。该区域以其传统的农业水利系统著称，灌溉了该地区的9 500多个绿洲。在过去几年间，本土社区不断面临着各类严重威胁，如缺乏适当的地下水泵送系统、年轻人放弃绿洲迁移到外地、绿洲地区被用于城市化发展等，古特人也一直在奋力保护他们的绿洲系统。2005年，联合国粮农组织和全球环境基金的一项全球倡议启动了对古特绿洲系统的动态保护。

案例7-5 保护古特绿洲

GIAHS倡议的第一步是提高农民和地方机构对绿洲系统价值及其动态保护的认识，并进一步开展磋商、启动参与性发展规划活动。活动包括在可持续土地管理、知识转让、传统技术、文化价值取向和产品标识计划方面的能力建设方案。除培训外，当地还成立了五个农民协会（由本地农民组成）以促进对古特绿洲的可持续管理。这些协会开展了广泛的宣传运动，在该地区的公共媒体和清真寺中推广古特绿洲系统。此外，他们还开展了与突尼斯和摩洛哥农业社区之间的交叉访问，以分享绿洲动态保护方面的知识与经验。当地在农民协会的支持下，目前已利用现代技术建立了占地50公顷的134个新的古特绿洲系统。得益于GIAHS的宣传推广，许多年轻的农民们看到了绿洲系统的价值，从事绿洲管理的年轻农民比例从原本的2%上升到了23%（FAO，2014）。

政策宣传：在国家层面，国家政府对于绿洲系统的兴趣和支持日益增加。在 GIAHS 项目干预以前，政府提出的发展方案中只有 11％涉及建造古特绿洲系统。现如今，仅国家青年就业支持机构所提出的方案中就有 33％与古特绿洲系统开发有关。同时，地方层面也取得了显著的成果，在埃尔维德（El-Oued）地区，一项环境卫生项目已获批并由地区政府正式实施。地方行政官通过了一项省级法令，在埃尔乌格拉（El-Ougla）地区建立总面积 4 900 公顷的保护区。全国人民议会通过国家农业发展方案提供相关支持。

建立发展伙伴关系：在古特绿洲系统与科学家、开展田野调查的学生间建立发展伙伴关系，进一步促进绿洲系统的可持续发展，为本土社区赋能。当前，当地与阿尔及利亚国家农业研究所（INRAA）、撒哈拉农学发展技术研究所（ITDAS）、巴黎国际发展研究中心（CRDI-Paris）和独立研究人员共签署四项协议，旨在继续开展相关研究，探讨绿洲系统的特点与价值，调动更多的社区年轻人参与其中。

加夫萨绿洲（突尼斯）

古加夫萨绿洲占地 700 公顷，历史悠久。在这片绿洲中，开展多样化作物耕种、将作物栽培与牲畜饲养相结合是维持当地生计的常用手段。作物多样化分为三个阶段：第一阶段栽培蔬菜，第二阶段种植果树，最后一个阶段栽种海枣。加夫萨系统是绿洲人民不断调整传统管理实践的成果。当地的水资源管理体系以水资源的控制和分配以及适当工具和技术的使用为基础，是该农业生态系统的一大特点。

然而，过去几年里，加夫萨绿洲受到了社会经济变化的威胁，如对新农业品种的市场需求和不合理的水资源利用等。市场力量促使农民培育新品种，当地的生物多样性也因此受到影响。此外，公平享有灌溉用水的传统组织采用了不合理的水资源管理做法也使现状雪上加霜。GIAHS 倡议开展了若干项活动，助力地方社区提升对加夫萨绿洲的动态保护管理能力。

案例 7 - 6　GIAHS 绿洲系统

加夫萨绿洲生态系统可以称得上是极端恶劣环境中的生物多样性实验室，体现了绿洲本土社区的智慧与知识。他们在艰苦的客观条件下，成功地通过适应性土地管理、水资源共享和作物多样化来维持生计。然而，这些生态系统持续性地面临着诸如荒漠化、缺乏监管的现代化进程和不可持续的农耕方式等威胁。2006 年，为保护加夫萨绿洲农业文化遗产，由联合国粮农组织和全球环境基金所资助的 GIAHS 倡议开展了包括妇女和青年在内、与马格里布地区其他国家（阿尔及利亚和摩洛哥）共享的地方社区能力建设活动，围绕与绿洲遗产及其不可分割的商品与服务有关的知识、经验、教训与观点展开交流。

能力建设活动继而激发了绿洲保护运动，为保护绿洲系统创造了有利的环境。2012—2014 年，加夫萨医疗保障协会（ASM）与其他绿洲地区的行政省份，包括加夫萨、托泽尔吉比利（Tozeur Kebili）和加贝斯（Gabes）一起组织了一系列多利益攸关方参与的磋商，达成了由 25 条条款组成的《绿洲宪章》，主张通过立法、合理分配资源和采用适当的技术来确保突尼斯古老的绿洲遗产能够可持续地发展。

地方和国家行政办公室、民间组织和农业社区的若干机构支持《绿洲宪章》，国家当局预计会将该宪章作为保护绿洲农业文化遗产的行动框架，由所有绿洲社区实施。

农业系统和名胜遗产地

漂浮花园（孟加拉国）

对于那些季风来临时会被水淹没的地区（如孟加拉国河流地区）来说，种植农作物难于登天。在季风季节（6—10月），孟加拉国南部本土社区的农田难以提供粮食与生计保障。这些弱势的边缘化社区因缺乏种植作物的土壤或空间而备受限制，那里的居民没有土地，即便是拥有土地也会在季风季节被淹没。由于飓风和强降水，这些地区的土地大部分时间都浸泡在水中，或是遭受着因海平面上升和喜马拉雅积雪融化等原因导致的盐碱化。即使当地居民设法在有限的农田里种植作物，洪水也有可能随时将作物冲走。洪水消退后，由于排水能力差，农田仍会被水浸泡一段时间，农民们依旧无法栽种任何作物。因此，许多当地居民在季风季节长期遭受饥饿与贫困。在孟加拉国，这种每年周期性发生的、持续数月的饥饿与贫困被当地人称为"蒙加"（monga）时期。当地居民唯一的选择是通过建造漂浮花园来应对这一窘迫的境况。当地俗称"达普"（dhap）的漂浮花园是一种独特而巧妙的解决方案，它帮助当地人克服艰苦的环境、产出粮食、维持生计。

漂浮花园是一种水耕栽培系统，用于开展无土栽培。该系统采用水面漂浮床作为无土培育作物的基础。这种用水葫芦、浮萍或水稻茬等建造漂浮床的做法可追溯至几千年前。水葫芦在当地随处可见，因此用其制作漂浮床的做法很普遍。在随后到来的冬季，漂浮床会被分解，人们将其残余物与土壤混合，可以用于冬季蔬菜作物的栽培。因此，这一传统的耕种方式是一种非常环保的技术，几乎全年都能利用湿地的自然资源来种植蔬菜和其他作物。此类生产系统是该地区 60%～90%（因社区而异）本土社区人口主要的生计选择。

对于孟加拉国南部的本土社区来说，漂浮花园是一种利用受涝或被浸没的土地进行粮食生产的本土农业系统。漂浮花园（或漂浮农田）的建造具有一定积极的社会影响，它鼓励家庭内部和社区成员之间互帮互助，鼓励无论男女都参与系统耕作，并使其成为文化和传统的一部分。当地农民实行这一制度主要有两大原因：首先，在季风期间，当大部分土地被淹没时，漂浮农业是唯一的替代性耕作方式。在季风季节（特别是从 6—8 月开始），农民种植秋葵、黄瓜、丝瓜和许多其他蔬菜作物，并使用小船管理他们的漂浮花园。其次，在季风季节过后，农民们用漂浮床种植菠菜、姜黄、香料及其他几种蔬菜。冬季，他们会将漂浮床带到更高的地方，将其分解并与土壤混合，以丰富土壤的养分（Irfanullah et al.，2008）。

漂浮花园在很大程度上有助于保障当地的粮食安全，尤其是在恶劣的外部条件下保障人们的生计安全。离开这一系统，这些地区的居民将无法生活。漂浮花园由当地免费且非常丰富的材料制成，主要原材料是水葫芦。水葫芦因其极快的繁殖速度被视为最危险的入侵物种之一，但此类危险物种在这一特殊的农耕系统中却成了最有用的资源。它不仅是季风季节生产系统的基础，还可以在冬季开展陆地种植期间用于堆肥。大多数漂浮床几乎不需要施加任何肥料，因为作物可以从漂浮床和下方的水中吸收氮、磷、钾等主要营养物质。

漂浮花园农业系统每年为本土社区生产蔬菜和多种作物。夏季，漂浮床上出产秋葵、丝瓜、黄瓜、红苋菜、茎苋菜、冬瓜等蔬菜。姜黄和辣椒等香料也是该地区的主要作物。因为水抑制了虫害滋生，所以漂浮花园几乎不用施农药。据估计，漂浮花园中所种植的蔬菜产量比类似规模的陆地种植高出十倍。冬季，随着洪水消退，漂浮床覆盖地面。

漂浮花园为当地带来诸多好处，它能通过以下方式保障粮食安全：为湿地的蔬菜种植和育苗提供额外的空间；及早培育用于冬季种植的幼苗；为当地和周边地区增加蔬菜供应；在漂浮花园中种植的作物成熟期较短；原材料水葫芦中所包含的主要营养元素（氮、磷和钾）与牛粪相当；一旦洪水退去，分解的漂浮花园可作为土壤的有机肥料。

支持动态保护的机遇

漂浮花园作为一种切实可行的解决方案，变得日益重要，它将那些气候变化极大、土壤常被淹没、缺乏土地种植作物地区的环境和社会经济条件纳入了考虑。利用不具备经济价值的水生植物来制作漂浮花园，以克服环境与气候带来的不利影响，这是一种本土知识的创新。多年来，该系统不断经历环境与社会经济变化，采用最新的作物管理技术与合适的栽培技术，并选择更适宜的、耐受性更强的品种。如果没有该系统，这一地区的居民依旧只会普遍采取在深水中种植阿曼稻谷的做法。该系统为当地创造了相当可观的作物多样性，以及适合季风时期和冬季的湿地生态系统。借助国际农业发展基金（IFAD）于 2013 年提供的一笔小额赠款，GIAHS 启动了提升该系统公众意识的行动，并开展相关案例研究。2015 年，联合国粮农组织将漂浮花园认定为 GIAHS 保护试点遗产地。对漂浮花园的认可有望使生活在受涝地区的许多本土社区受益，促使他们在可行的情况下，借鉴漂浮花园的做法来保障当地的粮食与生计安全（FAO，2015）。

亚马孙黑土系统（巴西）

特点与特征

亚马孙黑土（ADEs）也被当地人称为"印第安黑土"

（Terra Preta de Indio），它是发现于亚马孙盆地的一种深色的、高度肥沃的土壤。亚马孙河流域典型的黑土区面积很少超过 2 英亩[①]，平均深度约为 50 厘米，少部分黑土区黑土深度可达 2～3 米。很长一段时间内，它们的来源尚不明确，不少学者曾提出若干种相互矛盾的起源理论。目前普遍的观点是，这些土壤不仅为当地居民所用，它们也是具有独创性的土壤管理方法的产物。亚马孙流域的人类历史最早可追溯至一万年前，据此可以推断，其中许多土壤自古就已形成，许多黑土形成于 500～1 500 年前，但也有不少黑土可追溯至 2 500 年前甚至更早的年代（EMBRAPA，2004）。

亚马孙黑土非常肥沃。例如在巴西亚马孙中部的阿古图巴（Açutuba），那里的土地已经连续耕种了 40 年而无需施肥，这是一段相当长的时间。亚马孙流域大多数的旱地土壤因缺乏养分投入，往往无法使用超过一个耕作期。目前，亚马孙黑土中富含的多种有机营养成分的来源已被确定，包括鱼粪、龟壳、来自河流的杂草和沉积物、除食用鱼类残渣之外的肥料和厨余垃圾。

黑土资源管理系统似乎是通过使用和焚烧有机土壤，来实现对当地可用养分和碳源的利用。焚烧土壤并非像传统的"刀耕火种"（slash-and-burn）技术那样生产草木灰，而是为了焚烧出未完全燃烧的有机物质或木炭，因此它可以被理解为刀耕火种的一种替代性技术——"刀耕炭种"（slash-and-char）。土壤肥力的关键在于保持高养分并确保高养分的有效性，通过滤取来减少养分损失。土壤中丰富的黑炭可能就是有机碳具有稳定性和土壤中碳富集的原因（Lehmann et al.，2003）。

这种添加有机物的方式已经持续了数千年，产生了现代专家所观察到的具有高度复原性的土壤肥力。在亚马孙河盆地这样一

---

① 英亩为非法定计量单位。1 英亩≈4046.856 米^2。——译者注

个固有肥力偏低的土壤环境中，持久的土壤肥力非常引人注目。该系统具有很强的适应性，因为它存在于多种土壤类型和多个区域中，长期存续证明了它的可持续性，系统的复原力显著维持了当地的生计安全，与黑土资源管理相关的知识体系和文化均是独特的，无论是亚马孙黑土还是黑土资源管理系统都具有极大的考古价值。

食品与服务

土壤，特别是高度肥沃的亚马孙黑土，是一种重要的生计资源。与刀耕火种的耕作方式相比，亚马孙黑土固有的高肥力水平确保了农业的可持续生产。黑土中植物可利用的磷、钙、硫和氮比雨林中更多。在黑土中种植的玉米、木瓜、芒果和许多其他热带水果的生长速度是普通热带土壤中的 3 倍。亚马孙黑土的休耕期最短为 6 个月，而氧化土（热带地区高度风化淋溶的厚土）的休耕期通常长达 8~10 年。对于确保生产的可持续性、保障资源使用者的生计安全来说，这些土壤的复原力至关重要。在特定情况下，尤其是在靠近城市中心的情况下，种植木瓜和香蕉等那些在亚马孙黑土中长势较好的经济作物，可以为小农农业创造宝贵的现金经济（Glaser et al.，2001）。

在整个亚马孙流域，亚马孙黑土的肥力以及存续了几个世纪的本土农业实践创造出了新的生态位，发展出了特殊的生态系统。植被中仍然可以找到高位栽培植物，如巴西栗、木棉或吉贝、美丽亚达利棕、刺棒棕或桃果桐和星果椰，其中许多植物被证明是亚马孙黑土中的特有物种。在一些地方，茂密的藤本植物或竹林繁茂生长，这种特殊的生态系统吸引了各种各样的动物物种，如最新发现的蒂蒂猴（伯恩哈德伶猴）。

亚马孙黑土本身的生物多样性也相当独特。最新证据显示，亚马孙黑土具有独特而显著的微生物多样性。亚马孙黑土的特定生境支持并保护着那些在周围生态系统中不存在的微生物

（EMBRAPA，2004）。上述发现在全球范围内让人们关注到生物碳及其在减缓气候变化和土壤改良中的作用（Lehmann，Joseph，2015）。研究表明，生物碳在土壤中的持久性和养分保持特性使其成为提高作物产量的一种理想的土壤改良剂。此外，生物碳还可用于清除大气中的二氧化碳，这可能对缓解气候变化产生重大影响。

全球重要性

国际层面上，几乎所有学科的研究人员都已经强调：亚马孙黑土与黑土管理系统不仅对巴西来说具有相当重要的意义，而且是一种必须保护的全球性遗产。世界上许多地方的土壤和气候条件与亚马孙流域高度风化的土壤和热带气候一致，因此，针对亚马孙黑土的研究成果有可能为管理全球农业生态系统的战略提供参考。现今亚马孙黑土类型从沙质土壤（包含高达 90％的沙子）到黏土质土壤（包含高达 90％的黏土）皆有发现，基本涵盖了所有在农业土壤中可能发现的土壤结构。

威胁与挑战

除了在一些非常偏远的地区，创造出亚马孙黑土的本土农耕实践业已消亡。目前亚马孙黑土面临的最主要威胁是亚马孙黑土遗产地中农业的过度开发，以及缺乏保持土壤肥力的相关知识。在亚马孙黑土区域，土壤肥力退化的速度比毗邻的非亚马孙黑土地区要缓慢得多。然而，亚马孙黑土的肥力最终也会消逝。从目前有限的数据来看，10～40 年后，亚马孙黑土也将丧失高养分有效性和土壤中的一些有机碳，最终变得贫瘠。在一些极端情况下，亚马孙黑土所固有的高肥力会导致这种土壤被非法采掘，人们很可能将其从地里挖出，在邻近的城区作为本土园艺产品售卖（Glaser，2001）。

其他亚马孙黑土面临的威胁还包括道路、城市住房建设等建筑项目对土壤造成的破坏。当亚马孙黑土受到摧毁，该地区的总体生产潜力将会下降，这不仅威胁到生计安全、国家和全球文化遗产，还使得人们无法从这些土壤中获取宝贵的经验。这不仅使当地农民丧失具有可持续性的农业技术，还剥夺了世界其他地区农民借鉴这种黑土管理模式的可能性，无疑将是一场悲剧。

欧洲喀尔巴阡山脉地区

喀尔巴阡山传统农业生态系统

特点与特征

喀尔巴阡山脉是欧洲较大的山脉，形成了具有全球意义的生物多样性生态区。从高山到大片的天然森林，再到放牧着牛羊绵延起伏的草甸，都孕育着欧洲无与伦比的、丰富的生物多样性，这里有着人类珍贵的文化遗产，反映了数百年间人类的定居与历史。几个世纪以来，大自然和人类间的亲密互动创造了各种各样的驯化物种、野生物种以及多样化栖息地，共同造就了丰饶的景观。

喀尔巴阡山脉绵延跨越了欧洲七个国家：奥地利、捷克、波兰、斯洛伐克、乌克兰、匈牙利和罗马尼亚。斯洛伐克约占喀尔巴阡山脉总面积的 17%，仅次于罗马尼亚。几百年来，喀尔巴阡山脉是不同民族群体共同的家园——人们因语言、方言和传统的差异形成了不同的族裔，又因相似的高地生活方式和共同的艰辛感紧密相连。在喀尔巴阡地区，少数民族实际上占总人口的绝大多数。这些民族的人们一直保持着自身的传统，这些传统为他们供给食物、住所和收入，同时增强文化认同。他们一直努力保护着传统技术，因为其价值不仅在于生产，还是当地文化不可或缺的一部分。该地区现有 1 600 万~1 800 万人生活在不同的生态环境当中。

多瑙河-喀尔巴阡山脉地区一带的国家拥有面积最大、受外部干扰最小、具备半自然生境和生物多样性的农耕系统，他们往往采用较传统、较不密集的生产形式。在中欧、东欧 10 国约700 万公顷的半自然草场中，约 32％在罗马尼亚，6％在保加利亚，4％在斯洛伐克。这些半自然生境包括大面积的干湿草场，是欧洲最主要的保护资源。

几个世纪以来，中欧的斯洛伐克地区一直是各族裔群体东西向与南北向迁徙的主要交汇点。目前有 15 个不同的族裔群体居住在斯洛伐克和邻近喀尔巴阡山脉西部地区的国家。这为喀尔巴阡山脉带来了新的信息、技术、农业系统以及生物物质。几百年间，不同民族的传统知识相互融合，并进一步被开发利用，不仅在农业方面，在农村生活的其他领域亦是如此。在过去的几个世纪当中，斯洛伐克的若干地区尽管受到现代化进程的影响，但仍保留着这些传统（Nuppenau et al.，2011）。

该地区各族裔群体大融合不仅丰富了当地农业生态系统中的植物遗传资源，还增强了该地区的广义知识库、信息、技术与系统，为农业生态系统的可持续性和经济可行性奠定了基础。该地区高度多样化的知识库使得农民们能够充分利用当地适宜某些植物和微生物物种生长的自然条件，并在生产中应用独特的技术（如制作羊奶奶酪、托卡伊葡萄酒等）。该地区另一种显著的传统实践是用各类植物材料制作各式各样精美的手工艺品。当地人民采用的简单质朴的方法；他们合理的能源需求；在使用工具和设备方面的创造力；准备各色食品（例如果酱、苏打水、干果）时简单易行的方式；利用蜂蜜防止各类水果腐坏的手段，在保证高营养价值的同时可以避免使用化学防腐剂，上述生活中的诸多方面皆能体现当地人民的聪慧才智与独创性。来自不同文化的知识融合极大地影响了农业生态系统的生态可持续性和经济可行性，是实施保护的重要支柱（FAO，2006）。

农业生物多样性

喀尔巴阡山脉地区的传统农业系统同时拥有着丰富的生物多样性、优美的景致以及深受大众喜爱的舒适与惬意。它以深深植根于当地农民文化中的传统知识、劳动密集型实践和传统技术为基础，如人工刈草、种植小块耕地和块茎作物复杂轮作等。

该地区的传统农业生态系统具有高度的遗传多样性，使发源于至少 300 种古老驯化作物和引进植物物种的10 000多个地方作物品种有机会得以复兴，并被再次利用。喀尔巴阡地区的人们栽培利用着超过 100 种植物物种。农民培育了适应各种农业生态和气候条件的不同物种、古老品种以及各类动植物地方品种。当地农民利用并调整了喀尔巴阡地区自然生态系统的高度物种多样性，以适应农业生态景观（Nuppenau et al.，2011）。

威胁与挑战

现代市场经济的强势存在、民间社会的发展、喀尔巴阡地区与西欧逐步一体化的进程以及加入欧盟的机会，都导致农村地区景观发生深刻变化。许多地区的失业和贫困问题加速了农村人口的流失。传统的林业和农业形式正在被更集约化的方式所取代。

当地在社会主义时期被国家所征收的土地重新回到私人手中，土地所有权高度分散，一时间过度伐木、在高海拔地区重度放牧、在不稳定的山坡上开展种植等短期开发形式盛行。社会主义时代及其对集体主义的推崇，对广大人民的农业哲学和农耕方法产生了深远影响。因此，年轻一代偏爱大规模生产系统，对于传统的古老农业管理方法知之甚少。然而，一些斯洛伐克村庄中仍有老一辈村民居住，他们熟悉种植、加工，使用传统和非传统植物来生产食品、药品、工艺品以及装饰庆典活动。他们在培育传统品种和地方品种方面有着丰富的经验，保留着古老的传统与传统膳食食谱。

由于这一地区的知识库正在迅速萎缩并丧失活力，农业专家应当尽快记下各类传统做法，并对其完整的农业生物多样性和保护价值进行充分评估。开展更多的研究有助于评估喀尔巴阡山脉地区是不是一个合适的 GIAHS 候选遗产地。

同样，许多古老品种和地方品种在缺乏肥料或土壤耕作的情况下，几乎无法在老化的、常年无人打理的花园与果园中存活下来。全球气候变化正在加剧当地不如人意的状况。因此，有必要在田间基因库中对这些植物进行监测、收集、繁育与保护，以便为后代保存这些植物品种。

此外，如前文所述，年轻一代青睐现代化集约型农业技术，因为在社会主义时期的学校教育体制下，此类技术广受推崇。然而，提升年轻一代对各区域传统农业生态系统益处的认识与欣赏至关重要。因此，应当努力针对教师、专家、地方和国家行政当局、非政府组织代表、农业和工业公司以及其他各类群体开展大力培训，使年轻一代充分了解传统知识和农业生态系统的好处。

中国

哈尼稻作梯田系统

哈尼稻作梯田系统位于云南省东南部红河哈尼族彝族自治州，主要分布在红河州哀牢山南部，坐落在红河、元阳、绿春、金平 4 个县境内，总面积约 7 万公顷。这幅壮观的农业杰作是由多民族人民共同创作的，以在这片非凡的景观中生活了 1 300 多年的哈尼族命名。梯田蕴藏着极为丰富的生物多样性，虽然当地没有水库，水资源却相当丰富。哈尼族人对森林、生物多样性、梯田景观、河流、村寨或定居点等的综合管理，以及他们有助于环境保护的传统习俗和多样性文化，让哈尼族的社会生态系统被誉为全球重要农业文化遗产。

哈尼族的村寨建在山腰上，村寨上方是繁茂的森林，正下方就是梯田，形成了林-寨-田-河垂直分布的生态景观特征，促成了系统内独特的能量和物质流动。天然降水落到地面后，形成地表径流，一部分渗入地下水系，一部分与泉水沿坡面一起流经森林、村寨和山坡上的梯田。由于梯田被修建成多层水平面，并有高出水平面的田埂，从而使地表径流及其携带的森林凋落物、泥沙、村寨生活污水、垃圾、粪便等被截留在梯田中，逐级沉淀并过滤，使梯田土壤肥力增加。剩下不带有任何泥沙的、少污染的水最终流入沟谷中的江河。哈尼梯田的空间结构具有保持水土、控制水土流失、保证村寨安全、维持系统稳定、自我洁净等多种生态功能。

哈尼族有意识地合理利用与管理当地水资源，其方式独特、简单、经济而又高效，为哈尼稻作梯田农业文化系统的可持续运行提供了保障。随着水资源危机的加剧和水环境质量的不断恶化，水资源短缺已演变成全世界备受关注的资源环境问题之一。在这个大背景下，水资源管理在解决这些问题中发挥着举足轻重的作用。因此，保护和借鉴哈尼族的水资源利用与管理方式具有极其重要的意义。

哈尼族利用村寨在上、梯田在下的地理优势，发明了"水力冲肥法"。"水力冲肥法"分成两种，一种是人工冲肥，即每个村寨都挖有公用积肥塘，牛马牲畜的粪便污水蓄积于内，春耕时节挖开塘口，从大沟中放水将其冲入田中，沿着灌溉沟渠一线均有专人照料疏导。自20世纪80年代实行家庭联产承包责任制以来，各家各户都有自己的小积肥塘。肥料进田经过翻犁被压入田泥底层，变成了长效的底肥。

另外一种是"自然冲肥法"。每年六七月间，当季风雨将满山畜粪和腐殖土冲入水沟时，哈尼族会将沟水引入梯田，给正值扬花孕穗的稻谷提供肥料。"水力冲肥法"不仅节约了施肥过程

图 7 - 6 哈尼稻作梯田拥有众多具有国家和全球意义的动植物群，梯田及其灌溉和综合肥力管理系统是独一无二的

图片来源：玛丽·简·拉莫斯·德拉克鲁兹。

中可能消耗的能源和电力，还充分利用了村寨中产生的生活垃圾及自然水土流失带来的营养物质，一定程度上起到了节能减排的作用，可为减缓全球气候变暖、保护水环境提供重要参考。哈尼族利用沟渠流经村寨的有利条件，充分利用水利资源，在各家各户的下方建起了水碾、水碓、水磨等生活设施，他们用水碾除去稻壳、用水碓磨面、用水磨舂米，进而加工各种可口的食品。水碾、水碓、水磨的使用是哈尼族智慧的结晶，同时也是合理利用自然资源的重要体现。

哈尼族对大自然的崇拜最终体现为对树的崇拜。哈尼族尊崇树，认为树是保佑他们平安的神灵，砍伐它们就会遭到报应。他们认为树即代表着自然界，并开展了一系列崇拜树神的宗教活动，如"祭寨神林"①。

生物多样性与生态系统服务

哈尼稻作梯田具有丰富的农业和相关生物多样性。哈尼梯田所种植的水稻品种极其丰富。据调查，当地水稻品种曾多达 195个，现存的地方水稻品种有 48 个。常见的水稻品种主要有红脚谷、水红脚谷、大白谷、麻线谷、蚂蚱谷、皮杂谷、长毛谷、山谷、香谷、水黄糯、大毛糯等。哈尼族人通过不断与周围村寨进行水稻交换来维持其水稻品种的多样性。除水稻品种多样外，其他农业生物的种类也非常丰富。梯田内有天然生长的各种鱼类、螺蛳、黄鳝、泥鳅、虾、石蚌、蟹等水生动物，以及浮萍、莲藕等水生植物；梯田的田埂上，天然生长有水芹菜、车前草、鱼腥草等野生草本植物。哈尼族还在梯田内放养鸭子和各种鱼类，包括鲤鱼、鲢鱼、鲫鱼等，并在田埂上种植黄豆（Xu et al.，2000）。

保存完好的上游水源林、高山寨神林和薪炭林位于梯田的上方。当地植被以中山湿性常绿阔叶林为主，具有很高的生物多样性，其中包括：

多样的野生木本植物：旱冬瓜、喜树、南酸枣、白沧树、红木荷、毛刺花椒、香叶树、让胶木、枔木、新木姜子、丹柄茶、乌饭、山茶、短刺栲、桫椤树、克雷木、多脉冬青、华灰木、木通、杨梅、金竹、樱桃、茅栗等。

多样的野生草本植物：滇白珠、毛蕨菜、朝天蕨、紫茎泽兰、有刺凤尾蕨、碗蕨、香清、荩草、糯米团、鞭打绣球、白蓼、兔耳兰、下田菊、旱芹、水芹、鱼腥草、野磨芋、黄花菜、土茯苓等。

多样的野生菌：香菇、银耳、木耳、白参、青头菌、干巴

---

① 祭寨神林是哈尼族每年春耕开始前（一般在 1 月中旬）举行的一种祭祀活动，祈求来年风调雨顺、五谷丰登、人畜平安。元阳县各乡镇的祭寨神林是哈尼族村落隆重的节庆大典。——译者注

菌等。

哈尼稻作梯田景观中野生动植物群极其丰富，它们适应并生存于各种生境，包括林地、草地、湿地、溪流以及农田当中。落叶乔木广泛分布于林地，森林同时也是昆虫和鸟类的家园，它们为植物授粉并抑制害虫，具有相当的农业文化价值。鸟类和鱼类生存在湿地和池塘中，农田里种植有各类水稻、荞麦、黍类、豆类和蔬菜。陡坡上的混交林控制着土壤侵蚀，稻田斜坡则作为人工湿地用于蓄积过量的水资源，减少洪水风险。

全球重要性

哈尼稻作梯田景观中的生物多样性通过光合作用由太阳提供动力，将二氧化碳转化为生物资源，以满足当地对能源（薪柴）、肥料（森林垃圾）、粮食（作物）和饲料（草地）的生存需求，形成了一种几乎不依赖化石能源的生存模式。施用有机肥料有助于土壤固碳。虽然哈尼稻作梯田系统中稻田的持续灌水会产生一定的甲烷并排放到大气当中，但较之单一水稻种植系统，稻作梯田中养殖的鱼类和鸭子有可能会减少甲烷排放，进一步研究尚有待展开（Xiao et al.，2011）。

哈尼稻作梯田景观为当地生计和社会提供了多种商品与服务，最重要的是生产水稻、豆类和蔬菜，包括产自稻田和旱地的野生蔬菜。村寨上方的混交林提供木料、薪柴和草药。用于覆盖屋顶的茅草材料则来源于草地，哈尼稻作梯田景观中的其他生境也有助于满足住所、燃料和能源方面的需求。完整的哈尼稻作梯田景观具有生产、生态、社会和文化等多重价值。

万年县稻作文化系统

万年县地处江西省东北部，乐安河下游，隶属上饶市。万年县历史悠久，有着古代文明的重要标志。当地出土的考古遗存为研究旧石器时代早期文化以及陶器和稻作起源提供了重要的科学

证据和实物参考。万年县毫无疑问是世界稻作起源地之一
（IGSNRR，2010）。

科学家认为，万年县仙人洞遗址出土的水稻遗存属于一种古
老的栽培稻类型——东乡野生稻，这是1978年在邻近的东乡县
发现的一种野生水稻品种。传统万年稻具有明显的野生稻特征，
形态学特征上与东乡野生稻相似。这一类水稻，原名"坞源早"，
现在俗称"万年贡谷"，自南北朝以来就在万年县裴梅镇荷桥村
种植。实际上，万年贡谷（万年稻）也只能在荷桥村种植。现有
研究表明，栽培万年贡谷需要特殊的水土和气候条件，这些特殊
的条件只有荷桥村才具备，那里的山泉水常年不断地灌溉稻田，
周边的村庄对其水土保持也起着至关重要的作用。森林和稻田形
成了具有丰富生物多样性的复合农林系统，是水稻栽培的理想之
所。与东乡野生稻一样，传统的万年贡谷品种具备抗病虫、抗逆
境的优势基因，特别是抗寒基因（FAO，2012）。

图7-7　荷桥村，江西省唯一一个具有特殊农业生态特征，适宜栽
培传统万年贡谷的村庄
图片来源：莉安娜·约翰。

经过一代又一代人的栽培实践和学习，万年县的农民在水稻育苗和移栽、田间管理、收获、贮藏、加工等方面已然发展出了一整套技术。丰富的稻作文化表达和习俗的形成与该地区的水稻种植、稻作传统乃至民族认同息息相关。稻米是该地区的主食，维持着当地人的营养与生计。此外，当地的水稻在生长过程中不施化肥，是一种绿色健康食品。

与杂交水稻相比，传统的万年贡谷生长周期长，因此需要投入更多的劳动力。万年当地的农民巧妙地记录下了自古以来他们培育传统水稻和发展稻作文化的经验。万年本土的水稻品种与当地人的日常生活密切相关，这点也体现在他们的风俗、传统菜肴和语言上，是他们文化特性中不可或缺的重要组成部分。

万年县作为世界稻作文化的发源地之一，在历史上有着独特的地位。"万年稻米习俗及贡米生产技术"不仅是省级保护遗产，还被列入江西省非物质文化遗产保护名录。万年稻作文化不仅是传统文化的组成部分，还能促进生态旅游的发展。万年县稻作文化系统同样具有教育意义，当地可以通过开展教育项目，帮助学生们更好地了解可持续农业。

生物多样性

东乡野生稻是目前世界上分布最北的普通野生稻（Chen et al.，2008；Xie et al.，2010），对低温表现出强耐受性。万年县稻田周围山丘上的森林可以防止水土流失，降低滑坡的风险，并能作为集水区储存过多的水资源，减少洪涝风险。除东乡野生稻外，当地还有许多其他生物被列为国家珍稀或濒危保护动植物物种，如大叶榉树、银杏、三尖杉、鹅掌楸、檫木、南方红豆杉、罗汉松、穿山甲等。锥属植物、黄连木、木荷、木芙蓉、梧桐、大白杜鹃、无患子、野茉莉、小叶女贞等许多物种为当地常见物种。

全球重要性

尽管万年贡谷有助于保障粮食安全，利于生态调控和环境保护，但目前却被严重低估。传统的万年贡谷不需要施化肥或农药，不会对环境造成破坏。然而，这一环保价值却并未体现在万年贡谷的市场价格上，尽管其产量不到杂交水稻的一半，劳动力需求却高出 3 倍之多，上述这些均没有为其带来溢价。

野生稻作为一种稀有的种质资源，对中国农业文化遗产和生物多样性的保护具有重要意义。研究表明，野生稻不仅具有许多栽培稻不具备的优势基因特质，而且比栽培稻更具遗传多样性。野生稻可以通过培育更具生物和非生物胁迫耐受性的新品种来拓宽栽培稻的遗传多样性，对于保障水稻生产的优质与高产具有重要意义。

支持 GIAHS 动态保护的机遇

随着 GIAHS 倡议的引入以及稻田养鱼动态保护试点项目的成功实施，中国政府强调对农业文化遗产实施保护，采用可持续的方法来认定和保护农业文化遗产地。目前政府正致力提升民众意识，使他们认识到万年贡谷在营养、文化和环境价值方面的重要意义。动态保护行动计划和营销推广将有助于确保这种独特的传统水稻品种不会濒临灭绝。万年县稻作文化系统于 2010 年被正式列入 GIAHS 保护试点。

贵州从江侗乡稻鱼鸭系统

从江县位于中国贵州黔东南苗族侗族自治州，地处辽阔的山区。全县有苗族、侗族、瑶族、壮族、水族等少数民族。侗族是百越人的一个分支，长期生活在东南沿海，后迁徙至湘黔桂交界地区定居。尽管侗族人的居所早已远离河流和海洋，但他们依然延续着以稻米和鱼类为主的饮食传统。

古老的稻鱼鸭系统是一种典型的传统生态农业耕作方式，侗族是少数没有摒弃这种耕作方式和技术的民族。在有可靠水源的稻田中，当地人根据土壤肥力和水资源供给情况栽种水稻。这种稻鱼鸭系统促进了同一农田的多用途综合利用，满足了农民动植物蛋白质的营养需求。较之单一稻作系统，稻鱼鸭系统具有更高的营养水平、更长的食物链和更复杂的食物网络。随着食物链不断延展、变得日益复杂，人们在多重营养层面上对资源加以利用，从而使农业系统变得更加稳定。贵州从江侗乡稻鱼鸭系统于2011 年被正式列入 GIAHS 保护试点。

图 7-8　稻鱼鸭系统是最传统的生态养殖系统之一，它是侗族在生物多样性管理、环境保护和可持续农业发展方面的价值体现

图片来源：玛丽·简·拉莫斯·德拉克鲁兹。

云南普洱古茶园与茶文化系统

普洱市位于中国西南边境，总面积 4.5 万千米^2，森林覆盖率 64.9%。它是云南最大的地级市，辖区内有哈尼族、彝族、拉祜族和佤族等 13 个世居少数民族。普洱市有 2 个国家级、4

个省级自然保护区，是中国生物多样性最丰富的地区之一。

　　普洱境内包含着完整的古木兰和茶树垂直演化过程，证明了
这里是世界茶树的起源地之一。当地拥有野生型古茶树居群、过
渡型和栽培型古茶园、应用传统森林茶园栽培管理方式进行改造
的生态茶园等各个种类的茶树居群类型，形成了茶树利用的完整
发展体系。普洱市多样化的农业物种丰富了农业生物多样性及相
关生物多样性。当地布朗族、傣族、哈尼族等少数民族采用的茶
树栽培方式与传统文化体系具有丰富的文化多样性与传承价值。
普洱是茶马古道的起点，也是茶文化传播的枢纽。云南普洱古茶
园与茶文化系统不仅为中国作为茶的起源地、茶树驯化和规模化
种植的发源地提供了有力证据，也是茶产业未来发展的重要种质
资源库，保存了与当地生态环境相适应的、丰富的民族茶文化。

图 7 - 9　在普洱茶林采茶的当地妇女。这片古老的茶林被认为是茶的起源地，也是茶树驯化和栽培的发源地
图片来源：玛丽·简·拉莫斯·德拉克鲁兹。

目前，普洱市有 140 万亩①现代茶园，当地以科技为驱动，以集约化经营为特色的茶产业实现了农业、工商业横向一体化，生产、供应、销售纵向一体化发展，成了发展商品经济、提高农民生活水平的主导产业。云南普洱古茶园与茶文化系统于 2012 年被正式列入 GIAHS 保护试点。

内蒙古敖汉旱作农业系统

敖汉旗位于中国内蒙古自治区赤峰市东南部，是中国传统农耕文明与草原文明交汇的地方。敖汉旗境内有被誉为"华夏第一村"的兴隆洼遗址，以及被誉为"旱作农业发源地"的兴隆沟遗址。2001—2003 年，考古学家证实，兴隆洼遗址出土的碳化粟、黍标本距今已有 7 700～8 000 年历史，比中欧地区早 2 700 年。这意味着它们是世界上已知最古老的栽培粟之一。由此可以得出结论：西辽河上游地区是中国古代北方粟黍类以及旱作农业的发源地。

古代粟和黍的栽培在敖汉已有约 8 000 年的历史，当地有许多粟黍类品种，包括赤谷四、赤谷八、赤谷十、山西红谷以及一些家庭品种。该地杂粮绝大多数种植在山地或沙地当中，自然条件较好，仅需施用农家肥和进行适当的生物害虫防治，为当地赢得了"中国杂粮出赤峰，优质杂粮在敖汉"的美誉。敖汉小米被批准成为地理标志保护产品，在保障粮食安全和食品安全方面发挥着重要作用。敖汉在 2002 年被联合国环境规划署授予"全球环境 500 佳"的称号，敖汉旱作农业系统则于 2012 年被正式列入 GIAHS 保护试点。

---

① 亩为非法定计量单位。1 亩≈666.67 米²。——译者注

河北宣化城市传统葡萄园

河北省宣化城市传统葡萄园有着1 300多年的文化和栽培历史。这是一处典型的中国传统园林农业，它采用传统的漏斗架，既可以保护土壤和水资源，又可以保护葡萄藤免受霜冻和强风的影响。宣化传统葡萄园主要分布在观后村、盆窑村、大北村，那里出产的葡萄粒大、皮薄肉腴、甜度适中，素有"果中瑰宝"的美誉。当地葡萄园有着丰富的生物多样性，能够适应气候变化，有助于为当地农民提供生计保障。动态保护这些葡萄园及其葡萄品种是宣化当地农民传统和文化的一部分，这促进了民族文化遗产的传承，也为生态、经济、社会与文化等方面的科学研究提供了平台和信息来源。

图7-10　河北宣化牛奶葡萄园是世界上首个被认定为 GIAHS 保护试点的城市农业文化遗产地，其栽培历史可追溯至距今1 300年前
图片来源：玛丽·简·拉莫斯·德拉克鲁兹。

传统葡萄园种植系统历史悠久，其历史文化价值和对社区生计的支持，一直以来都是令人关切的议题。从景观角度看，由于不同的气候条件和文化传统，东方葡萄园的景观与西方葡萄园大相径庭。从功能角度看，西方葡萄园种植葡萄主要为了酿造葡萄酒，而中国的许多葡萄园则以生产鲜食葡萄为主。在《诗经》中可以找到中国最早有关葡萄的文字记载。

张家口是河北省最古老的葡萄产区，张家口的宣化区则是主要的白葡萄产区。据史料记载，宣化牛奶葡萄迄今已有1 300多年的栽培历史，是世界上最完整、最独特的传统漏斗架式葡萄产区。葡萄园位于中国北方半干旱地区，这里缺乏水资源和适宜的土壤，以有机矿物质匮乏的沙质土为主，葡萄园体现了人类对贫瘠土地资源的集约化利用，反映了人类对自然环境的适应。

宣化传统葡萄园属于庭院式农业，葡萄文化与农户的日常生活融为一体。庭院的葡萄架周围会种植大量蔬菜、水果、部分农作物以及花卉，满足生活需求的同时，丰富了该地区的生物多样性和景观多样性，呈现出多元化、多层次的立体景观特征，具有现实价值和审美价值。作为典型的城郊农业，其农业休闲和景观维护功能不容忽视。目前，宣化城市传统葡萄园是中国唯一一处城郊农业文化遗产地，具有突出的示范作用。

然而，由于宣化飞速的城市化进程，传统葡萄园的数量急剧下降，从6 000多亩减少到如今不到1 500亩。目前，当地城市建设部门已将部分葡萄园划为建设用地，许多农民的葡萄园被开发商用高价收购。同时，传统的葡萄园种植需要投入大量劳动力，但回报率却很低。农民对产品营销失去信心，年轻人不断往城市迁移。上述这些趋势都对传统葡萄园的保护造成了严重的负面影响。葡萄园的消失意味着传统特色景观、生物多样性和文化完整性的丧失。宣化城市传统葡萄园位于快速发展的城郊地区，具有杰出且独特的葡萄种植文化，目前亟须妥善的保护。

浙江绍兴会稽山古香榧群

几百年来，从香榧树的种植、嫁接到香榧仁的加工，会稽山当地居民积累了丰富的农业知识与栽培技术。会稽山位于浙江省北部，境内分布有 12 个乡镇、59 个村庄，拥有大约 10.5 万株古香榧树。会稽山社区种植的农作物种类繁多，这些作物是其文化的核心，也是区域发展的基础。当地出产许多农产品，如樱桃、竹笋、栗子、瓜子、葡萄、甘薯和云雾山茶叶等。其中，因为采用了本土传统种植与收获技术，本地能够产出质量上乘、口感浓郁的香榧产品，香榧一直是本土社区的主要收入来源以及生计和经济安全的基础。目前，浙江绍兴市香榧总种植面积达 2 万公顷，其中诸暨有 9 667 公顷，嵊州有 7 467 公顷。目前会稽山区域香榧总生产面积约为 5 667 公顷，树龄在百年以上的古香榧树有 7.2 万株，千年以上的有数千株。

香榧是劳动人民长期运用嫁接和良种选育技术培育出来的独特树种，集果用、药用、材用、油用、观赏、环保等众多功能于一身，其特性和经济价值不同于其他种类的榧树。会稽山地区是香榧树的发源地，也是目前香榧保存最成功的地方。世界上 80％以上的香榧产自该地区。科学测试显示，中国现存最古老的香榧树树龄为 1 400 多年，它可能是中国现存最古老的人工嫁接技术的标本，也是稀有的活化石。

嫁接是一种重要的栽培技术，是将植物的枝或芽嫁接到另一种植物的茎或根上，以提升香榧的品质与产量。会稽山当地人通常使用 10 年以上的枝条进行香榧树嫁接，所嫁接的枝条数量取决于树龄。传统的嫁接期在 2 月下旬至 4 月初，在这段时间内，该地区气温刚刚开始回升，植物根系较为活跃，此时嫁接成功率较高。其中，高位嫁接是传统嫁接中最常见的技术。

图 7‑11　在 2013 年 5 月的实地考察中，当地政府官员向帕尔维兹·库哈弗坎博士展示中国香榧

图片来源：闵庆文。

　　香榧的生长期为 17～19 个月。第 1 年 4 月开花，果实 9 月成熟。之后，在每年的 9 月中上旬，香榧子壳会由浅绿变为深绿，壳出现裂纹时表明果实成熟，标志着收获季节的开始。香榧树通常高大挺拔（有时高达 39 米），因此收获时采摘者需要高度熟练地操作以确保安全。当地人经常使用常规梯子或是当地一种叫做"蜈蚣梯"的工具攀爬上树，用一根或多根绳索将树枝绑在一起，以分散重量，并使用一种特制竹篮收集掉落的果实。会稽山当地农民在炒制香榧时运用了独特的传统技术，炒制时把握火候和时间的技巧已经代代相传了数百年。会稽山本土社区炒制出的香榧被公认为口味绝佳。炒制香榧的实际操作步骤中，类似"恰当的火候"和"当香榧的香气溢出时"这样的表述非常含糊，需要多年的尝试与实践才能真正掌握诀窍，炒制出好吃的香榧。因此，即使是最为详尽的食谱也无法与本土传统知识相媲美。在会稽山地区，香榧总与蔬菜一起种植（例如豆类和马铃薯等）。在拣选与香榧树一起种植的植物时，需要仔细考虑其高度和根深等因素，主要因为植物需要充足的阳光，应当避免其在生长时被香榧树遮挡光线。会稽山当地榧农会充分利用现有的空间，选择合适的作物与香榧树一起种植，这样既能带来更好的经济回报，又能保护水土资源。除了种植香榧和蔬菜外，本土社区还在榧林下间作小麦和玉米等作物、李子和杨梅等果树、茶树以及草药等，林间还饲养了一些家禽。

会稽山当地居民高度重视本土生物多样性，因为他们认识到生物多样性对于作物遗传多样性的保护至关重要。研究表明，该地区有 10 多种香榧、22 种水稻、13 种玉米（其中 1 种是当地特有品种）、4 种小麦和 6 种马铃薯。数据进一步显示，该地区拥有 766 个植物物种和 264 个动物物种，包括 24 科 199 种鸟类、18 科 48 种哺乳动物以及 5 科 17 种爬行动物。

总体上看，会稽山本土社区不仅具有历史、艺术、科学、生态和经济价值，还通过对自然资源的妥善利用，在不减产的情况下维持着可持续发展模式，树立了光辉的典范。由于过去几年间建立的完善营销机制，当地榧农的收入在不损害其传统及自然环境的情况下逐年增加。本土社区文化也反映了当地人对于他们赖以生存的、稳定的自然环境有着深刻的理解。浙江绍兴会稽山古香榧群于 2013 年被正式列入 GIAHS 保护试点。

陕西佳县古枣园

陕西佳县古枣园是世界上历史最为悠久的枣树栽培中心之一，系统内有1 100棵树龄超过千年的古枣树，在经济价值、生态功能和持久的文化意义方面均具有保护价值。陕西省佳县位于中国西北部黄河中游晋陕峡谷西岸。作为中国枣树起源地之一，该地保存着完整的枣树栽培驯化历程，从野生型酸枣、半栽培型酸枣、栽培型酸枣到栽培枣序列，同时拥有丰富的种质资源。在佳县朱家坬镇泥河沟村的枣树生境中，最大的一株枣树树干周长为3.41米，树龄1 400多年。

在饱受旱灾之苦的佳县，枣树保障了当地人的生存与收入。此外，在植被稀疏的黄土高原和黄河沿岸的坡地上，枣树还能帮助防风固沙、保持水土。目前，在全县总占地35 333公顷（53万亩）① 的枣林中种植了46个枣树品种，其中红枣种植最为广泛且最具代表性，佳县出产的大枣质量高、个头硕大、果皮薄、果肉厚、果仁小、色泽鲜红。多年来，当地民众发展了枣粮间作、枣园管理以及枣树栽培加工技术体系，并将枣纳入当地风俗、传统和文化当中。陕西佳县古枣园于2014年被正式列入GIAHS保护试点。

福建福州茉莉花种植与茶文化系统

福建福州茉莉花种植与茶文化系统是有着悠久历史的农业文化遗产，这一系统以精湛的制茶工艺和悠久的饮茶文化为基础，经过长达2 000年的演化逐渐完善。福州是福建省省会，位于中国东南沿海。这座城市地处闽江流域，周围群山环绕，气候温

---

① 原书为52 000公顷，疑为笔误，此处数据依据闵庆文、刘某承刊于《农民日报》2013年12月6日第4版的文章。——译者注

和，降水充沛，昼夜温差大，为茉莉花的生长创造了有利条件。当地的小气候同样适宜茶树生长，于是，当地人在江边沙洲种植茉莉花，在海拔 600～1 000 米的山坡上种植茶叶。

茉莉花原产于波斯湾，2 000 多年前经印度传入中国。绿茶原产于福州，历史更为悠久。福州是茉莉花茶的诞生地，茉莉花茶始于 2 000 多年前的汉代。随着时间的推移，当地独特的茉莉花茶加工工艺日益精进。

茉莉花茶由烘青绿茶与鲜茉莉花苞拌和窨制而成，保持了茶的特质以及茶和茉莉花的健康功效。由于使用烘焙茶叶，茉莉花茶温和、清甜爽口，其茶香清新，浅饮一口便如沐春风。福建福州茉莉花种植与茶文化系统于 2014 年被正式列入 GIAHS 保护试点。

江苏兴化垛田传统农业系统

兴化垛田传统农业系统是一种典型的湿地农业生态系统，以其独特的低洼地水土利用方式和规模庞大的垛田地貌集群而闻名于世，景观壮丽，世间罕见。江苏省兴化市位于中国东部江淮之间，里下河腹地，地势低洼平坦，池塘和湖泊点缀其间，属亚热带湿润季风气候。千百年来，兴化先民为应对水患灾害，满足生存需求，架木浮田、垒土成垛，渐而形成一块块大小不一的垛田，变蛮荒贫瘠之地为优质农田。田上种植作物，田下养殖鱼和水禽。正是这独特的水土利用方式，帮助当地人民免受洪水之苦，同时也为他们提供了持续的生计保障（Bai et al.，2014）。

兴化垛田因湖荡沼泽而生，每块面积不大、形态各异、大小不等、四周环水、各不相连、形同海上小岛，在全中国乃至全世界都绝无仅有。这一独特的地貌景观先后入围"江苏省第三次文物普查十大新发现"和"全国第三次文物普查重大新发现"。

该农业系统的价值并不仅仅在于美感，更在于其在具体环境中的实际用途。因地势低洼，境内湖群密集，兴化地区自古以来便涝灾频繁。在过去 1 000 年间，兴化先民学会了以木作架，铺上泥土及水生植物（如葑，即茭白根），将木架浮于水上，形成垛田，并在垛田上播种。垛田可种粮、种菜、造林，同时还能防洪避灾。垛田土以沼泽土为主，肥力十足，适应作物生长。兴化以其优质的瓜果蔬菜著称，素来有"两厢瓜圃"之称。系统内还培育了兴化香葱、兴化油菜、兴化龙香芋三大地方特色优势农产品。

图 7 - 12　9 月兴化高高的垛田。游客们来垛田参观，欣赏着千百年来兴化先民打造的大小各异的垛田和美丽的农业景观
图片来源：玛丽·简·拉莫斯·德拉克鲁兹。

　　兴化农民基于经年积累的知识与经验，精心管理着开垦的田地。他们的每一种农耕实践都有理可依。兴化垛田传统农业系统的农民们在利用这类湿地自然资源时，采用空间上多层次、时间上多序列的复合方式，积累了大量经验。空间上的多层次是指林、粮、鱼的有机结合，使地上和地下的空间得到充分利用。时间上的多序列是指不同季节作物种植时间上的合理安排，在保证林木良好生长的前提下，这样能在间作作物上获得较高的经济收益。当地农民根据土壤条件安排作物，充分利用土地资源，确保耕地常年有蔬菜出产，没有任何的空间浪费。

数百年过去了，这一农业系统仍保持着蓬勃繁茂的景观。土壤柔软、厚实、肥沃，适合全年耕作，兴化香葱、兴化油菜、兴化龙香芋随处可见。垛田河道纵横交错，因此当地人的农业活动总离不开船，家家户户都有船，划船沿着水路，在垛田上种植蔬菜，在水里养殖鱼虾，独有一番别样的农耕景致。除了池塘和湖泊中那些或绿意盎然或菜花盛开的垛田外，兴化垛田农业系统还有水上森林与湿地景观。传统的农耕景象和美丽的垛田风光使兴化成为极具魅力的农业旅游目的地。江苏兴化垛田传统农业系统于 2014 年被正式列入 GIAHS 保护试点。

云南桤木轮作与间作农业系统

特点与特征

云南位于中国西南边陲，多山地，是一个具有国家、区域、全球意义的社会生态系统，被广泛认为是全球生物多样性热点地区，毗邻其他全球生物多样性热点地区，如喜马拉雅山脉东部地区。从传统的经济发展角度来看，该地区具有丰富的生物和文化多样性，拥有全球重要自然生态系统，然而其居民却基本都是经济地位低下的弱势群体。云南有 25 个少数民族，是中国民族多样性相当高的地区之一。长期以来，云南的生态与文化多样性、其与东南亚的联系以及与中国其他地区和喜马拉雅山脉周边地区的互动，孕育出大量具有独创性的山地农业系统，包括分布在自然生态系统当中的传统家庭花园、山地农林复合系统、森林牧区、稻作梯田、轮垦系统等。在这些重要的山地农业文化遗产中，传统的桤木轮作与间作农业系统被云南大多数民族广泛采用。

　　滇西的桤木旱稻轮作系统已实行了几个世纪。据史料记载，早在 600 多年前的明代，这一系统便已成为主要的旱稻生产系统，直到 20 世纪 80 年代初该地还保留着最传统的耕作形式。据推测，在营养压力过大、自然再生能力差、土地资源极其稀缺的情况下，系统性地种植具有固氮功能、生长速度快、叶片凋落物质量高的桤木物种是一种不断演化的适应性机制，实现了当地的轮垦农业。

　　在云南省的高地山区可以找到多种以桤木为基础的农业系统。其中之一是在 8～12 年的轮作栽培周期内，将种子播撒到旱稻田、荞麦田当中。当地汉族、佤族、景颇族和独龙族几百年来一直践行这类农业模式，在栽培周期的不同阶段中，农民们积累了丰富的知识与管理技术。采集桤木树种、清除桤木、整地、播种和旱稻收获都是劳动密集型作业，需要村民间的相互合作。长者与更有经验的村民依据农历指导农耕实践。在整地和伐木期，大多数村民白天聚集在高地上作业，晚上则举行各种文化表演活动，交流思想、知识与技术。

　　随着人口增长和社会经济发展，不同民族运用有效的管理知识与技术，从传统的桤木轮作与间作农业系统中创新发展出各类农耕模式。印度东北部地区和中国云南省实行了桤木间作与矮林农业系统，以保障食品安全和薪柴供应。云南的高地居民将茶树作为间作树种与桤木间作种植。在该系统中，桤木能改良土壤和茶园微环境，进而提高茶叶的质量和产量。此外，在云南许多少数民族聚居地区，桤木凋落物（落叶和落枝）还被用于堆肥。另一种桤木轮作与间作农业系统的演变形式是将一年生作物与其他高价值针叶树（如杉木和台湾杉）间作或混合栽培。桤木在其中扮演着关键物种或保育物种的角色，带来微环境变化，促进其他有用物种再生。

　　在过去，因为桤木有助于恢复休耕土地的肥力、帮助持续产出主食、供应丰富的薪柴，所以备受农民们的重视。农业系统中种植主食作物是核心目标，种植树木只是轮垦系统实现以当地生产为基础的粮食安全目标的手段之一。现如今，灌溉稻田已经能够满足人们大部分的粮食需求，越来越多的农民受市场经济影响，更加关注获得现金收入的机会。在这种情况下，他们很可能用一年生的经济作物代替水稻，用在山区具有较大优势的木材树种代替桤木。一年开展一次种植被认为是保证高价值木材稳定产出的有效手段。

全球重要性

不同民族利用多样化的传统桤木农业系统模式，为了实现不同目的开发了行之有效的管理知识与技术体系。一些特定的知识技术不仅可以在系统内各模式间共享与复制，还可以实践于其他农业系统。例如，将桤木落叶用作家庭花园和梯田农业的有机肥料。桤木轮作与间作农业系统本身也是替代性轮作农业系统的范例。

多条国际河流流经喜马拉雅山脉东部地区，以桤木为基础的轮作与间作系统在该地区被广泛采用，对保护流域内水资源和独特的生物多样性来说具有重要价值。在当地形形色色的本土农业系统中，以桤木为基础的农业系统颇具代表性，应当继续在地区可持续发展中发挥作用。在这一具有全球重要性的山区，广泛采用以桤木为基础的轮作与间作系统，也为山地地区的可持续土地利用提供了诸多有益的参考。

埃塞俄比亚

盖德奥（Gedeo）系统（象腿蕉与阿拉比卡咖啡系统）

特点与特征

盖德奥地区是埃塞俄比亚南方各族州（SNNPR）的一片地

区，以定居此地的盖德奥人命名。该地区以出产高质量的伊尔加什夫（Yirgacheffe）咖啡而享誉国际市场。盖德奥位于埃塞俄比亚首都亚的斯亚贝巴（Addis Ababa）以南 369 千米，亚的斯亚贝巴-摩亚雷（Addis Ababa-Moyale）国际公路以南，距南方各族州首府哈瓦萨（Hawassa）90 千米。根据目前的边界划定，该区域土地面积约为 1 347 千米^2，海拔为1 500～3 000米。盖德奥地区属亚热带湿润气候，年平均降水量为1 500毫米，范围在1 200～1 800毫米，年降水量呈双峰型分配，3—5 月雨季短，占总降水量的 30%，7—10 月雨季长，占总降水量的 60%以上。当地月平均气温为 21.5℃，月平均最高温度和最低温度分别为25℃和18℃。该地区有 3 个不同的农业生态区类型，其中当地人称为"德加"（Dega）的高地生态区占比 30%，俗称"沃伊纳德加"（Woyina Dega）的中部高地生态区占比 67%，俗称"凯菲尔科拉"（Kefil-Kola）的低地生态区占比 3%。

　　盖德奥毗邻迪拉镇（Dilla），位于湿润的埃塞俄比亚东南部高地。盖德奥土地利用系统始于新石器时代，是世界上最古老的农业系统之一。当地农民几千年来一直维持着这种农耕系统，不借助任何外部投入、农用化肥或现代作物品种。盖德奥高地地区的主要作物是象腿蕉（粗柄象腿蕉）和咖啡（小粒咖啡，又称阿拉比卡咖啡），这些作物与丰富多样的各类动植物共同生长。盖德奥土地利用系统是现代农业与林业共同的祖先（Kippie，2013）。

　　尽管盖德奥地区是咖啡的主要产区，然而该地区的农民却收益甚少，他们售卖咖啡的所得相当微薄，仅够维持一周甚至一天的生活。当地人口压力大，多数人民没有受过教育，因此也没有自主管理权。大自然赋予该地区优美的自然风光，造就了令人惊叹的多样化景观和保存完好的农林复合系统，其自然、历史和文化价值，使得该地区极富旅游吸引力。从其性质来看，盖德奥农林复合系统拥有颇具经济价值的动植物多样性，享誉世界的伊尔加什夫高品质有机咖啡正是产自该系统。

象腿蕉与咖啡复合农业系统

全世界大部分地区的农业都依赖降水灌溉，因此，降水量与降水的分布往往决定了农业生产的成败。最常见的问题不是缺乏降水资源，而是降水的分布。但是，由于没有适当的方法，人们在利用无处不在的降水资源时往往事倍功半。在收集降水方面，人们会为了满足家用需求收集屋顶雨水、建造人工水库收集径流以灌溉小型菜园，然而除此之外进展甚微。

埃塞俄比亚南部地区的盖德奥人居住在亚的斯亚贝巴以南360千米的山区中，那里年降水量超过1 400毫米，坡度超过70%。盖德奥人已开发出最经济的利用雨水资源灌溉咖啡的方式，即借助其粮食作物——象腿蕉。象腿蕉在当地被称为"贝亚"（beyaa），一棵成熟的象腿蕉作物可以收集超过62.4升的雨水，如果每公顷按1.5米×1.5米的间距种植，那么每年可以收集249 600升的雨水。象腿蕉利用其干燥的香蕉叶与叶鞘将雨水收入囊中，使其避免被蒸发或受到野生动物的影响。当象腿蕉植物组织老化时、雨水充盈漫溢时或是当地农民进行人工收集时，雨水资源才得以灌入农田当中。被命名为伊尔加什夫的咖啡就是以这种灌溉方式生产出来的。象腿蕉所产出的作物通常用于填饱肚子，而当前研究结果表明，在盖德奥人手中，象腿蕉还有着更深远的价值。

人们不禁要问，为何现如今缺乏利用雨水进行农业生产的方案？盖德奥农业系统是罕见的特例，它以粮食作物粗柄象腿蕉为基础，充分地利用雨水资源，在坡度超过70%的景观上生产出世界上最好的高地阿拉比卡咖啡之一。然而，外界对这一水资源利用方案却知之甚少，主要因为它来自当地农民的本土知识，而本土知识往往被视为是落后的。农民们主张在咖啡农场中种植象腿蕉，然而，这一主张却被认为是由于农民们不想失去粮食作物而被驳回。事实上，象腿蕉是当地农民的一切，它不仅能提供食物，还能供应牲畜饲料，是最好的植物性纤维之一。最重要的是，用来取代象腿蕉的咖啡需要象腿蕉为它们收集和储存雨水。此外，象腿蕉作物在收集雨水灌溉生产的同时，也帮助保护并维持了景观的稳定。这一点在当地全年候保护河川的常绿景观中体现得淋漓尽致。虽然没有梯田等物理保护构造，但象腿蕉作物有助于防止土壤侵蚀和滑坡。同样，盖德奥农民也不必担心因降水不足或雨季中断而导致作物歉收。盖德奥系统利用间作种植象腿蕉达到遮阴、护根、收集雨水资源灌溉咖啡等目的。将象腿蕉从咖啡农场中移除后，人们发现咖啡的品质出现了大幅度降低，进而意识到了降水与咖啡质量之间的关联，以及象腿蕉作物收集和保存的降水与咖啡树繁殖生理学之间存在的重要联系。

法属圭亚那

瓦亚纳（Wayana）农业系统

特点与特征

　　瓦亚纳农业系统内的农民会在同一块耕地中种植多种作物及作物品种，有助于种内多样性与种间多样性的发展。这种策略通过在空间和时间上安排多样化作物及作物品种，最大限度地减少风险、保障收获、促进饮食多样性。

　　农业系统内的核心作物是木薯，其次是甘薯，同时还种植着香蕉、甘蔗、玉米、薯蓣、西瓜、若干种葫芦科植物、棉花、菠萝、芋头、利马豆和黄瓜等许多作物。

　　瓦亚纳人使用并保存了许多木薯和甘薯品种。家庭调查显示，当地分别命名了 70 个木薯品种和 13 个甘薯品种。木薯是食品消耗的源头产品，可以加工制成多类食品，如木薯饼（一种类似面包的烤饼）、面粉、木薯淀粉（用来制作酱汁）、啤酒。用木薯和甘薯混合制成的当地俗称"卡奇里"（cachiri）的啤酒，在瓦亚纳文化中意义重大。根据所用木薯和甘薯的品种不同，卡奇里啤酒有几个不同的种类。物种和品种多样性是产品加工多样性的基础，相关的文化实践与知识体系也在许多方面维持了这种丰富的品种多样性。

几内亚

塔帕得（Tapade）种植系统，福塔贾隆（Fouta Djallon）高地

特点与特征

在福塔贾隆高地贫瘠的土地上，当地农民用栅栏围出一种高产的永久性耕地，形成了塔帕得种植系统。福塔贾隆高地是许多河流的源头。当地的土地非常古老，以历经数百万年气候风化后形成的细粒砂岩为特征。地表以下是极其坚固、几近贫瘠的地壳，有时厚达 5～10 米，常暴露在地表或是仅覆盖一层薄薄的砾质土。

农牧民在这一地区至少居住了千年之久，当地大部分土地要么处于休耕期，要么被用于种植福尼奥（fonio）小米。根据该地区的历史，农业制度随着贾隆克族农民和富拉尼族牧人的到来而不断演变。在这种农牧模式下，定居的部落组织一直是当地独有的社会生产组织形式，他们以明确的模式在时间和空间上对自然资源进行集体利用。基于不同的属性对资源进行管理是福塔贾隆高地得以发展至今的决定性因素。塔帕得是一种围绕着房屋修建庭院的围场，富拉尼族牧人还将其称为"霍格"（hoggo），他

们结束迁徙定居下来之后，在房屋周围搭建家庭庭院以从事农业生产，创造了塔帕得种植系统。

农业活动的增加导致该区域牲畜数量大幅减少、轮垦扩张。随着人口的增长和休耕期的缩短，人们在山坡与平原那些偏僻的公有农田上进行越来越密集的轮垦。森林大火以及对薪柴和木材的需求也给该区域的环境带来了沉重的负担。逐步建造和改善集中在住宅周围的集约化塔帕得种植系统正在成为轮垦和放牧的重要替代方案。

塔帕得种植系统的独特之处在于它是一种巧妙的人类创新，它利用福塔贾隆高地上贫瘠、酸性、稀疏且满是砾质土的含铁质土壤来打造高产的农田。当地农民利用各种牲畜粪便、生活垃圾、覆盖物、堆肥和灌木凋落物来实现土壤改良。一个成熟的塔帕得系统需要当地人付出心血精心管理 10～20 年。它作为重要的财富代代相传，其使用权一直在所有者及其后代手中。这些地块会被专门分配给妇女进行密集性农业生产。

在如今的塔帕得系统中，人们开始种植福尼奥小米、马铃薯、木薯或一些具有固氮特性的豆科植物，以促使系统内作物快速成熟。除了上述这些作物外，当地居民还沿着树篱种植果树或其他有用的植物物种。搭建围栏后，农民们将锄去的杂草留在田间，等待下次耕种。随着塔帕得系统逐步完善，系统内的农作物和树木一起组成了更为密集的植被，将土地永久地覆盖起来，使其免受降水侵蚀。人工开垦耕地后，人们通过纵横交错的小路将外部物资运上田埂。雨季时系统内的主要作物是玉米、各类蔬菜和香料等，而旱季则以块根农作物（木薯、芋头和甘薯）为主，主要的树木作物包括鳄梨树、芒果树、橙子树、柑橘树、柚子树、香蕉树，以及一些具有药用价值或是能提供饲料、薪柴、木材、染料、传统医药和植物围篱材料的树木。

早期的塔帕得系统就一直使用栅栏保护农场作物免受牲畜破

坏，此外这也可以避免动物误嚼木薯和甘薯叶而导致中毒。各村庄搭建栅栏的方式各异，这取决于当地所能获取的制作栅栏的原材料。目前当地约有 10 种不同的栅栏搭建模式，栅栏搭建也正成为该地区的传统习俗之一。

全球重要性

利用农林植物围篱来改进塔帕得系统，其中的经验有助于人们找到行之有效的办法以维持粮食安全、减贫脱困，同时减少对环境产生的负面影响。塔帕得系统也可以作为一种具体而独特的教育范本，展示如何通过娴熟的土地管理将贫瘠之地变为肥沃的土壤。

印度

科拉普特（Koraput）传统农业系统，奥里萨邦

特点与特征

科拉普特县是一个郁郁葱葱的山区，沿着高止山脉东部延伸，以连绵起伏的山丘为特色。区域面积27 369千米^2（Ghosh，Rath，2009），位于奥里萨邦南部深处，包括马尔坎吉里（Malkangiri）、纳瓦兰加普尔（Nawarangapur）、雷亚加达（Rayagada）和科拉普特等地区（上述这些地区在 1992 年以前统称为科拉普特区）。奥里萨邦共有 62 个部落社区，其中 112 个子部落受到印度政府认可。每个部落社区都有其独特的社会、经济、政治和宗教制度。

科拉普特传统农业系统中的各类农业实践体现出本土知识的重要性。部落社区将区域生态环境中的局限性充分纳入考虑，以最有效的方式优化其土地资源（FAO，2006），这些也体现在当地人的饮食习惯上。与占据平原的社区相比，居住在山区的部落会摄入更多的小米。噶达巴人践行着一种当地称为"米达"

（myda）的行之有效的水稻种植系统，在山丘上同时栽培两种水稻。而索拉人则采用一种在当地俗称"巴噶达查斯"（bagadachas）的轮作耕种方法（Mishra，2009）维持生计。当地农民运用本土知识，在播种前检测种子活力、保持土地肥力、保护水稻和其他作物的地方性品种，同时将这些本土知识代代相传。当地的习俗和文化重视生物多样性，大多数家庭都在自家后院建有家庭花园或菜园（Ghosh，Rath，2009）。

这片土地高低不平，起伏不定，包括丘陵、高原、山谷以及坡度不等的平原。科拉普特地区地形的多样性也造就了水稻种植生态系统的多样性，比如在高地（有堤岸保护和无堤岸保护）地区、中海拔（灌溉和雨养）地区或低海拔地区，农业生态系统就各不相同。每种生态系统中，水稻品种的选种和种植取决于当地人对其形态特征的偏好（如株高、植物结构的色素沉着、谷粒的形状与大小、有芒或无芒等），还取决于当地的文化习俗，例如播种、移栽、食品加工（熟稻米、炒米、爆米花等）以及适口性（有香或无香型等）。

生物多样性与遗传资源

该区域的种质基因库具有全球重要意义。无论从土地还是从生产角度来看，水稻都是杰伊布尔（Jeypore）地区最主要的作物，超过40％的土地被用于栽培水稻。当地同时还种植着玉米、龙爪稷、绿豆、黑吉豆、芥菜、芝麻、花生等其他作物。山丘上的部落居民还种植黍、粟、小葵子、木豆和双花扁豆等作物。当地共有340个地方稻谷品种（包括24个香稻品种、27个抗洪品种、2个水稻品种和1个旱稻品种，以及其他具有良好的抗虫害性、膨化性等优良性状的特种稻）。此外，当地还有8种小米、9种豆类、5种油籽类植物、3种纤维植物以及7种蔬菜作物。当地物种组合非常丰富，其中包括：

- **可食用的植物**：魔芋属、糖棕属、木豆属、水牛角属、樟

属、柑橘属、姜黄属、薯蓣属、大豆属、扁豆属、象橘
属、丝瓜属、杧果属、苦瓜属、芭蕉属、稻属、叶下珠
属、海枣属、胡椒属、酸模属、悬钩子属、芝麻属、狗尾
草属、茄属、高粱属、蒲桃属、姜属;

- **可用于木材的植物**:乳香树属、黄缎木属、石梓属、印度
  苏木属、海桐属、暗罗属、娑罗双属、香椿属、花椒属;

- **具有药用价值的植物**(包含1 200多种药用植物):木橘
  属、小凤花属、宝塔姜属、白粉藤属、余甘子属、匙羹藤
  属、金丝桃属、胡椒属、刺蕊草属、九节属、萝芙木属、
  肉珊瑚属、茄属、马钱属、榄仁树属、青牛胆属、娃儿藤
  属、万带兰属;

- **具有园艺和观赏价值的植物**(包含2 500种属于被子植物
  门的开花植物和30 种属于蕨类植物门的植物):银背藤
  属、羊蹄甲属、铁线莲属、蓝耳草属、苏铁属、水蜡烛
  属、玉凤花属、印度苏木属、木樨榄属;

- **用于纤维的植物**:猪屎豆属与十裂葵属。

同样,约有79 种被子植物和1 种裸子植物是该地区特有的。
科拉普特地区有着繁茂的半常绿和落叶植被,包含各类野生植物
物种 (Mohapatra,Mohapatra,1994)。该区域拥有丰富且独特
的动植物多样性。此外,该地区水稻品种丰富,1955—1959 年,
印度中央水稻研究所从科拉普特最大的城镇杰伊布尔收集到了多
达1 745份栽培稻种质和 150 份野生稻种质 (Govindaswami et
al.,1966)。这些采集样本主要包括多年生野生稻、一年生野生
稻和天然杂交种。一些水稻研究者随后宣称杰伊布尔为水稻起源
的中心。

在制作营养丰富的传统食品方面,当地部落妇女们展示出丰
富的知识储备。阿迪瓦西部落的妇女收集许多森林产品用作食
品、饮料、饲料、医药、房屋建设、农业以及其他家庭用途。这

些产品统称为林副产品（MFP）。当地供家庭消费的林副产品存在季节性变化，包括块根和块茎作物、水果、蜂蜜、蘑菇、玉米、黄瓜、南瓜、葫芦和可食用的树木上出产的豆荚。每天傍晚时分，妇女们从轮垦地农忙归家时就会采集这些林副产物。附近的一些林产品，譬如娑罗双树、印度卡兰贾树（水黄皮）和印度无患子（久树）上出产的油籽需要大量采集以便进行优化萃取。因此，在收获季节，妇女们会成群结队地进入林地进行采集，同时她们还采集长叶马府油树（当地称 mahua）花朵用于制作饮料或是在当地集市中出售。当地人采集到的大多数林副产物都被用于家庭消费。

部落社区非常了解植物和阿育吠陀①疗法的作用与特性。杰伊布尔地区有1 200多种药用植物（FAO，2006），其中一些可用于治疗胃肠道疾病、疟疾热和骨折之类的病痛（Ghosh，Rath，2009）。

全球重要性

该区域有着丰富独特的动植物多样性，本土特有物种多达79种。此外，当地人还参与了传统的耕作实践，保护和保存了大量谷类、豆类和药用植物的品种资源。然而，由于传统农业实践发生改变，加之来自自然和人为的压力，使得这些独特的物种和基因型受到威胁，目前，亟待对其加以保护以便其永久存续。M. S. 斯瓦米纳坦研究基金会（以下简称 MSSRF）提出倡议，对当地的地方性品种进行就地保护和农家保护，并在当地社区开展能力建设以改善生产、赋能当地社区，为全球重要农业文化遗产的保护开发行之有效的系统与方案。

---

① 阿育吠陀疗法是古印度治疗体系，即印度草药疗法。阿育吠陀医学可以追溯到公元前 5000 年的吠陀时代，它是世界上最古老的、有记载的综合医学体系。——译者注

奖励与认可

在奥里萨邦的杰伊布尔地区，MSSRF 所提出的倡议项目一直致力于建立合作伙伴关系，以保护当地生物多样性、减少贫困。2002 年 8 月，在南非约翰内斯堡举行的可持续发展世界首脑会议上，该项目与另外 24 个项目一起被授予"赤道倡议：热带生态系统可持续发展创新伙伴奖"，在国际上获得认可。

MSSRF 还在科拉普特设立了一个研发中心，对药用植物进行深入的综合性研究。邦政府在杰伊布尔地区专门划拨了 6 公顷的土地用于设立"比朱·帕塔奈克（biju pattanaik）药用植物园及保护中心"，旨在为区域内主要部落所使用的药用植物建立一个迁地遗传保护中心。该中心将开发遗产公园并致力研究生物多样性与文化多样性之间的联系。

GIAHS 倡议基于国际农业发展基金会（IFAD）的小额拨款，与 MSSRF 一起合作保护这一重要的传统农业文化遗产。2012 年 1 月，在10 000多名科学家齐聚一堂的印度科学大会上，印度总理授予科拉普特传统农业系统全球重要农业文化遗产的称号，使人们进一步认识到小农户和部落社区在保护和可持续利用农业生物多样性以及保障粮食安全方面发挥着重要作用。

克什米尔藏红花种植系统

特点与特征

藏红花是一种经济作物，种植在克什米尔山谷的潘波尔（Pampore）高地上。为了让作物繁茂生长，藏红花花农用来自潘波尔卡雷瓦（Pampore Karewa）地区的湖泊冲积土构筑成边长 1.5 米的正方形种植床，四面挖窄沟防止积水。潘波尔地区约有3 000英亩的土地被用于种植藏红花。

潘波尔高地的藏红花农业文化遗产位于南北流向的瓦蒂斯塔（Vatista）河畔，直到最近，其原名"潘丹波尔"（Padam-pore）

才为人所知。这里有许多历史悠久的古城镇和村庄，如钱达拉（Chandhara）、沃扬（Woyan）、赫鲁（Khrew）、沙尔（Shar）和巴尔哈马（Balhama）等。

藏红花是多年生草本植物，以其芳香著称，可用于制作调味料，是一种烹饪佳品。藏红花同时也是一种重要的商品，对伊朗（历史上的呼罗珊地区）和印度（查谟和克什米尔地区）的农业经济具有重大意义。虽然藏红花是一种众所周知的香料，但它还有许多其他的用途，比如制作食品、药品、化妆品、香水以及纺织染料等。

早在公元前5世纪，克什米尔地区就有文字记载提及藏红花（Nauriyal et al.，1997），据说它最早发源于斯利那加市（Srinagar）以东10千米处泽万村（Zewan）中的塔克沙克泉（Takshak）。维格巴塔人和苏什特拉人将藏红花视为阿育吠陀疗法中的重要药品。然而，根据克什米尔的传说，藏红花是由两名苏菲派苦行僧考贾·马苏德·瓦利（Khawja Masood wali）和谢赫·谢里夫·丁·瓦利（Sheikh Sharif-u-din wali）带到该地的。据莫卧儿王朝历史学家阿布勒·法兹（Abul Fazl）[①]所述，在潘波尔高地上种植有12 000比加（bighas）[②]的藏红花，花田一直延伸至安达尔基（Andarki）。莫卧儿帝国皇帝图祖克·伊·杰汉吉尔（Tiizuk-i-Jehangir）曾称，藏红花的年产量约为500莫恩德（maunds）[③]，这位皇帝曾有过一句著名的感叹："规模如此恢

---

① 阿布勒·法兹（1551—1602年）是印度莫卧儿王朝皇帝阿克巴统治时期的历史学家，皇帝的要臣及密友，负责编纂《阿克巴编年史》（*Akbarnama*）。——译者注

② 比加是传统的面积测量单位，普遍被用于印度北部以及孟加拉国、尼泊尔、斐济等印度移民地区。但在这些地区，比加作为土地计量单位并未标准化，通常1比加≈1618.74米²。——译者注

③ 莫恩德是尼泊尔、印度、巴基斯坦及某些中东地区国家使用的一种质量单位。在不同国家，1莫恩德相当于11.2～37.4千克的质量。——译者注

宏的藏红花海，世间只此一处！"

藏红花是一种多年生草本植物，每年 9 月，当白天气温达到 25℃左右、夜间气温达到 15℃左右时，藏红花的种子就进入了生理活化期。此时球茎开始发芽，花与营养结构在叶内萌发逐渐生长。每个球茎萌发 1～4 个芽，其中一部分会开出花朵。到了 10 月，虽然地下茎依然很短，但花芽已然冒出地面，极细的根须也开始以根冠的形式从第 3 基部节间伸出，最长可生长至 5 厘米（Dhar，Mir，1997；Botella et al.，2002；Nehvi et al.，2011）。

藏红花从 10 月的第 3 个星期开始开花，一直持续到 11 月的第 1 个星期，全年会盛开 3～4 次，每次持续 2～6 天，以第 2 个盛开期的花开得最为繁盛。11 月花期结束后，球茎上会立即生出幼叶，营养期开始。依靠光合作用和母球茎供给的养分，幼芽转化为子球茎并开始发育。母球茎起皱结皮，为新球茎的生长留出空间。直到次年 4 月，所有的幼芽都长出 40～60 厘米高的枝叶，繁茂的枝叶促进着球茎的生长与繁殖，预示着来年的好收成。到 4 月的前半个月，收缩的球茎根看起来像一个皱巴巴的附属物，从子球茎上剥落（Oromi，1992），叶片也开始变色。球茎从 5 月份开始进入休眠期，尽管球茎内部重要的个体发育过程正在进行，花和营养芽叶分化（Koul，Farooq，1984），但球茎外部却看不出任何变化。在此期间，藏红花花农会将球茎掘出进行分类、清理，以保存其活力（Nehvi et al.，2011）。

在克什米尔地区，按照传统的播种习俗，当地农民人工翻垦疏松土地后，于 9 月种下藏红花球茎。传统农民会对培育花种进行分门别类以实现长久的经济效益。4—9 月，新一轮栽培开始前，种植藏红花的土壤会被翻垦疏松 13～14 次。藏红花花农所采用的耕种技术往往生产力水平较低，未进行分级、分类的球茎为 3～15 克，每公顷种植 100～150 千克，且作物栽种位置并未进行适当的几何排列。目前，花农们没有任何的管理体系或固定的耕种方式，这也导致了生产力的巨大损失。在 6 月和 9 月，当地农民会翻垦疏松藏红花田两次，以确保土壤的透气性，使得球茎能够通气，顺利地生根发芽。在藏红花的营养期（11 月至次年 5 月），农民们会采取措施来防控啮齿动物对花苗进行破坏。在 5 月，干枯的花叶会被收割下来用作牲畜的饲料。

随着金秋十月的到来，潘波尔卡雷瓦高原变成了紫色的藏红花海。数百名克什米尔妇女背着背篓，在一片紫色花海中采摘，别有一番令人难忘的靓丽景致。妇女们一边采摘，一边唱着当地民歌，天籁般悠扬的歌声在田间飘荡。藏红花种植系统中，克什米尔妇女一直都居于核心地位，她们不仅会耕地劳作，最重要的是，还善于轻柔地采摘并风干花朵。这是一门只有女性才能完成的艺术，需要运用极大的耐心和努力来呵护花朵。待花朵风干后，抛掷和分类的工作就可以交给男人们了，他们剥去花蕊，给藏红花分级，用防潮容器进行包装。藏红花需在开花后的头两天内采摘，采摘后 10 小时内分离柱头，利用太阳能或热风烘干机干燥花朵，确保克什米尔藏红花的高品质。

在克什米尔地区，花农们并不会每天采摘鲜花，而是每隔 4 天于上午 9 点之前采摘一次。克什米尔当地的这种花卉采集方式可能会造成质量和总体数量上的损失。当地农民采用两种方法来干燥藏红花：一种是将柱头和花柱与花的其他部分分离，直接放置在阳光下曝晒，直至水分蒸发，最终柱头中仅残留 10％～12％的水分。根据温度的不同，整个干燥过程需要 3～5 天时间。第二种方法是将整个花而不仅仅是柱头与花柱置于阳光下直射干燥，随后再从花中摘取柱头。

挑战

当地 200 多个村庄中，约有 16 000 多户家庭仍在生产藏红花，他们的处境颇为艰难。藏红花种植系统面临的主要挑战包括：缺乏农业管理实践导致生产力损失、缺乏生计保障、缺乏相应的驱动力激励年轻一代采取适当的技术以提高生产力、水资源变化、市场波动、气候剧变、资源缺乏等一系列问题。

库塔纳德海平面以下农耕文化系统

特点与特征

库塔纳德是位于印度喀拉拉邦西海岸的三角洲地区，占地面积约 900 千米²。库塔纳德海平面以下农耕系统（以下简称 KBSFS）非常独特，它是印度唯一一处在海平面以下种植水稻的农耕系统，其主要的土地利用结构是从约 5 万公顷的三角洲沼泽中开垦出来的平坦稻田，在当地俗称为"庞卡瓦亚尔斯"（puncha vayals）。这种稻田存在于旱地稻田（karapadam）、湿地稻田（kayal）和用黑色类煤材料填埋的土地（kari）三类景观当中。库塔纳德当地的农民在 150 多年前就开发并掌握了令人惊叹的海平面以下作物栽培技术。该系统能显著地保护生物多样性和生态系统服务，为本土社区提供若干生计服务，具有独一无二的价值。

库塔纳德被认为是"天选之国中的人造乐土"，占地 10 多万公顷，40% 以上的土地是从回水区和维姆巴纳德（Vembanad）深水湖中开垦出来的。库塔纳德在喀拉拉邦西海岸，地理位置复杂，处于平均海平面以下。该系统由复杂的马赛克景观地块组成，镶嵌分布着形形色色的湿地生态系统，包括沿海回水区、水稻田、沼泽、池塘和纵横交错的水道。这片土地的形成一部分离不开当地社区的精湛技巧、本土智慧与经年努力，另一部分则得益于发源于西高止山脉的四大河流——潘姆河（Pamb）、阿钱科维尔河（Achankovil）、马尼马拉河（Manimala）和米纳奇河（Meenachil）对洪水堆积物的自然开垦。

库塔纳德的农业景观位于平均海平面以下，地理上颇具独特性与复杂性，使其所提供的环境服务独一无二。除农业和内陆渔业外，系统内主要的生态服务还包括供水、保健与卫生、交通、娱乐以及保护重要的生物多样性，这对维持整个区域的水文地理来说至关重要。在对季风期洪水和夏季旱灾进行调控时，包括地表水和地下水资源在内的生态系统各领域间的水文关系发挥着重要作用。该区域内的本土社区了解水文循环及其对民生福祉的积极影响，审慎地制定了系统管理办法，以平衡生计、文化需求和保护需求。本土社区通过精心设计，借助自身的社会动员力量，协调劳动力与文化、保护生物多样性与生态系统服务，对资源进行可持续管理，以维持社区内外的生计保障，使得该系统举世无双。

图 7 - 13　库塔纳德湿地农业系统是一种独特的农耕系统，也是印度唯一一处在海平面以下种植水稻的农耕系统

图片来源：M. S. 斯瓦米纳坦研究基金会。

景观管理实践

根据用途不同，景观管理实践的类型、强度与频率各异。湿地稻田和旱地稻田的水稻栽培方式包括圩田建造、土地开垦和圩田排水，上述实践均需要特定技术支持。圩田完成排水后，便进行水稻栽培。

生物多样性

因为 KBSFS 和整个库塔纳德地区独特的生态环境，区域内有着丰富的农业生物多样性和野生生物多样性，大体可分为以下几类：

- 混合农业生态系统，如库塔纳德湿地农业景观中的沿海回水区、大片稻田、沼泽、池塘、园地、边缘、回廊和水道；
- 作物物种和品种多样性，主要是水稻；
- 牲畜和鱼类多样性；
- 具有食用与药用价值的动植物种质资源（如可食用的野生蔬菜、治疗草药等）；
- 昆虫和菌类多样性。

威胁与挑战

几乎整个库塔纳德地区都极易遭受洪灾侵袭，每年的西南季风会对低洼地区造成严重破坏。但近年来情况与过去大不相同。正常的洪水能造福农业，因为它能带来大量的沉积物。在库塔纳德，愈演愈烈的山洪暴发是家常便饭，洪水导致农作物产量变化无常，同时，与农业相关的微生物、病原体和昆虫也会受到重大影响。据预测，海洋和河流水温的升高可能会影响鱼类的繁殖、迁移和收获。此外，当地还存在河流与运河中泥沙淤积、水生和地下生物多样性枯竭、土地生产力耗尽等威胁。

全球重要性

库塔纳德湿地农业系统独一无二，它是印度唯一一个通过抽取三角洲沼泽中的半咸水来创造可耕作农田，在海平面以下开展水稻种植的农耕系统。稻米是该地区的主食，农民们利用当地优势，主要是水资源来生产稻米，切实促进更干旱的地区形成实际的水域。推广库塔纳德农业文化遗产将有助于提升稻米和鱼类产量，加强当地资源的保护、培育、消费与商业化。由于气候变化，全球海平面正在持续上升，因此有必要在地方层面增强并开发粮食生产系统。海平面以下的农耕系统是沿海地区应对气候变化的有效模式，除了在应对洪水和盐碱威胁方面提供有益参考外，这一系统还能促使人们开发行之有效的方案来处理农业以及内陆渔业中存在的土壤和虫害问题。

卡拉奈（Kallanai）大灌溉堰与相关农业系统

一般特征

高韦里河（Cauvery）三角洲地区的农业实践已然开展了数百年，其间一直伴随着持续不断的山洪泛滥和紧随其后的季风雨。随着时间的推移，河道逐渐淤塞。河流涌入三角洲时，河道上的关键节点是上游的大灌溉堰。高韦里河在此节点分叉形成高韦里河及其支流科勒伦河（Coleroon），随后高韦里河再次通过当地人称为"乌拉尔"（ullar）的短泄水道涌进科勒伦河。很久以前起，高韦里河南部的洪水就开始通过乌拉尔短泄水道直接汇入科勒伦河，而不流经三角洲地区的河流，这使得三角洲地区孤立无援。人们认为，需要在短泄水道之上建造一个水利建筑物，以提升水位，使三角洲地区能够获得水流资源。"卡拉奈"（意为石坝）就这样被创造出来，英国工程师恰如其分地将这个古老的大坝称为"大灌溉堰"，体现了对这一宏伟构造的钦佩之情。

宏伟的大灌溉堰是朱罗王朝伟大的皇帝卡里卡拉·乔兰（Karikala Cholan）于2世纪在高韦里河上"乌拉尔"短泄水道的最前端建造起来的。这座大灌溉堰建造在沙质河床上，横跨宽阔的河流，在当时科学技术尚未发达到可以在透水地基上修建建筑的年代，它堪称是奇迹般的水利工程。它可能是世界上最早的灌溉工程之一，如今仍然像其他现代水利建筑物一样有效地发挥作用。在时间长河中，它帮助维持着高韦里河三角洲地区的完整、活力与高产，使该地区得以在洪水肆虐中幸存。若不是高韦里河上游的这座建筑物帮助阻止洪流，洪水将会对当地造成难以想象的灾难性破坏。卡拉奈是一座长 329 米，宽 18.3 米，高 5.49 米的大型石坝，其建造的主要目的是将高韦里河河水运送到肥沃的三角洲地区用于灌溉。

卡拉奈大灌溉堰位于高韦里河左岸，蒂鲁吉拉帕利（Tiruchirapalli）以东 16 千米，梅图尔（Mettur）水坝下游 209 千米。整个大灌溉堰构筑群共有 3 个进水闸，分别位于高韦里河、文纳尔河（Vennar）和大灌溉堰运河的最前端。此外，还有 1 个泄流闸，位于高韦里河北岸，负责向科勒伦河泄洪，整个构筑群被统称为卡拉奈或大灌溉堰。尽管这一古老的构造工程在下游区域仅建有最简单的坡面防洪墙，不像其他现代水利结构那样有着设计完美、运行良好且完整的台阶式护墙，但是人们惊喜地发现这一有着近 2 000 年历史的卡拉奈大灌溉堰与附近那些现代水利工程一样，至今仍有效运转着。高韦里河三角洲地区面积为 1 447 000 公顷，其中占地约 535 000 公顷的核心枢纽区依靠三角洲大灌溉堰下游的河流和运河网络进行灌溉。高韦里河三角洲区域拥有泰米尔纳德邦最广泛的灌溉系统，占该邦运河总灌溉面积的 48%。

卡拉奈大灌溉堰对高韦里河三角洲及其人民的贡献

高韦里河三角洲地区的耕地土壤肥沃、高产且保存良好，这都应归功于卡拉奈大灌溉堰。平心而论，高韦里河三角洲是卡拉奈的恩赐，正如埃及是尼罗河所赠予的礼物一样。只需反观不远处印度安得拉邦的戈达瓦里（Godavari）三角洲，稍加比较便能更加认同这一点。

生物多样性与生态系统服务

三角洲区域的农村人口在很大程度上依赖卡拉奈大灌溉堰来开展水稻种植及相关的农业活动，而城市人口则极大地依赖高韦里河为他们提供生活饮用水。高韦里河满足了泰米尔纳德邦如迈索尔、班加罗尔、哥印拜陀、塞勒姆、蒂鲁普尔、埃罗德、特里奇（蒂鲁吉拉帕利的别称）和金奈等重要城市的饮用水需求。

高韦里河及其支流不仅为农民提供生活用水，还滋养着不同形式的生物多样性和生物体。水稻是高韦里河三角洲的主要作物。由于运河充足的供水和季风季节充沛的雨量，从每年9月到次年1月，除水稻之外便再没有任何其他的作物。每年1月起，整个三角洲区域在免耕条件下开始种植黑吉豆和绿豆等豆科作物。水稻之外的轮作休耕作物，如棉花、芝麻和黑吉豆等是三角洲地区的夏季作物，从每年2月开始播种。茄子，辣椒，秋葵，南瓜，山药，各种瓜类和绿叶蔬菜被种植在两条封闭流动的河流间的耕地上，当地人称这一区域为帕杜盖（padugai）。人们也会在依赖地下水源、排水良好的沃土上开展种植。花生、玉米、芝麻和灌溉豆类等其他作物被种植在花园的轻质黏土和壤质土中。香蕉和甘蔗作为两类重要的经济作物则被栽种在河岸上以及三角洲地区有排水设施保障的特定地块当中。茉莉花、玫瑰、菊花、十字爵床和夹竹桃等花卉作物均是一年生植物，需占用土地一年以上才能获得连续的收益。椰子园以及栽种柚木、竹子、木麻黄和桉树的小块林地疏密不均地分布在三角洲区域内。芒果树、菠萝蜜树、柑橘树、番石榴树、石榴树、番荔枝树等是除腰果树外在特定地块最为常见的果树类型。除农作物外，高韦里河三角洲还开发了以水稻为基础的其他农耕实践，包括牲畜饲养、养鱼和其他产业。除了流域内的农业生态系统外，许多生物和植物物种也享受着母亲河高韦里河的滋养。运河、湖泊和池塘均源自高韦里河，那里栖息着各类爬行动物、甲壳类动物、鱼类、鸭子、水鸦、鹤、鹰以及远方迁徙而来的鹈鹕。在城郊地区，鸽子、孔雀、鹦鹉、布谷鸟、麻雀、乌鸦、啄木鸟、秃鹫等形形色色的鸟类随处可见。此外，数千种草本植物、灌木、蔓生植物和高矮不一的树木共同构成了三角洲地区郁郁葱葱的绿色植被。高韦里河还孕育出了在奇丹巴拉姆（Chidambaram）红树林里、科迪亚卡拉伊（Kodiakarai）森林保护区内以及穆图佩特湖（Muthupet）中丰富的生物多样性。

知识体系与适应技术

位于泰米尔纳德邦高韦里河三角洲的卡拉奈大灌溉堰早在 2 世纪时便已建成，当时的科学技术尚处于原始阶段，几乎没有科技可言。卡拉奈使用不同尺寸的粗石（岩块填料）、废弃泥浆和防水木材建造而成，不使用任何胶结料，仅靠材料之间的紧密相扣来支撑整个结构。大灌溉堰上下游两侧的岩石填充层作为前后护墙保护着灌溉堰。表层用春南（chunnam）石膏涂抹处理，以保护灌溉堰在洪水的冲刷下不被破坏。此外，卡拉奈并非跨河修建，而是平行于水流的方向建造，这使得构筑物足够坚固，足以承受长时间的洪水冲击。因此，在卡拉奈的庇护下，高韦里河三角洲一直以来受到良好的保护，得以蓬勃发展。最初建造完成的卡拉奈大灌溉堰便具备上述这些独到之处，是古代泰米尔人智慧的象征。19 世纪英国工程师阿瑟·科顿（Arthur Cotton）爵士在监造横跨戈达瓦里河的类似灌溉堰时，曾将卡拉奈大灌溉堰作为范本加以参考。

卡拉奈被认为是世界上历史最为悠久的引水（调水）结构之一，至今仍在使用。卡拉奈的建筑之美叙述着朱罗王朝和达罗毗荼文化的早期历史。这座名为"卡拉奈大灌溉堰"的古老建筑完整地保存了近 2 000 年，经年累月地滋养着高韦里河三角洲

（MSSRF，2014）。

西高止山脉的索皮纳贝塔斯（Soppina bettas）农业系统

特点与特征

西高止山脉马尔纳德地区地形高低起伏、变化万千，地势从高耸陡峭到一马平川，从平均海拔 623 米以上的斯林盖里乡（Sringeri）跨越到海拔 1 458 米以上的库德雷穆克国家公园甘加莫拉地区（Gangamoola of Kudremukh NP）。区域内植被以热带常绿和半常绿植物为主，山巅有草原和沙洲森林（热带山地森林）。西高止山脉潮湿热带林的特征包括：自西向东的一小片区域内，海拔和气候急剧变化，植被镶嵌也发生巨大的改变；沿高止山脉长条地带自北向南地方性分布逐渐变化；古老的、风化完整、结构良好、营养丰富的深层土壤滋养着当地林林总总的繁茂植被；高效、紧密的养分循环将营养流失控制在很小的范围内。该地区有着 3 000 多年的人类定居史，有记录显示，高止山脉上的人们倾向于从事轮垦，轮垦农业需要在海拔低于 1 000 米的地区开展以躲避寒冬与大风的侵袭。然而在高止山脉，这一海拔范围内要么是排水不畅的谷底、要么是沼泽或缓慢的溪流，此类湿地沼泽很可能转型为槟榔果园或是用于栽培夏季稻谷。农业生态系统最终都会随着人类的需要不断地演化。

在西高止山脉的大部分地区，人类对森林进行开发利用导致森林环境紊乱已是惯例而非特例。在刚刚过去的 200 年内，古老的轮垦制度被更为复杂的槟榔、咖啡、胡椒、豆蔻多种作物复合耕种的系统所取代，人类更为密集地开发利用森林。除了用于薪柴、饲料、小型木材的林产品和非木材林产品外，人们还开采干叶及绿叶，在耕地周围促生了一块又一块密集的再生林、热带稀树草原，甚至是成片的"退化"森林。这些被集约化利用和管理的森林被当地人称为索皮纳贝塔（soppina betta）、杰玛兰德

(jemma land)、德里克纳尔纳迪亚斯（derekinahadyas）、巴内（bane）、凯恩（kain）等。森林中出现的许多地方性物种均是附近天然森林物种的一部分。印度卡纳塔克邦中西部高止山脉的各个社区会用树叶堆成一处处叶丘，以标记未开垦的公共土地，宣告其拥有这块土地的使用权。这些社区管理的森林是宽松管理模式下颇具社会经济价值的高产森林典范。索皮纳贝塔斯（意为叶丘）森林是十分独特的土地利用系统，既非常规森林，也不能归为农田。它们在植物种质资源、满足农业与社区需求方面具有相当的可持续性。尽管经常受到来自当地农民的压力，索皮纳贝塔斯森林中的植物多样性并不亚于天然林，其再生模式也没有显著的差异。

马尔纳德地区由禁伐林、社区管理下的叶丘区、稻田以及经济作物种植园交错镶嵌而成。当地 50％以上的地区仍被森林覆盖。农业栽培主要依赖由树叶、叶凋落物以及从叶丘森林中采集到的草药类农药制成的堆肥。由降水灌溉的旱田中栽培的稻米是该地区的主要粮食作物，当地许多农民仍然遵循传统的农耕方法，用各类野生树木的叶子为土壤施肥、防止表层土壤流失、抑制杂草、保持土壤水分。

许多经典的电影和诗歌都用当地的坎那达语（kannada）描绘了这一系统。山地独有的雨养水稻品种多样性和索皮纳贝塔斯森林中的植物多样性在一些地区受到了一定程度的保护。

全球重要性

西高止山脉是印度西海岸沿岸一座古老的山脉，覆盖着热带常绿落叶林，由于其脆弱的地方性生物群，生物多样性丰富，是全球生物多样性热点地区。

该系统具备一系列社会经济功能与传统生物学功能，譬如生产力、营养循环和害虫种群调节。索皮纳贝塔斯森林就是这样一种具有社会经济价值的、高产的非平衡系统。此外，多年生树木增加了碳固存效益，对于稳定全球气候具有重要价值。

威胁与挑战

由于缺乏保护意识、管理不当和过度开发等原因，这种在经济上能完全自给自足的系统目前正迅速衰落。村庄各个社区能够自由进入索皮纳贝塔斯森林获取资源，虽然这对于社区本身来说颇有益处，却会加速森林枯竭。一方面，由于过度开发，索皮纳贝塔斯森林正在退化为开阔的灌木林，而这些灌木林随后又被国家林业部门变为相思树木耳种植园。另一方面，无论是当地的无土地者还是土地所有者都尝试将索皮纳贝塔斯森林变为农业用地，他们希望以此方式获得当地政府或司法机构的首肯，使非法的土地占用和土地转换行为受到法律认可，从而改善他们自身的社会经济条件。此外，大规模地、持续性地清理森林地被物，不计后果地大量堆制肥料也对索皮纳贝塔斯森林构成威胁。据估计，1920—1990 年，森林的年损失率为 0.57% 左右。

GIAHS 面临的主要挑战还包括稻田的转型。越来越多的稻田转型为园艺花园，这意味着需要更多的叶凋落物，也意味着需要更频繁地对索皮纳贝塔斯森林进行开采，比如从叶丘森林和其他森林中开采红壤，用以填充稻田以供转型。

斯林盖里乡稻田所面临的主要威胁是褐飞虱。农民们认为，他们在稻田中使用化肥后，田间才开始滋生褐飞虱，世界其他地区的许多研究结果也都证明了这一推测（FAO，2006）。

拉达克（Ladakh）传统农业

特点与特征

拉达克位于印度与喜马拉雅山脉间的世界屋脊之上，南临喜马拉雅山脉，北临中国和喀喇昆仑山脉，西临克什米尔地区。拉达克位于喜马拉雅山脉雨影区的一片高山荒漠，气候寒冷干燥，有冰川形成的河流，没有土壤，旱生植物多样性较低。区域内有雪豹、岩羊、旱獭、土狼、狼、猞猁、麝、野骆驼等动物。当地居民主要为藏蒙佛教徒，他们在定居点放牧绵羊、山羊、马、牦牛和犏牛（普通牛和牦牛的杂交种）等动物，或是在春季游牧至肥沃的高海拔牧场。在如此恶劣的客观条件下，农耕活动很难开展，然而，冰川河流经过多次反复改道，最初用于沉积泥沙，后被用于灌溉那些用石头修砌而成的梯田。最终，水流中的泥沙沉积在田间形成了土壤。当地人在沉积下来的土壤中种植了绢毛蔷薇和柳树，以固化沉淀。后来，人们利用人畜粪便辅助灌溉，栽培小麦、大麦和小米等主要作物，同时间作种植芜菁、马铃薯、番茄、莴苣、豌豆和苜蓿。栽培作物古老的地方品种得到了良好的保护。当地用于农耕的土地有耕地（zhing）、沃土（zhing zhang）、石质地（rizhing）和草场（thang zhing）四种类型。杏、苹果和核桃是在深谷中栽培的，有机物堆肥至关重要。野牦牛土生土长于青藏高原的高海拔地区，适合生活在海拔 6 000 米的高原，仅需要少量饲料，可耐受 $-40 \sim -30\,℃$ 的低温。低于海拔 2 500 米的河谷地区则适合进行农耕。近年来，由于高山贸易减少，牦牛群近亲繁殖，加之旅游业、教育和西方媒体所带来的城市化与西方价值观影响，导致当地农业衰退，牦牛数量下降。

货物与服务

拉达克传统农业出产主食、蔬菜、水果、奶、羊毛和肉类。牦牛是一种重要的役畜（可载重 50~60 千克）。

威胁与挑战

拉达克传统农业正面临城市消费主义的威胁，当地文化价值观正被货币商品所取代。

泰米尔纳德邦的双体船捕鱼系统

特点与特征

孟加拉湾位于季风带，雨量充沛。在近岸地区，营养丰富的底层水和温暖的地表水相互融合创造出了类似于上升流的条件。由于全球变暖，该区域气旋数量增加。淡水和泥沙的输入会影响沿海和河口水域的盐度以及沿海环流模式。印度孟加拉湾沿岸水域物产丰富，具有若干独特的环境特征，其中印度泰米尔纳德邦的纳加帕蒂纳姆（Nagapattinam）地区沿岸繁茂的红树林生境具有重要的生物多样性。

几个世纪以来，在纳加帕蒂纳姆地区的西尔卡利塔鲁克（Sirkali Taluk），沿海渔村的渔民们一直依靠双体船捕鱼为生。卡维里波姆帕蒂纳姆古城（Kaviripoom Pattinam），也就是如今的蓬布哈尔村（Poombuhar）曾是 2 000 多年前泰米尔人文献中所记载的著名港口。双体船（catamaran）是一种轻便船只，根据泰米尔语中的"卡图"（kattu，意为系、绑）和"马兰"（maram，意为木头、树）命名，意思是"将两棵树绑在一起"。它由印度泰米尔纳德邦南部海岸世代从事渔业的帕拉瓦斯人发明。建造双体船既是当地渔村的一项社区事务，也是一项实施分散化管理的活动，需要耗费大量的劳动力。

利用双体船捕鱼是在不损害海洋环境及其生物多样性的情况下捕捞海洋生物的传统方式。印度是世界第五大捕鱼国，根据 2016 年的统计数据，印度当年总捕鱼量高达 4 645 182 吨，这种传统的捕鱼方式所具备的可持续性对于印度来说极为重要。印度南部的泰米尔纳德邦拥有 1 076 千米的海岸线，在文化和自然渔业方面都处于领先地位，并已成为海洋产品的主要出口地。在那里，海洋渔业是就业、商业和收入的主要来源。1999—2004 年，仅从泰米尔纳德邦沿海地区就捕获了约 38 万吨、26～44 种海洋鱼类（FAO，2006）。

全球重要性

孟加拉湾被认为是海洋生态系统的全球生物热点地区。在泰米尔纳德邦沿海地区，渔民们利用双体船捕鱼是一种独特且濒危

图 7‑14　一位传统的孟加拉湾渔民与他的妻子一起晾晒自用和可供出售的鱼干

图片来源：玛丽·简·拉莫斯·德拉克鲁兹。

的捕捞海洋生物的方式，不会对环境造成危害。双体船捕鱼系统是农业遗产独一无二的组成部分，包含了具有全球重要意义的农业生物多样性（ABGs）、相关知识体系和文化习俗，国际社会应当将其视为全人类的遗产。

泰米尔纳德邦的科兰加杜（Korangadu）林牧管理系统

特点与特征

在泰米尔纳德邦的埃罗德（Erode）、科伊姆巴托雷（Coimbatore）、卡鲁尔（Karur）和丁迪古尔（Dindigul）半干旱地区连绵约 5 万公顷的砖红壤红土带，约有 500 多个村庄都在采用科兰加杜林牧管理系统。尽管当地也有面积非常大的围场，但大部分草场都被简单地划分为一个个占地面积 2～4.5 公顷的小型围场，由个体农场主所有。这些围场四周笔直地栽种着一种多刺的抗旱灌木——没药，作为植物围篱。

该地区平均人口密度约为每平方千米 256 人，大多数人依靠畜牧业为生。当地一年分三季，各季节降水分配不同，炎热的夏季（2—5 月）约占全年总降水量的 20％、西南季风季节（6—9 月）约占全年总降水量的 30％、东北季风季节（10 月至次年 1 月）约占全年总降水量的 50％。该区域旱灾频发。

没药植物围篱通常宽 0.6～0.75 米，高 1.5 米。许多围场会沿着植物围篱挖一条浅沟保存水分，以保持植物围篱的生机与活力。人们偶尔也种植印楝和合欢作为围篱的辅助植物。当地围场中通常包含以下物种：

- **树木**：相思树（优势物种）、合欢、印楝、辣木；
- **灌木**：没药（在植物围篱中占据主导地位）、龙舌兰；
- **草本植物与草药**：水牛草（优势物种）、倒刺狗尾草、孟仁草、金须茅、糙叶丰花草、狗牙根等；
- **豆科植物**：三裂叶豇豆、三尖栝楼、九叶木蓝。

科兰加杜草原一年有两次植物生长旺盛期，时间较长的一次在 9 月，较短的一次在 5—6 月。草场的优势草种是蒺藜草，密度为每平方米 18～25 棵。牧草生长数年后，当地居民会再次播散蒺藜草籽以提高牧草产量。一年生植物的种子不是每年进行播种，而是仅在新近转为草场的土地上播种一次。这些围场每公顷栽种着 42～50 棵相思树，除了提供制作牲畜饲料的豆荚（包含 14.86％粗蛋白）以及一些其他用途外，这些树木还是晌午时分动物们的荫蔽之处。

在当地，农民们通过动物粪便来回收营养物质，他们从不在草场使用外部肥料。在许多地区，进步的农民隔年犁地，播种三裂叶豇豆，这种作物能为牲畜供给营养丰富的饲料，而剩余的植物作物则在还新鲜的时候就被收割储存。

5月和9月的雨后，农民们会让牲畜远离牧场1个月，让牧草生长，使牧场重新变得草叶繁盛。6月中旬到9月中旬、10月到次年1月这两段时间，这些牲畜会一直待在牧场，农民们不再为其提供任何的补充饲料，而是根据饲养情况在不同的围场间轮换放牧。一个围场中通常有1～2头牛（水牛）和25～30只羊。农民们会在各个放牧地建造水槽，为牲畜提供饮用水。

科兰加杜草原上的农民所培育的家牛、绵羊和山羊都有各自不同的地方性品种，例如印度著名的役畜品种康盖亚姆（Kangeyam）牛。这是20世纪在康盖亚姆村由帕里亚姆科泰（Palayamkottai）的帕塔加尔家族通过系统的育种，用阿姆里特马哈（Amrit mahal）牛和来自迈索尔的希拉里（Hilari）牛杂交而成的品种。后来，该品种流行起来，现主要由泰米尔纳德邦的康盖亚姆、达拉普拉姆（Dharapuram）、韦拉科尔（Vellakoil）、康盖亚姆蒂鲁普尔（Kangeyam Thirupur）、帕拉尼（Palani）、卡鲁尔、佩伦图拉伊（Perunthurai）和阿拉瓦库里奇（Aravakurichi）等地区的农民来培育，他们大多是冈德人。早期，康盖亚姆牛被当作役用牛，用于从露井中运水、耕田。目前，该品种主要从事耕田或是拉运输农产品的牛车。此外，这些社区还饲养绵羊和山羊（TNAU，2005）。

随着奶业合作社的普及，农民们的生计已与乳畜密切相关。康盖亚姆奶牛的产奶量很低，为了提升其产奶量，当地人将之与泽西牛①杂交。当母牛生下幼牛时会受到当地人的敬拜。卡纳普拉姆村（Kannapuram）一年一度的牲畜集市（Mattuthavany）恰逢在泰米尔历法元月第一个满月日（Chithira pournami）举行

①　泽西牛一般指源自英吉利海峡泽西岛的进口奶牛——娟姗牛，是英国政府颁布法令保护的珍贵牛种，其最大的优点就是乳质浓厚，乳脂、乳蛋白含量均明显高于普通奶牛。——译者注

的"庙车节"。科兰加杜林牧管理系统中相当健全的管理做法，包括一些民间兽医实践，都根植于本土知识体系（FAO，2006）。

全球重要性

科兰加杜林木管理系统对牧草、豆科植物和树木进行良好的复合管理，以维持多种牲畜的健康，保障该区域人民的生计基础，树立了积极的榜样。系统内独特的地方性动物品种以及与培育地方性物种和牧场管理相关的本土知识，都是当地亟待保护的宝贵遗产。

锡金喜马拉雅农业

一般特征

锡金邦涵盖一系列生态系统多样性，从亚热带地区由冰川形成的提斯塔河（Teesta）、兰吉特河（Rangit）和郎波楚河（Rangpo-chu）流域的水稻种植系统（海拔 300 米以上）；到亚热带、暖温带的传统农林系统，如桤木-豆蔻复合系统和以农场为基础的农业系统等（海拔 600～2 200 米）；再到寒温带的极端自给型农业系统（海拔 2 300～4 000 米）和喜马拉雅东部干城章嘉峰（Khanchendzonga）高山高原（海拔 4 000～6 000 米）地区的跨喜马拉雅山脉游牧藏民农牧生态系统。按其特点和功能，上述多种农业生态系统可分为三大类：游牧藏民农牧生态系统；传统农业系统；山谷水稻栽培系统（Sharma，2006）。

游牧藏民农牧生态系统

在锡金邦北部洛纳克（Lhonak）、乔拉莫（Chho Lhamo）和拉沙尔（Lashar）山谷寒冷的高原荒漠上，农牧业几个世纪以来一直是人类主要的生命维持系统。生活在高海拔青藏高原和草地上的跨喜马拉雅山脉游牧藏民、牧民以及当地的牦牛、犏牛、绵羊和山羊（帕斯米纳山羊）已经适应了恶劣严苛的气候条件。那里的游牧藏民们一直以来都独自居住在这些山谷中的干草原上，并对当地的生态环境进行传统管理。这些游牧藏民社群在极度干旱与寒冷的地区生活，以游牧生产的方式缓解各种形式的环境脆弱、边缘化和困窘问题，树立了绝无仅有的范例。现如今，许多生长生活在高海拔地区的药用植物、野生动物和牲畜正备受低海拔地区居住者的威胁，他们所采用的不可持续的耕作方式，为自然环境带来了压力。然而，最近的一些进展很可能会改善这一现状。位于中国西藏自治区和印度锡金邦交界处的乃堆拉山口的开放，为恢复传统的游牧习俗带来了希望。

传统农业生态系统

　　本部分所述的农业生态系统历经 700 多年的演变，由传统社区加以创新、调整与管理。最初系统由当地土著雷布查人和林布族（现为尼泊尔族裔之一）共同开发。1275 年以后，系统主要由普提亚人发展并管理，后经多个尼泊尔族社群如拉伊族、雅卡族、古隆族、曼加尔族、达芒族、苏努瓦尔族、塔卡利族、巴洪族、切特里族、卡米族、达迈族、萨尔基族、马吉族、尼瓦尔族、谢尔巴族、塔米族、布杰尔族、乔吉族协同开发与管理。自 1774 年以来，尤其是在尼泊尔沦为英国半殖民地时期（1817—1947 年），锡金首任行政长官 J. C. 怀特先生于任职期间制定了相关政策。在这些政策与尼泊尔定居方案（1889—1908 年）的共同影响下，大规模林区转为农业用地，几个世纪以来建立的传统轮垦农业系统已广泛转型为定栖农业系统，而这种转型如今仍在继续。定栖农业系统将农林业、林业、牲畜业和农业土地分配做法相结合，共同构建了以山地、花园为基础的农耕系统。近年来，在雷布查人传统定居点德宗古地区（Dzongu）及其他地方，当地俗称为"阔里亚"（khoriya）的轮垦形式已极为罕见。

山谷水稻栽培系统

　　锡金的古德马宗社区主要以旱地稻田栽培为特色，其次是沿平原河岸开展的山谷稻作栽培，以及在丘陵地区典型的坡面梯田上种植稻谷。当地种植的地方性品种包括吉亚丹（Ghyyadhan）、塔克马里（Takmari）、布温丹（Bhuindhan）、玛什（Marshi）等旱稻品种，以及阿泰（Attey）、蒂姆穆雷（Timmurey）、克瑞什纳博格（Krishnabhog）、巴基（Bachhi）、努尼亚（Nuniya）、曼沙罗（Mansaro）、巴盖图拉希（Bagheytulashi）、卡塔卡（Kataka）、占巴萨里（Champasari）、锡克雷（Sikrey）和塔普雷（Taprey）等灌溉稻品种。上述这些品种已适应了海拔300～1 800米的农业生态区。克瑞什纳博格、努尼亚和卡塔卡稻谷品种因其香气、药用价值，以及可与巴斯马蒂

图 7 - 15　综合梯田稻作系统
图片来源：玛丽·简·拉莫斯·德拉克鲁兹。

（basmati）大米相媲美的优良谷物品质而闻名遐迩。如今，几乎所有的旱稻品种都从该地区消失了，剩余的地方品种也濒临灭绝。一户家庭中的女主人通常是作物多样性基因库的管理者，她们记录品种与产量，通过在家庭花园中种植各类地方性品种来保存种质资源。农民们允许各种豆科植物沿着稻作梯田的田埂生长。稻米收获后，农民们会在田间继续种植玉米、小麦、荞麦等谷类作物。豆科植物是农户们蛋白质与收入的来源，它们的根系还能提高土壤肥力。本土社区在梯田、开阔的稻田间以及山坡上均采用传统的农林系统——主要是以豆蔻和森林为基础的农林复合系统。此类传统多功能农林复合和开放式稻作系统代表了一种独特的山区农业生态系统管理模式。此外，这类系统还能保护水资源、抗洪防灾，为稻田和农场提供营养和生物质。

生物多样性与本土饮食文化

锡金喜马拉雅山脉是 34 个重要的全球生物多样性热点地区之一，农业生物多样性是山区人民维持生计安全的重要组成部分。丰富的农业生物多样性源于各族裔社群形形色色的文化与传统饮食习惯。农作物品种的培育取决于不同的农业生态范畴和族群社会，品种培育也会采用多种农耕方式和传统习俗。本土社区对地方品种、驯化作物、野生近缘种以及未充分利用的作物有着扎实的了解，他们为了传统、文化仪式和节庆去保护作物多样性，例如在尼瓦尔人的一些传统节庆——兄妹节、八月月圆节中，作物多样性就扮演着重要角色。尼瓦尔社区在八月月圆节当天会烹饪一种特殊的豆芽汤庆祝佳节，当地人提前将绿豆、紫花豌豆、硬皮豆、马豆、赤小豆、大豆、豇豆、鹰嘴豆和扁豆九种豆类混合浸泡在水中直至发芽，再用混合豆芽与香料、草药一起制成俗称"宽提"（kwanti）的传统美味。

威胁与挑战

目前，采矿和修建道路、长隧洞、高层大坝、地下发电厂等活动使得锡金邦的自然景观逐渐改变。由于管理者对各地区传统农耕实践的保护功效缺乏了解，许多以传统方式管理的林区和高山高原被列为保护区，禁止任何农业活动。因此，本土社区无法进入这些地区，也无法维持其传统生活方式和资源管理实践。尽管生活在跨喜马拉雅山脉牧场的游牧藏民几个世纪以来一直是高山高原的守护者，但现如今他们只能被限制在青藏高原上洛纳克、乔拉莫和拉沙尔山谷的小型牧场中。此外，在这片神圣的土地上建造水坝和现代供水系统将导致传统习俗制度和社会组织的消失，扰乱农业生态系统的管理。农业社区出现大规模的流离失所，许多农民正在成为没有土地的劳动者。同样，日益增加的人口、青年人向外迁徙以寻求更好的就业机会和其他社会因素一起成为这一传统农耕系统面临的威胁与挑战（Sharma，Liang，2006）。

塔尔沙漠拉伊卡（Raika）牧场系统

一般特征

拉伊卡牧民社群笃信湿婆①的神力，他们一直以来以放牧骆驼、山羊和绵羊为生，通常 4～20 户家庭一同聚居在村庄外围，在夏天的雨季种植小麦、玉米、高粱、扁豆等作物，春秋干旱季节则畜养牲畜，放牧骆驼是他们的传统。拉伊卡人几乎不迁徙，他们的畜群往往规模较小（约 100 只动物）但品种丰富。他们会选择那些能够适应严酷气候条件，能在极端温度和湿度下生存、需要饲料较少、具有抗病性和耐力的动物品种。

---

①　湿婆（Shiva）是印度教毁灭之神，与梵天（Brahma）和毗湿奴（Vishnu）并称为印度教三相神。——译者注

当地人培育出了 11 个毕卡尼尔羊（Bikaneri）品种，并因此著称。幼畜作为种畜，用于配种 3～4 年，很少出售。在人生重大阶段，如出生、割礼、婚礼时，人们的社会关系发生改变，彼此之间产生新的联系，而这些幼畜的所有权也会随之发生转移。拉伊卡人能够牢记自家牲畜七八代的谱系，强调母系血统。绵羊提供高质量的粪便，同时出产羊奶、羊毛和肉类产品。山羊对疾病的抵抗力更强，可以为羔羊哺乳，价格也更为昂贵。季节性重大事件和人生大事决定了牧民与动物之间的互动形式和传统仪式。当地男子主要负责放牧及喂养牲畜，而妇女则更倾向于照顾幼畜和生病的动物，从事挤奶、奶类加工、编织和制毡等工作（FAO，2006）。

生态系统商品与服务

拉伊卡人依赖普通的放牧地（如村庄公共用地、庙宇、荒地、休耕地），每天放牧 2～7 千米。牲畜为牧民家庭提供奶类、皮革、地毯用的羊毛、肉类、待售的羔羊、育肥食物和粪便等。

威胁与挑战

拉伊卡人正面临若干威胁：一是骆驼放牧不再有利可图；二是政府的小型牲畜杂交培育方案威胁着当地品种的生存，且成功率低；三是旱灾迫使拉伊卡人将牲畜卖给投资者，造成不同品种的杂交；四是公共牧场的减少迫使拉伊卡人将牲畜品种卖给富有的地主；五是由于疾病和饲料短缺，小型牲畜（如绵羊、山羊）的死亡率很高；六是潘查亚茨村（Panchayats）将传统的公有土地私有化或是将土地封闭以种植林木；七是中间商操控了从拉伊卡牧民社群处采购农产品（羊毛、肉类、粪便肥料等）的过程。

全球重要性

传统上，拉伊卡人一直是农业生物多样性的守护者，他们为应对恶劣的气候条件培育出各类本土品种，并将其维持在特定的社会群体当中。他们对牲畜七八代的谱系血统了如指掌，这些传统知识都是无价之宝。

印度尼西亚

特里希塔卡拉纳（Tri Hita Karana）农业系统

特点与特征

"特里希塔卡拉纳"（Tri Hita Karana）意为"天地人和——和谐三要素"（以下简称 THK），是巴厘岛上的一种印度哲学，在当地的苏巴克（Subak）农业系统中也有所体现。这种哲学由三部分理念构成：第一部分"帕拉扬甘"（Parahyangan）是关于人类与神之间的和谐，即在田间的神庙中践行的理念；第二部分"帕冯甘"（Pawongan）是关于人与人之间的和谐，即在农民群体——包括领袖与成员之间所践行的理念；第三部分"帕莱马汉"（Palemahan）是关于人与自然之间的和谐，即在人与稻田及其边界之间所践行的理念。当地稻田的位置与排列体现了人在大自然当中的位置，稻田无论从垂直还是水平方向看，均朝向山脉、陆地与海洋，人们基于宗教传统的空间分配使建筑物和植物有目的地分布排列。无论是基于人为还是源于自然，其逐步实现的空间管理模式使得当地生境发生变化，形成了特定的人文景观。THK 农业系统是一种混合性农业实践，比如在农民们的混合式庭院和家庭花园中实践的旱地农业系统。当地每个传统家庭都建有庙宇供奉神灵，建筑物的头部（前端）区域被称为"乌塔玛曼荼罗①"（utama-mandala），人们在这一区域放置神龛，种

---

① 曼荼罗是梵文的译音。印度密教修"秘法"时为防止魔众入侵，先在修法处划一圆圈或建造土坛，圆圈内和土坛上画许多佛像、菩萨像，称为曼荼罗。——译者注

植敬神所需的植物；建筑物主体建造在中部区域，该区域被称为"玛迪亚曼荼罗"（madya-mandala），主要种植草药；外部区域则被称为"尼斯塔曼荼罗"（nista-mandala），主要种植着球茎类和牲畜饲料类作物。

景观方面的知识表达恰恰体现了人们在与大自然互动的过程中，对于种种不同体验的赞美之情。人类是文化的缔造者，人们总是试图创造而非被动地接受宇宙给予的自然条件。比如巴厘岛上的农业文化景观，人类借助天时地利创造居所、设计村庄布局、修建家庭花园和承载着文化的房屋与景观。村庄、居民区之间的景观既是以稻田和旱地为形式的农业生产系统，同时也是祭祀之所。这种颇具文化特性的景观创造为人们带来安定、平和与幸福，就像大自然当中的每一个生物所感受到的那样。基于经验、观点和信念，人类在建造房屋时融入了宏观宇宙的概念，家庭花园的模式以及村庄位置的安排就像是微型的宇宙。从这些建筑系统的层次结构中能够看出，当地人认为头部为身体最重要的部分，躯干为中间部分，身体下部则为前两者服务。在"天地人和"的哲学概念中，头部（帕拉扬甘）、身体（帕冯甘）和下肢（帕莱马汉）共同构成了人体。正如在村庄空间管理中所见，神圣的祭祀之所与圣地都被安排在头部区域；中部区域是居住区——人类活动的场所；外部区域则是农业支撑区（FAO，2014b）。

苏巴克旱地灌溉系统，巴厘岛的文化景观

苏巴克灌溉系统是"天地人和"哲学思想的完美体现，它与当地共享灌溉用水的自治农民社群息息相关，业已延续千年。苏巴克系统包括5块水稻梯田和相关的水神庙，人们通过沟渠引入火山湖的水源，再通过灌溉系统网络进行公平分配。"天地人和"这一哲学思想目前已为国际社会所知，巴厘岛贾蒂卢维（Jatiluwih）的苏巴克文化景观已被列入联合国教科文组织的世

图 7 - 16 巴厘岛水稻梯田是最古老的灌溉系统之一，由共享稻田灌溉用水的自治农民社群所创建
图片来源：玛丽·简·拉莫斯·德拉克鲁兹。

界遗产名录。

　　苏巴克灌溉系统不仅是单纯的灌溉系统，它是巴厘岛独有的农业灌溉组织体系。人们打造错综复杂的水利设施，在重要的水坝、水堰周边建起数不清的水神庙，对水资源进行平衡且高效的管理。系统内栽培着许多本土水稻品种和其他相关作物。巴厘岛苏巴克文化景观由 5 块水稻梯田及其周边占地 19 500 公顷的水神庙组成，这些水神庙是由水渠、水坝组成的水资源协作管理系统的枢纽，其历史最早可追溯至 9 世纪。遗产地内还有一座建于 17 世纪的皇家园林寺庙——母神庙，它是岛上同类型建筑中最大、最为恢宏壮丽的一座。苏巴克系统体现了"天地人和"的哲学概念，是人与神的和谐、人与人的和谐、人与自然的和谐三者的完美结合。这一哲学思想是过去 2 000 多年巴厘岛和印度文化交流的产物，促成了巴厘岛苏巴克文化景观的形成。尽管供养岛上稠密的人口是一大挑战，但苏巴克制度倡导民主公平的耕种和灌溉分配原则，使得巴厘岛的土地始终丰饶多产，也体现了人与自然和谐相处的智慧。

THK的知识体系与适应性技术

传统的巴戈巴戈村（Bugbug）所践行的知识体系与适应性技术出自苏巴克灌溉管理系统。当地共用同一条主干水渠的农民们自发形成灌溉组织，共同规划水资源分配。苏巴克是巴厘岛著名的灌溉组织系统，其文化和习俗与巴厘印度文化密切相关。与苏巴克系统相关的活动总伴随着各类仪式，体现着"天地人和"以及与造物主的亲密无间。

习俗管理

巴戈巴戈村管理体系由行政村落（desa perbekel 或 desa dinas）和传统村落（desa adat）的管理构成。传统村落是行政村落的延伸。在传统村落体系下，土地被本土社区占用，只有巴戈巴戈村村民才有权使用土地，但他们不能实际控制土地或是将其出售于他人。这种习俗管理体系保护了农业系统，因为传统土地不可被分割或出售，更重要的是，土地被指定为农用耕地由专门的土地管理人员负责管理。

威胁与挑战

苏巴克与特里希塔卡拉纳（"天地人和"）系统（以下简称STHK系统）目前正面临着因灌溉用水资源有限和水资源利用竞争激烈引发的威胁与挑战。部分社群成员不遵守苏巴克系统的灌溉计划，导致水资源分配不均。此外，旱季的供水短缺和高昂的土地税导致STHK系统内发生农业土地转型，系统日益受到威胁。水资源分配方面的激烈竞争影响着水坝的管理。人们在责任和财政状况方面的错误观念使得灌溉组织管理愈加复杂。越来越多的农民希望出售或出租田地，耕地碎片化也成为该农业系统所面临的另一大挑战。

伊朗

坎儿井（Qanat）灌溉系统

特点与特征

坎儿井是古老的灌溉系统，距今已有近 3 000 年的历史，伊朗地区称之为"卡莱兹"（karez）、北非地区称之为"福加拉"（foggara）。坎儿井主体结构包括通往山地悬崖、山坡和基底的地下渠道，水从较高处向下流动，仅依靠重力作用，无需任何人工泵。坎儿井的水源往往来自山地含水层，但同时也可以从河流中引水。坎儿井中的渠道呈笔直、水平走向，沿一定的坡度将水资源输送到绿洲或各个灌溉系统。对于缺水的干旱地区来说坎儿井发挥着至关重要的作用，它为伊朗中部高原地区（如伊斯法罕地区）提供了约 80％的水源。一个坎儿井可以长距离输送大量水源并尽可能地减少因炎热气候而导致的蒸发损耗（Balali，Keulartz，2012）。坎儿井的产水量取决于含水层的类型、规模及其补给率。当水平挖掘地下渠道时，每隔 50～150 英尺[①]距离会建造一座 50～180 英尺深的竖井，用于施工、维护过程中清除开采的土壤，清理隧道中的淤泥，为地下渠道通风换气，其中的一个竖井为"母亲井"（madaarchah）。男性们建造和清扫坎儿井的同时，需要一位合适的女性（寡妇、老年妇女或处女）自愿"嫁给"坎儿井做新娘，以祈愿水源充足。她们需要于较为温暖的月份在坎儿井中虔诚地沐浴，一整个季节甚至一整年都忠于坎

---

①　英尺为非法定计量单位。1 英尺≈0.304 8 米。——译者注

儿井。粮食收获后，农民们会把一部分庄稼（通常是 1 蒲式耳[①]小麦）捐给坎儿井新娘。坎儿井为大家共有，在 10～14 天的周期内，水源会轮流分配给社区成员。坎儿井在秋季灌溉大麦和小麦等谷类作物，春季则浇灌甜菜、烟草、瓜、萝卜、洋葱和石榴等其他作物，当地农田每 3 年休耕 1 次。

坎儿井通常宽 50～80 厘米，高度为 90～150 厘米，但长度差异巨大（Balali，Keulartz，2012）。那些在山区景观中挖掘出来的坎儿井较短，长度通常不足 10 米（English，1968），其他的坎儿井则相当长。从库希朱帕尔（Kuhi Jupar）山脚出发向基尔曼市运送水源的坎儿井总长度超过 50 千米。

坎儿井灌溉系统为人们提供诸如水、主食、水果和蔬菜等生态系统产品与服务，通过文化仪式促进社会凝聚力。建造坎儿井并不需要昂贵的设备，仅需要绳索、卷轴、铲子、灯等工具，但是建造者需要对地下地质学有全面深入的了解。如果地下渠道坡度太缓，水可能会停留在渠道中，此类情况在特别长的坎儿井中出现概率较高。如果地下渠道坡度过陡，又可能会因过度侵蚀而发生堵塞（FAO，2006）。

坎儿井灌溉系统由地下渠道组成，通过重力将水从高地含水层输送到高度水平较低的地表。伊朗的坎儿井建造工程规模宏大，可与古罗马帝国的大渡槽媲美。然而现如今，古罗马大渡槽只是一处珍奇的历史遗迹，而伊朗的古坎儿井灌溉系统在近 3 000 年后仍在投入使用，且规模逐步扩大。伊朗全境拥有约 22 000 个坎儿井，包括总长超过 17 万英里[②]的地下渠道。该系统提供了整个伊朗 75％的用水，不仅是灌溉用水，还涵盖了家庭

---

①　蒲式耳为非法定计量单位。在英国，1 蒲式耳≈36.368 升。在美国，1 蒲式耳≈35.239 升。该单位仅用于固体物质的体积测量。——译者注

②　英里为非法定计量单位。1 英里≈1 069.344 米。——译者注

用水。直到最近，在卡拉杰（Karaj）大坝建造以前，整个德黑兰市的 100 万居民都依靠同一个坎儿井系统从埃尔布尔兹（Elburz）山脉的山麓地带获取水源。

坎儿井灌溉系统充分地证明了人们投入的时间与精力没有白费。坎儿井的农业生产所得可以完全覆盖建设与维护方面的成本。近期的评估报告表明，坎儿井在作物价值和水源销售方面的投资回报率为 10％～25％，这取决于坎儿井的规模、供水量和所灌溉的作物种类。它们并非耗时耗力的工程，维护起来也没有难度，但需要定期检查以避免侵蚀或塌方。定期维护时需要注意盖上坎儿井竖井，以尽量减少沙子和沉积物落入井中，避免堵塞通道。

现代伊朗继续沿用古波斯人的坎儿井建造方法。然而自 20 世纪 50 年代以来，坎儿井数量一直在急剧下降（Balali，Keulartz，2012）。1950 年时，坎儿井还保障着伊朗 70％的水资源供应，到了 2000 年，这一比例下跌至 10％。目前，伊朗约有 22 000 处坎儿井，每秒产水 750～1 000 米^3（Boustani，2008）。巴拉利（Balali）和凯乌拉茨（Keulartz）（2012）认为，个人主义的兴起以及社区价值观的逐年削弱使得坎儿井日渐失去人心。坎儿井是以社区为基础的水资源管理系统，离不开社区成员间的通力合作和一定程度的相互信任。法律和自古以来约定俗成的共识支配着坎儿井建设和水资源分配，建造坎儿井时需获得土地所有者的同意，而土地所有者也不可随意拒绝，只有在认为新建的坎儿井会影响现存坎儿井供水量的情况下才可以拒绝提供土地使用许可。根据所涉及地块的不同地质构造，新旧坎儿井之间必须相距几百码[①]的距离。同样，传统制度也确保了坎儿井对水资源的公平分配。拥有坎儿井的地主如果手下有佃农，通常会指派一

[①]　码为非法定计量单位。1 码≈0.914 4 米。——译者注

名水资源管理员，根据佃农农场的规模和所种植的作物性质，向每个佃农分配水资源。随着伊朗土地改革的进一步实施，越来越多的农民拥有自己的坎儿井，他们会共同推举一位值得信赖的水资源管理员，确保每一位农民在适当的时候都能分到应得的一份水，水资源管理员遵循已经存在上百年的传统制度进行公平分配，自己也会获得一份水作为报酬。

近年来，随着伊朗生活水平的提高和劳动力成本的增加，坎儿井的建造成本也不断攀升。此外，新的土地分配政策下，大块土地被分割成较小的地块，加之坎儿井的建造引入了昂贵的现代机械，使得一些个体土地所有者难以负担建造新井或维护旧井所产生的费用。他们中的许多人选择用钻井和柴油泵将水泵到地表，而不是建造地下水渠。因此，除非农民新成立的农村合作社认为坎儿井能带来收益，并集资筹建，再也不会有人主动新建坎儿井，总有一天，坎儿井终将消逝。

在即时供水方面，坎儿井也难以与深井泵或水坝竞争。要想挽救坎儿井系统需要将其与现代灌溉系统相结合。相关研究显示，坎儿井与现代果树滴灌系统结合，在叙利亚取得了可喜的成果。巴拉利和凯乌拉茨（2012）建议在坎儿井周边开发生态旅游，以补贴财政。值得注意的是，坎儿井与风塔一起使用时还可以用作冷却装置。将风塔放置在坎儿井正上方，吸入热空气并引导其向下流动，与来自坎儿井的冷空气混合，可降低空气中的整体压力。

全球重要性

坎儿井系统是传统的灌溉智慧和知识的结晶，对保障伊朗未来的用水安全至关重要。伊朗人民的坚定与勤奋造就了令人印象深刻的坎儿井系统。在伊朗的 22 000 处坎儿井中，长达 17 万英里的地下沟渠由人工修建，每秒可提供的用水，相当于幼发拉底河流入美索不达米亚平原径流总量的 75％。如果这些水量完全用于农业，足以灌溉 300 万英亩的旱地以供耕种。坎儿井灌溉农业文化遗产于 2014 年被正式列入 GIAHS 保护试点。

传统无花果生产系统

特点与特征

无花果起源于阿拉伯南部，逐渐扩展至地中海地区。历史研究表明，早在公元前 4000 年，埃及人就开始种植无花果。伊朗法尔斯省的无花果大多种植在陡峭的山坡上，自远古时期以来当地农民一直实践着该系统，为子孙后代留下可持续发展的农业文化遗产。

2010 年，伊朗法尔斯省无花果生产总面积约为 45 500 公顷，共出产 37 万吨无花果干。同期，省内伊斯塔班（Estahban）地区的无花果园总面积约为 22 950 公顷，共出产无花果干 17 000 吨，约占伊朗全国无花果树总种植面积的 43%、无花果总产量的 59%；约占全球无花果树总种植面积的 5.3%、无花果总产量的 6.5%。伊斯塔班地区的无花果主产区包括伊斯塔班平原、哈内凯特（Khaneh Kat）、罗尼兹（Roniz）和埃奇（Eage）产区。其他一些产区则位于萨拉巴德（Sahlabad）和格什姆加维（Geshm Ghavi）间的山麓地带，一些能够保持土壤水分，开展雨养种植的地区。

伊斯塔班平原的含砾深层沉积土壤和上游高地的注入水，为土壤吸收水分、保持湿润提供了有利条件。无花果可以在不同类型的土壤当中生长，包括轻质沙土、壤沙土、壤质黏土和重黏土，甚至是 pH 6～7.8 的盐碱土壤。无花果能耐受土壤盐分，但有利其生长的最佳土壤类型是排水良好，由等量黏土、沙土和淤泥按比例混合而成的土壤。厚度达 1.2 米的土壤最适宜栽培无花果。

图 7 - 17　伊朗法尔斯省伊斯塔班地区由雨水灌溉的传统无花果园的冬日景色。无花果的生产在很大程度上依赖于古老的传统知识和集水技术

图片来源：玛丽·简·拉莫斯·德拉克鲁兹。

传统本土知识

当地农民依然保留着有关无花果管理，特别是种植、灌溉、收获和其他农业实践方面的传统本土知识。这些知识对于伊朗其他地区的无花果果农来说也颇具价值。虽然种植、收获和土地复垦等传统农业实践经历了诸多变化，但传统无花果管理中的许多要素依然存续（例如果园的建立、灌溉与维护）。

在伊斯塔班，无花果栽培在坡度 40%～80% 的土地上，采用独特的土壤保持方法，不使用化肥，每年用肥沃的土壤更换树干下原本的土壤。此类传统管理模式下出产的无花果被视为绿色有机产品。

生计与服务

根据 2006 年的人口普查，伊斯塔班有 16 656 户居民，总人口 67 875 人，其中 21 077 人生活在农村地区（占 31%）；总人口性别比（以女性为 100，男性对女性的比例）104.9，城市与农村的性别比分别为 104.5 和 105.87。城乡地区人口性别比例表明了该区域人口迁移率低，这主要是由于该地区人民能够获得充足的就业机会。从历史数据看，该地区大多数居民主要从事农业和畜牧业，在区域内平原和山麓约 22 000 公顷的土地上种植了 200 万棵靠雨水滋养的无花果树，这是当地 5 500 多名拥有 4 公顷左右小型农场的农场主赖以生存的基础。

当地约 90% 的人口从事无花果生产链上加工、包装、处理和产品销售等不同的农业实践，650 名无花果果农组成了当地的合作社。

无花果栽培本土化管理的特色

无花果通常种植在北坡，那里阳光较少、土壤水分较多、蒸发较缓。沿着季节性河流栽培的无花果生长得更好。此外，栽培在山麓上的无花果树比平原上的无花果树生长速度更快，山麓能够保护果树免受酷寒侵袭，并为其生长的土壤提供充足的水分。

冬末出芽前，果农们选择适宜的土地种植无花果树。他们挖掘深 130 厘米，面积为 50 厘米×100 厘米的长方形土穴，土穴体积越大植物生长速度就越快，穴与穴间距通常为 10 米。按照传统做法，当地农民们在挑选适宜的沃土时，会收集一些土壤放在手帕中用力搓，粘在手帕上的土越多，土壤便越肥沃，越能够产出更白更为优质的无花果。

无花果树繁殖最常见的做法是种植扦插。人们从健康多产的无花果树分支上切下 1 段约 75 厘米的嫩枝，插进潮湿的土壤中并用土覆盖，在它附近放置一块石头作为标志。几天后，人们移走石头，用小铁扦搅拌松动插条上覆盖的土壤，促使幼芽更快生长，随后再用石头堆砌成空心圆锥体再次将洞盖住，表面覆上土壤，以保护插条免受霜冻与害虫侵袭。

栽培后做法：4月下旬，果农们会人工清除所有杂草、灌木（当地称为"拉贾姆 lajam"）等多余的植物。拔除的残余物可被用作铺设屋顶的茅草。

灌溉管理：无花果栽培在坡面耕地上，果农们沿斜坡挖洞，大规模集水区（盆地）垂直于斜坡收集雨水。伊斯塔班的无花果树完全依赖雨水浇灌，因此，收集雨水是灌溉果树的传统做法。若土地太陡，果农们会用椭圆形的石头替代土壤覆盖洞口。所选石头的大小取决于树木大小，树越大，所需石头也越大。

虫害防治：无花果钻心虫是该地区一种主要的害虫，极易识别。幼树长至5～6岁通常就能耐受此类害虫，无需再采取任何措施加以控制。防治虫害不用任何农药，只需当地果农运用高超的技巧和丰富的经验来完成。去除钻心虫的传统工具是两个木手柄尖头钎，用于从茎的较深处钩出幼虫。除虫时必须移除树干周围约35厘米深的土壤，沿着害虫进入树干的地方找到被蛀的虫洞。挖土时需格外小心，如若不小心损伤树干，害虫会更易侵害树苗。当地果农通常在10月中旬或11月收获期后开展除虫活动。

授粉：伊斯塔班的无花果是雌雄异株植物，其特征是雌株与雄株分离。雄树的果实不可食用，因此当地人不将其称作无花果树。雄树和雌树形状相同，但雌树1年结果1次，雄树则1年于春、秋、冬季结果3次。春天，雄树的果实用于授粉，也为无花果小蜂的产卵和生长提供了适宜的条件。无花果小蜂的活跃期只有5天，每5天授粉3次，授粉的时机取决于天气条件，但通常在伊朗新年（3月20日）之后的70天左右开始，持续15～20天时间。

收获期：9 月下旬为收获期，果园主人会与家人一起采摘果实，分为第 1 次（pachin）、第 2 次（chin）和第 3 次（palaki）3 个阶段。其间，人们会先将收获的无花果装篮，随后转移至长方形的容器或枝条制成的篮子中，再由牲畜装载运输。

采摘后，无花果农会选择一处方形的水泥平台晾晒果实，最好位于屋前。他们先用石头将平台围起来，再将无花果放置在阳光下进行干燥。干燥前要事先在平台上覆盖一层从河里收集的白沙，防止水果粘在地上。

生物多样性特征

目前，当地农民在该地区种植了 7 个无花果品种，分别是萨布兹（sabz）、希亚（siah）、沙阿（shah）、阿盖（aghaei）、鲁努（roonoo）、阿卢伊（alooei）和巴尔格切纳里（barg chenari），当地 95％的果园种植萨布兹无花果品种。

根据当前有利的气候条件和土壤肥力，农民需要对栽培密度和作物多样化进行管理。一般来说，植物栽培可分为两类：水果作物和野生植物。第一类是如葡萄、橄榄、杏和石榴等水果作物，通常由农民自产自销，鲜少在市场上出售。第二类是如波斯松脂、野杏仁等野生植物，作为灌木生长在山区中。大多数野生植物是一年生和多年生植物，长在树冠下和无花果树间，其中一些具有药用价值。但当其生长过密时，会被视为杂草从无花果园中清除。

威胁与挑战

该地区所面临的问题是超过半数的无花果树已经老化，需要重新栽培，这使得该产业投资水平降低。近期的旱情也对无花果园造成严重损害，影响了产品质量。

同时，该地区还存在土地所有权和登记方面的法律问题，特别是建在国有土地上的农场。系统的主要局限性之一是当前营销渠道落后，缺乏适当的渠道。

伊拉克

沼泽阿拉伯人与沼泽农业系统

一般特征

伊拉克南部底格里斯河与幼发拉底河交汇处有广袤的沼泽，占地面积一度高达20 000千米^2，形成了独一无二的淡水生态系统，保障着独特的沼泽阿拉伯人（或马丹人）部落约50万人的生计。自苏美尔文明以来，这些沼泽阿拉伯人开展农业实践已长达5 000多年。湿地生态系统由永久性的芦苇沼泽、在秋冬季干涸的季节性香蒲沼泽以及在洪期形成的临时性莎草沼泽构成。湿地具有丰富的生物多样性，是鱼类和麻虾重要的繁殖场所及野禽的越冬地，也是鹈鹕、苍鹭、火烈鸟等迁徙水禽从西西伯利亚和中亚的繁殖地飞往非洲越冬地之间的歇脚点。沼泽地孕育着许多濒危的地方性特有物种，如巴士拉苇莺、伊拉克鸫鹛，以及一些濒临灭绝的物种，如江獭、印度冠豪猪、灰狼等。沼泽阿拉伯人利用芦苇湿地开展传统的可持续农业以维持生计。他们用芦苇建造房屋和独木舟、收集芦苇编织垫子和篮子、种植谷物（水稻、黍类作物）和枣树、放牧奶牛和水牛等大型牲畜、饲养鱼类、开展捕猎活动。芦苇间的水道使当地人得以将货物和产品运输到国内市场（FAO，2006）。

货物与服务

底格里斯河与幼发拉底河的淡水沼泽是鱼虾的产卵场、野禽的越冬地和迁徙水禽越冬迁徙的中转点。它们还为沼泽阿拉伯人社区提供了栖息地、芦苇、芦苇制品、鱼类、谷物和枣类。

威胁与挑战

土耳其、叙利亚和伊拉克为开展灌溉农业而建造的上游水坝、水力发电厂和引水工程等威胁着淡水沼泽的存续。90％的沼泽地已然被抽干或被开垦，当前沼泽面积仅剩 2 000 千米²。虽然这些做法方便人们进入沼泽，获取石油资源，并在以逊尼派穆斯林为主的地区对什叶派穆斯林（沼泽阿拉伯人）进行管控，但同时也带来了潜在的、不可逆转的负面影响，如土壤盐碱化、水资源短缺、有限的水路运输和潜在的生物多样性损失等，40％的迁徙水禽面临危险，沼泽阿拉伯人的生计受到影响。

全球重要性

　　底格里斯河与幼发拉底河下游湿地因其独特的沙漠环境、古老的文化遗产、具有全球重要意义的生物多样性、野生动物物种、稀有物种和濒危物种而具有全球重要价值。

意大利

柠檬果园

特点与特征

　　柠檬最早起源于远东地区（印度和中国），在那里一直生长在野外未被驯化。1 世纪，意大利坎帕尼亚地区便已出现了柠檬的身影，最开始它被认为是一种珍馐佳肴，因此人们开始建造柠檬果园。关于柠檬的治疗功效最早可以在古希腊自然科学家狄奥弗拉斯特（Theophrastus）① 的著作中找到。16 世纪人们发现，由于海上条件有限，船员们在航海期间通常只吃面粉和罐头食物，因此常患坏血病，而柠檬汁可以预防并治愈这种疾病。这一

---

　　①　狄奥弗拉斯特，也作西奥弗拉斯塔（约公元前 371—前 287 年），是古希腊哲学家、自然科学家、生物学家、逻辑学家，曾师从柏拉图，后成为亚里士多德的学生和朋友。他是亚里士多德之后古希腊漫步学派（Peripatetikoi）的领导人。——译者注

发现使得人们开始大规模种植柠檬并开展有组织的贸易活动。在船上，船员们开始大量摄入柠檬，到达地中海地区后，他们还会用贵重的商品或黄金换取大批柠檬带回北方，在那里柠檬被视为一种昂贵的奢侈品。从17世纪开始，人们才在烹饪中使用柠檬来调味增香（FAO，2006）。

18世纪，随着柠檬出口到英美市场，农民种植量显著增加，大量柠檬果园取代了橄榄园、葡萄园和林地。在这一大扩张时期，农民们制定了具体的农耕方式以解决环境约束带来的一些问题。

索伦蒂诺阿马尔菲（Sorrentino-Amalfitana）半岛是一个农业景观完全体现地理区域特征的突出案例。从维克艾库塞（Vico Equense）到维耶特利苏玛雷（Vietri sul Mare）地区，沿着整个海岸线，在海拔不足350米的地方全部种植着柠檬。柠檬对寒冷气候较不耐受，索伦蒂诺阿马尔菲半岛位于柠檬生境的最北部，在西北朝向的索伦蒂诺海岸地区开展种植尤为困难，而在气候相对较好的阿马尔菲海岸，种植条件则相对适宜（Grego，2005）。

在当地开展种植的初期，柠檬树种植密度很高，枝丫相互交错形成一种树枝顶篷，减缓了霜冻的危害，然而同时也使空气不流通、湿度过高，带来许多病害与卫生问题。因其存在诸多弊端，这种做法在19世纪时被一种当地称为"帕利亚雷尔"（Pagliarelle）的特殊"顶篷藤架法"取代。顶篷是该传统技术中颇具特色的要素，常用稻草制成，标准尺寸为1.3米×2米，用于覆盖在栗木制成的藤架上。这种传统技术不断精进发展，近年来，带网眼的塑料网等已经取代了传统稻草成为制作顶篷的主要原材料。此外，推广顶篷藤架法还需在附近的山丘上种植栗树，以取代那不勒斯桤木（FAO，2006）。

山海间狭窄的山谷中建有梯田，农民们顺着梯田在陡坡上沿等高线栽种柠檬，并填以土壤。这种传统的柠檬种植方式可以保持水土，使土壤免受水文地质不稳定因素的影响，通过利用最陡

图 7 - 18　阿马尔菲海岸的古柠檬园
图片来源：玛丽·简·拉莫斯·德拉克鲁兹。

峭的、几乎无法开展耕种的山坡来保护领地。

　　柠檬藤架和防风林是抵御海洋寒风的防御结构，影响着柠檬果实的一些重要特性。到达树木的阳光量减少，减缓了柠檬的生物机能，抑制了果实果皮中糖酵解物质和色素的合成。意大利南部海岸所种植的柠檬具有穿透力极强的风味、果皮呈淡黄色，这些特质也许就是它们享誉世界的秘诀。当典型的柑橘产区，如西西里岛等地的柠檬产量大幅下降时，海岸地区晚熟的柠檬就变得更具价值。

　　在索伦蒂诺阿马尔菲半岛，柠檬栽培总面积约为 700 公顷，大部分都种植在面积小于 1 公顷的小型农场中。由于当地所必需的特殊耕作系统难度较高，维护果园需要密集的耕作和大量劳动力，因此，当地每公顷仅能出产 12～20 吨柠檬，产量低于全国平均水平。在索伦蒂诺海岸和阿马尔菲海岸种植了适应不同土壤和气候条件的若干个柠檬品种。

提供食品与服务

在索伦蒂诺海岸和阿马尔菲海岸种植的柠檬是地方性特色产品。它们的口感在当地乃至全国的餐桌上都备受好评。由于栽培实践开展起来难度较高且成本高昂，当地出产的柠檬果实被视为绿色有机产品。其种植过程几乎不施化肥，因缺乏足够的光照，果园中也几乎不长杂草。

当地柠檬具有国际市场需求，现已出口到世界许多地区。当地的柠檬是生产全球知名利口酒——意大利柠檬甜酒的原材料，对该区域的经济产生积极影响。此外，以柠檬为灵感制作的蛋糕、小器皿、陶瓷制品和布艺制品也为当地带来经济效益。建造藤架对于半岛的经济发展也有着促进作用。

从传统柠檬果园和柠檬种植中获益最多的经济活动莫过于旅游业。每年，成千上万的游客被海岛浪漫的形象所吸引，从世界各地赶来，欣赏当地漂亮的小村庄和雅致的景色。

几个世纪以来，人类的活动创造并保存了许多美丽的景观——梯田、柠檬藤架、防风林、矮石墙和人行步道等，这些景观不适合其他传统农业系统，却体现了最先进的景观设计理念（Grego，2005）。梯田景观与植物生长相得益彰的同时，也避免了在意大利类似地区非常普遍的土地退化与环境破坏等问题。

威胁与挑战

因为农耕实践难度高、成本高、费时费力，海岸地区的柠檬种植系统几乎无法与意大利南部地区和其他地中海国家的柠檬生产系统相竞争。

全球重要性

在这一可持续发展的农业系统中，景观、发展、梯田建造与人类生存协同演化。这些特征应当作为人类活动与自然保护相结合的典范，予以保护和嘉奖。

日本

佐渡岛稻田-朱鹮共生系统

特点与特征

日本佐渡岛位于新潟县海岸 40 千米处，以地貌丰富和地表高低起伏为典型特征。岛民们巧妙地对不同地形和海拔进行充分利用，由次级林地、种植园、草地、湿地、灌溉池塘和灌溉沟渠等共同构成的多种动态生态系统镶嵌分布，形成了佐渡岛的里山①景观。这些生态系统与里海②景观，即由基岩海岸、潮汐滩和大叶藻海草床构成的海洋-沿海生态系统密切相关、相互依存。当地的林地、草地以及旱地农田一般分布在坡地上，水稻田、湿地、河流和池塘则位于谷底或平坦地区，村落则集中在丘陵山麓，或是稻田与混交林之间的过渡区域。

佐渡岛有独特的山地和丘陵地带，其间有平原。它位于日本海的寒温带，属于海洋性气候，暖温带与暖洋流的结合造就了岛上农业系统和粮食生产的多样性。由于该地区独特的地理和气候条件，南北方植物品种分布繁杂。佐渡岛与日本本州岛的区别在于其植物的垂直分布。在佐渡岛低海拔地区，可以观察到大陆的高山植物区系或亚高山植物区系。该区域有 37 种植物被登记为严重濒危物种，如螺川蔓藻——一种佐渡岛特有的受保护物种。

里山景观能提供多种生态系统服务，以满足岛内居民的生计需求。在过去，林地为村民们提供森林地被物作为稻田的肥

---

① 山地乡村景观，在日本被称为 satoyama，即里山。——译者注
② 沿海乡村景观，在日本被称为 satoumi，即里海。——译者注

料，野生植物和蘑菇用于食用，木材用于建筑、烹饪和取暖。草地不仅能为农业主要的畜力来源——马匹和牛群提供牧草，还可以提供用于覆盖屋顶的茅草。河流和池塘用于灌溉稻田、养殖鱼类。在水田和旱地中栽培的稻米与蔬菜保障着岛上的粮食安全。岛上存续数百年的稻作文化已然成为当地文化中不可分割的组成部分。稻米种植的神道仪式和当地传统的稻米食谱均被列为具有国家重要意义的传统文化遗产。此外，里山景观还保持着高度的生物多样性，提供了丰富的驯化物种和野生动植物物种。佐渡岛当地的稻米、牛肉和柿子都以其优良的品质而驰名日本。

佐渡岛的野生动物

　　佐渡岛是哺乳动物的家园。佐渡鼹鼠和佐渡野兔都是佐渡岛独有的物种。然而，因受到外来物种貂的影响，佐渡野兔濒临灭绝。佐渡岛同时也是各类候鸟的栖息地，其中以日本野生朱鹮最负盛名。

　　佐渡岛的里山为濒临灭绝的日本野生朱鹮提供了理想的栖息地，这对于整个日本来说都具有相当重要的文化意义。过度狩猎和传统里山生态环境的恶化导致日本野生朱鹮濒临灭绝。目前佐渡岛致力于恢复里山生态系统以拯救这种珍稀物种，它们的命运与这片生境息息相关。朱鹮以稻田生物为食，因此整个佐渡岛都实行了环境友好型农业，以便这种珍稀禽类能够回归野外。佐渡岛一直努力研发相关技术来培育泥鳅、蠕虫等小型田间生物，供朱鹮食用。基于里山模式的技术促进了小型动物和鱼类的繁殖，它们在田间和稻田周边繁衍生息，满足了朱鹮的食物需求。佐渡岛传统的水稻耕作技术得以重新在全岛推广，以下技术体现了可持续发展的主要特征。

E 形沟渠技术

　　过去，当地农民会在佐渡岛丘陵地区和山区稻田周围修建 E

形分布的灌溉沟渠。这些 E 形沟渠中的水资源一直是水生生物和生物群落的避风港，也是朱鹮完美的觅食之所。

冬季注水法

过去在秋冬季节，由于农业用水短缺，当地农民会夯实土壤，在冬月中往水稻田里注水，为春天的水稻耕种蓄积水资源。

减少化肥使用

在二战后的某段时间，因为该地区金银采矿业的扩张，佐渡岛当地农产品曾一度供不应求。自那时起，本土社区重新开始重视梯田开发与农田保护。

农业生物多样性

佐渡岛出产各种能适应各类复杂气候的农产品。农业是当地生计的主要来源，从山坡梯田绵延至平原稻田的水稻耕种是当地农业活动的核心。根据不同的微气候条件，当地也少量出产蔬菜、水果和花卉等产品。

里山系统的水资源管理

佐渡岛有一处盆地，没有大河。历史上的大部分时间佐渡岛都水资源短缺。与此同时，每当遭遇强降水，岛上的国仲平原经常会被洪水淹没。这些问题一直到 1989 年昭和时代结束才得到解决。最近，当地居民在全岛建立了 1 000 多个大小不一的灌溉池塘，终于解决了长期存在的干旱问题。佐渡岛建造了如小仓水坝等大型水坝以应对洪水，这些水利工程同时也是确保水源安全的国土开发项目的一部分。在佐渡岛下游地区，岛民们同时建造了排水泵站用于泄洪。通过上述水资源管理，农田得到了开发，大大改善了农业生产基础设施，提高了生产效率。

威胁与挑战

与下面即将讨论的能登半岛一样，佐渡岛仍在努力应对梯田被频繁废弃、连接森林和灌溉池塘的湿地日益减少、生物多样性丧失、濒危物种自然生境退化等问题。为克服这些挑战，佐渡市努力通过促进当地农业和旅游业发展，以振兴基于传统里山模式的朱鹮友好型农业实践。通过品牌认证提升农产品价值，同时推广与朱鹮保护有关的生态旅游。由于朱鹮接近佐渡岛食物链顶端，因此保障其生存离不开对整个岛屿生物多样性的保护。国有部门与私营部门通力合作，为促进朱鹮友好型农业实践、保护这一濒危物种付出了一系列努力。佐渡岛稻田-朱鹮共生系统于2011年被正式列入GIAHS保护试点。

日本能登半岛山地与沿海乡村景观（能登半岛的里山与里海）

特点与特征

能登半岛位于日本海沿岸的石川县，有着2 100多年的悠久历史，文化底蕴丰富。虽然半岛最初是典型的狩猎采集社会，但考古研究表明，岛上的现代农业系统最早可追溯至1 300多年前的奈良时代。

在自然环境的塑造下，能登半岛上的人类居所在过去的1 000多年里不断演变。今天，本土的万物有灵论、封建主义的资源世袭权以及西方思想影响下的当代法律法规，共同影响着能登半岛上的农业实践。以本土神道和佛教传统为基础的文化习俗，如耕种、收获节庆和各种基于大自然的传统习俗和节日，代表了整个半岛的社区生活。例如被称为"切子（kiriko）灯笼祭"[①] 的别具特色的节日祭、"奥能登的田神祭"[②]（Oku-noto no Aenokoto）等。

---

① 切子（kiriko）灯笼祭是能登半岛当地的节日庆典之一，用于颂赞众神对海洋生物和沿海人民生计的保护。

② 奥能登的田神祭是能登半岛当地的节日庆典之一，是能登半岛上种植水稻的农民们世代传承的一种农耕仪式，已被列入联合国教科文组织的《人类非物质文化遗产代表作名录》。

图 7 - 19　日本的里山-千枚田（senmaida）水稻梯田是当地人在 1 300 年间开发出来的，旨在保护土地并在坡地上高效地开展农业生产
图片来源：帕尔维兹·库哈弗坎。

能登半岛是日本传统农村的典型代表，当地的农业系统与上游的山地森林活动以及下游的沿海海洋活动密不可分。当地一直践行着农、林、渔相结合的综合性传统农业实践。整个丘陵地区四散分布着宽阔的山谷和田野，形成了一条绿色的走廊，火山岩海岸线环绕四周，呈现典型的半岛景观。能登半岛以镶嵌分布的各类社会生态系统为特色。里山景观是由人类农业和林业生态系统共同形成的山地乡村景观，由次生林地、种植园、草地、农田、牧场与 2 000 多个灌溉池塘和灌溉沟渠组成。里海景观是由海滨、基岩海岸、滩涂和大叶藻海草床组成的海洋-沿海生态系统，这些生态系统与当地居民的生计有着深切的联系。

千枚田和棚田（tanada）是能登半岛上独有的水稻梯田类

型。在日本封建庄园制度和江户时期的农业改革法案影响下，当地人民在 1 300 年间开垦了这些梯田，旨在提高山坡田地的生产力。水稻田需保持平整才能保证蓄水，然而当地平地稀少，许多土地无法支撑较大面积或形状规则的农田，人们为了尽量增加耕地面积，运用智慧与努力创造出别具一格的水稻梯田景观，也造就了日本典型的里山风光。能登半岛上独特的水稻梯田景观有石川县轮岛市的白米千枚田（shiroyone senmaida）和志贺町的大笹波水田（Oosasanami），两者均被列为日本排名前一百的水稻梯田。除水稻外，梯田中还种植有其他几十种作物，包括能登半岛的一种地方性绿色蔬菜（nakajimana）、大纳言红豆（一种大红豆）等。

能登半岛建立了一个人们可以充分利用生物质能（由有生命的有机体制成的可再生资源）的区域，以应对全球变暖，为减少全球温室气体排放略尽绵力。该地区的首要目标是建立一个理想的社区，人人尊重回收利用，将动植物的食物残渣、森林疏伐废物、可食用油类废物等转化为有机堆肥、木屑颗粒和生物柴油燃料。值得一提的是，该地区还安装了许多风车以利用风能。

威胁与挑战

目前，能登半岛所面临的最大问题是常住人口、农业、林业和渔业劳动力的持续下滑。农业劳动力减少和老龄化比例提高不仅导致农业土地逐年减少，还使得土地维护难度增加、周边环境恶化。这种现象将直接导致次生环境遭到破坏，对生物多样性构成严重威胁。当地人民，主要是农民长久以来传承延续的文化和习俗也将濒临消失。

在振兴该区域的国家计划鼓舞下，能登半岛社区制定了相关议程以促进可持续农业发展，保护森林和渔业的生物多样性与环境健康。社区采取行动，直接向农民支付报酬来保护山区的村庄和农场，以维持使用农场，开垦荒地和农业废弃田的劳动力，在农村环境中保留农场和农业用水等资源，并实施创新化农场管理制度，促进并赋能环境保护。日本能登半岛山地与沿海乡村景观于 2011 年被正式列入 GIAHS 保护试点。

熊本阿苏（Aso）可持续草地农业系统

特点与特征

阿苏草原位于日本九州岛熊本县的阿苏地区，以拥有大型破火山口的复式火山闻名于世。阿苏山是世界上最大的破火山口之一，东西宽 18 千米，南北长 25 千米。尽管当地的火山土壤和地理条件并不适宜耕种，但经过代代传承，当地人民已然适应了这一充满挑战的环境。他们在这片火山形成的土壤和高寒区上开展耕作，建造了水稻田、旱田以及用于放牧和割草的草场。时至今日，该地区物产丰富，各式各样的作物与农产品蓬勃发展。

位于破火山口周围的阿苏草原世世代代由当地居民建造并维护。当地人在定期监测下开展焚烧、放牧和刈草，以保护阿苏草原。这些管理做法以及相关的农业活动造就了广袤的半天然草场，促进了各类珍稀草原植物的传播。在利用草原的过程中，人们既保护了阿苏草原的生物多样性和田园景观，又开展了可持续的农业活动。目前，阿苏草原地区有 7 万人居住在破火山口处，遵循着经久历年的传统，维持着当地农业、农耕实践和文化。草原由各个社区共同管理，每个社区都有自己特定的放牧区域，产生的堆肥肥料可用于水稻田和旱田的耕作。阿苏地区的显著特征在于通过周期性的草地利用及管理体制形成了动态的可持续农业系统。

农业（包括畜牧业）是阿苏地区的主要产业，其年农业总产值达 290 亿日元，其中畜牧业占据重要地位，几乎占该区域农业总产值的 50％。

威胁与挑战

草原是阿苏农业系统的核心，在其维护过程中发挥着不可或缺的重要作用。然而，草原的生物多样性及其与草原维护密切相关的景观如今正面临着诸多威胁与挑战。保护草原的重中之重在于促进对草原的科学利用，并精心管理放牧和刈草。应当鼓励将草作为一种重要资源进行多样化利用，比如，用草堆肥可以增加蔬菜作物的市场价值，将草用作生物质能资源有助于促进生态友好型生物质能系统和低碳型社会建设。此外，有必要为本土社区提供支持，帮助他们更好地管理草原。最近的调查研究显示，大多数当地的牧场合作社在牧场管理方面困难重重。

阿苏地区农业系统的显著特点是通过有效地焚烧、放牧和刈草，实现独特的草地循环利用模式，保护重要的生物多样性和农业景观、保障粮食生产、维持草原的可持续发展和可持续化农业管理。熊本阿苏可持续草地农业系统于 2013 年被正式列入GIAHS 保护试点。

静冈传统茶草场（Chagusaba）复合系统

特点与特征

茶草场复合系统是传统农业技术的典范。在茶树周围种草以提供覆盖物，可以改善种植，提高茶叶质量。茶草场是农业生产和生物多样性相互依存、相得益彰的范例。几个世纪以来，特别是近几十年来，尽管茶叶种植以及茶叶加工都已实现了现代化，采用了机械化采摘，茶园基础设施也得到了改善，但在静冈的茶草场上仍实践着传统的农学方法。农民们认为茶草场能够出产高质量的茶叶产品。此外，茶草场的使用与维护保护了生物多样性，如当地的野生植物群和栖息在那里的稀有物种。在茶草场上，仅草甸植物就有 300 多种记录在册，茶草场农业景观是一个将茶叶种植与草地管理完美结合的极为独特的案例。

虽然茶草场离不开劳动密集型管理，但该系统可以出产具有较高市场价值的优质茶叶。良好的经济效益为农民们保护和管理茶草场提供了动力。

威胁与挑战

近年来，优质茶叶的市场价格一直起伏不定，这使得农民们在产茶行业投入时间和精力的意愿有所降低，不少农民放弃了劳动密集型的茶草场产业。静冈传统茶草场复合系统于 2013 年被正式被列入 GIAHS 保护试点。

国东半岛宇佐农林水产复合系统

特点与特征

国东半岛位于日本九州岛东北部，主要由中部的圆形半岛组成，延伸至濑户内海南沿。从半岛中央两子山山巅处绵延伸展出的陡峭山脊与山脊间的沟壑深谷是国东半岛的特色。

国东半岛宇佐市的农业系统将农业和林业生产相结合，系统由麻栎林与多个互相关联的灌溉池塘组成。系统内的重要作物——蘑菇具有相当高的营养与药用价值，在可耕地有限的情况下，能为保障营养和生计安全作出重要贡献。此外，蘑菇栽培还有助于分解生物质，促进生态系统中的养分循环。椎茸（香菇）菇木栽培是日本一项传统的农业系统，现如今仍然是许多日本农民重要的生计来源。传统栽培系统依靠可持续林业，出产优质的菇木离不开对具体生产周期的把握和特定的管理。麻栎木的可持续种植与采伐管理周期一般为 15 年，它能为椎茸的生长提供必要的营养来源，同时提供菇木栽培所需的菇木。这种农耕实践能激发森林机能、补给水资源、为邻近与周边地区维持独特的农林复合产业，从而保护生态系统。

水稻田农业中的湿地水稻和短叶茳芏等作物离不开灌溉网络，而麻栎林在灌溉网络的养护中也发挥了关键作用。林间落叶和椎茸栽培中废弃的菇木在潮湿后变得柔软、膨胀，形成保水层。除了能为灌溉池塘补给富含矿物质和养分的水源外，这些从山区林地流至下游田间，储存在灌溉池塘中的水同时也是多种生物繁衍生息的自然生境。

由于国东半岛未开发大规模的水稻农业，因此有必要培育其他农产品以补充湿地水稻产量的不足。目前，该地区拥有丰富的多样化农业生计选择，包括肉牛、大葱、小葱和温室栽培的柑橘。过去，农民们常常将水稻耕作与椎茸栽培相结合。短叶茳芏曾在辖区内广泛种植，由于水稻与其收获季和种植季正好错开，短叶茳芏可与水稻在同一片田中栽培。短叶茳芏是一种用于制作榻榻米席面的耐用材料，曾经需求量很大，但如今由于榻榻米的生产者改用编织机，更多地使用灯心草作为原材料编织席面，短叶茳芏的需求量便急剧下降。但国东市仍以全日本唯一的短叶茳芏产区而著称。目前，该地区丰富的生物多样性得到了较好的保护，在这里可以发现许多地方性物种，包括日本苔藓、鱼央和长鳍鰕虎鱼等鱼类，还有日本大鲵和三刺鲨，前者被列为"国家级特别天然纪念物"，后者被公认为"活化石"。除此之外，当地还有一些远近驰名的传统农产品，如豇豆和香母酢（臭橙）等。国东半岛宇佐农林水产复合系统于2013年被正式列入GIAHS保护试点。

长良川流域渔业系统

特点与特征

长良川流域总人口为86万人，尽管流经城市中心，长良川因其水流清澈而被日本环境部选为"日本名水百选"之一，是全日本唯一一条被列入88个最佳浴场的河流，也是日本最清澈的三大河流之一。长良川与其培育的香鱼是当地欣欣向荣的内陆渔业的核心，促进了传统捕鱼技术的传承与发展，如鸬鹚捕鱼、郡上捕鱼、浅滩和夜网捕鱼等。其中鸬鹚捕鱼技术最早可追溯至奈良时代（710—794年）与平安时代（794—1192年）。据说，自室町时代（1336—1573 年）以来，长良川的鸬鹚捕鱼法就未曾改变过。

此外，当地农业、林业和小型渔业结合的农耕文化在代代相传的传统艺术形式中得以充分体现，如郡上蓝染、美浓和纸、岐阜和伞以及岐阜灯笼等。长良川流域水质清澈，农林产品丰富，当地诸多艺术形式得以蓬勃发展。

长良川的水孕育了当地文化，也促进了当地农林渔业的发展。河流水质的清澈不仅源于其自身的自然条件，还得益于当地人对于长良川流域中白山（Mt. Hakusan）的崇拜和精神信仰。长良川发源于白山，哺育着当地人民，支持着他们的日常生活、农业活动和传统文化发展。自古以来，这条河流就为下游的人们源源不断地输送着纯净的水源。为了保持水的澄澈洁净，上游的民众发明了贮水槽——一种按不同用途分区的多层次公共水区。最高层的水用于饮用，继续流至中间层的水用于淘洗蔬菜或水果，流至最下层的水用于刷洗餐具或浣洗亚麻布。在水流输送至下游地区前，养在附近水域中的鲤鱼会将水中的食物残渣分食殆尽，通过上述一系列操作规程，帮助水域保持清澈洁净。此外，河流中部地区的渔业和地方政府机构正在实施其他举措，以保护森林和水源。

香鱼资源

香鱼属于河海洄游鱼种，是长良川的象征。幼鱼于春天从大海迁徙至河流，在富饶而清澈的河水中茁壮成长。秋天，它们沿着河流洄游至海中产卵，寿命只有短短 1 年。次年，从这些卵中孵化出来的香鱼会在深秋时节迁徙回大海，一直生活在沿海地区直至下一年的春天。

香鱼是岐阜县当地特产，不仅是许多传统渔民的生计来源，也是发展休闲渔业的支撑，在文化上也与当地民众的生活息息相关。

　　长良川与香鱼不仅让当地人引以为豪，还是他们日常生活当中必不可少的重要组成部分。长良川为人们提供着生活用水和灌溉水源，其清澈的水质也是香鱼和许多本土鱼类与稀有鱼类的栖息生境，因此当地人努力培育森林、养护水源以保护长良川，提高河流水质。

　　河流、香鱼和当地人之间的息息相通，对于当地生活方式、水生环境和渔业资源的协同发展来说不可或缺。长良川流域渔业系统因此被列为 GIAHS 遗产地。当前，人口增长和快速工业化影响着可持续渔业管理，继而引发全球污染、鱼类和水生资源跨界管理、水资源短缺等问题，长良川流域渔业系统在解决上述诸多问题方面能提供有益的参考与见解，该系统于 2015 年被正式列入 GIAHS 保护试点。

和歌山地区南部-田边青梅种植系统

特点与特征

　　在日本，青梅是宝贵的粮食作物和药用作物，迄今已经有 1 300多年的历史。"梅干"（umeboshi）具有出色的药效，能够预防食物中毒、缓解疲劳，同时也是日本日常膳食中常见的一道配菜。南部-田边青梅种植系统位于日本关西的和歌山地区，那里山地陡峭、土质贫瘠，不适宜种植常规作物或是发展林业，而梅树却可以在比其更为恶劣的环境中生存。据说早在 400 多年前，当地农民就开始在山坡上种植梅树，他们在梅园附近以及陡峭的山脊上种植矮林等混交林，对陡坡进行维护管理，包括流域保护、养分补给和防止坡面崩塌等，以维持梅树种植。农民们放任杂草在梅园中生长，一方面杂草有助于保持土壤水分，另一方面，刈草后这些杂草最终会被分解成为梅园的肥料。附近矮林中的蜜蜂能帮助梅树授粉，在其他植物花朵尚未盛开的初春时节，梅树提供宝贵的花蜜帮助蜜蜂进行繁殖。

在维持和扩大梅树种植规模的同时，人们还在不断地改进梅树，培育多样化种质资源，创造出了适合该地区的优良品种，南高梅就是其中的代表性品种。此外，人们还对青梅的生产与加工技术进行优化，开发出了满足现代人需求的、安全健康的加工食品，如低盐腌梅干、含有青梅成分的保健食品以及其他有益健康的青梅产品。

同时，当地人还从矮林的乌冈栎等树种中创造出一种优质的木炭——纪州备长炭。当地人采用独有的选择性伐木方式来进行林地管理，使得砍伐后的矮林可以快速恢复。

矮林和梅园的范围逐步扩大，形成了漫山遍野的美丽景致。水从山脊矮林流经坡地梅园，再流淌至水稻田，为许许多多的动植物群提供了适宜的生境，梅树和许多农作物得以在该地区茁壮生长。南部-田边地区的环境友好型生产活动既保障了人们的生计，也使他们在精神上感到富足。此类生产活动在本土社区间建立了强有力的社会纽带和文化传统。起源于古老传说、感恩丰收的青梅节，融合梅子和其他特色元素的传统饮食文化等共同构成了该地区独一无二的青梅文化，对整个日本来说都具有重要的文化价值。在这片土地上，人们利用当地有限的资源，借助经年累月的经验知识，建立了以青梅为基础和核心的可持续农业系统，通过生产、加工、分销和旅游等多部门协同合作，打造出一个据说估值高达 700 亿日元的梅子产业，为当地带来稳定的就业机会。可持续农业和可持续生计保障在世界范围内来说都至关重要，和歌山地区南部-田边青梅种植系统就是一个完美的典范，值得对其进行动态保护。该系统于 2015 年被正式列入 GIAHS 保护试点。

宫崎县高千穗-椎叶山山地农林系统

特点与特征

高千穗-椎叶山山地农林系统位于宫崎县西北部，九州三池北部地区。系统位于陡峭的山区，海拔为 1 000～1 700 米，其主峰祖母山海拔 1 756 米。该地区包括三个町和两个村，旧称高千穗（包括高千穗町、日之影町、五濑町、诸塚村）和日向市臼杵郡椎叶山（椎叶村）。

山地农林可持续发展系统

由于山地崎岖，该区域几乎没有平坦的土地可供耕种。一些相对较小的社区零星分布，被森林环绕，其中 70% 以上的社区拥有的房屋不超过 30 所。当地人民在这种恶劣的环境下运用自己的劳动与智慧，将森林管理、手工采集林业产品与适合山地环境的各类农耕实践相结合，建立起一个独特的、可持续的农林复合系统。其中就包括直到 20 世纪 50 年代才广泛实行的可持续轮垦制度。轮垦涉及在林地有限的区域（0.5～1 公顷面积的土地）内进行烧垦，以确保林地可以在 20～30 年内再生。除了种植荞麦、日本粟等谷类作物外，当地人还在陡峭的山坡上修建水稻梯田，用绵延数十千米的灌溉沟渠引森林水源灌溉梯田，开展水稻种植。除此之外，人们还用林中采集的粗饲料（主要是林草）喂养肉牛、在麻栎木等阔叶树上种植椎茸、利用山区气候变化大等特点来栽培茶树。

今天，椎叶村实行传统轮垦制度，通过平衡林区保育和林业开发，每年出产约 23 万米^3 木材。当地以独特的镶嵌式森林景观为特征，其中日本雪松和日本扁柏组成的针叶林、麻栎树组成的落叶阔叶林和常绿阔叶林马赛克式镶嵌分布，形成了木材生产与椎茸栽培林相结合的综合管理格局。在诸塚村这一日本有史以来首个获得森林管理委员会（FSC）森林认证的地区，此类景观尤为显著。该遗产地持续致力于开发复杂的农林复合系统，以适应山区环境，更好地利用丰富的森林资源。在高千穗町、日之影町和五濑町地区已建成一组占地 1 800 多公顷的水稻梯田以及绵延超过 500 千米、全日本最先进的山腹

（sanpuku）灌溉渠网络之一。当地农民从体型较小、精心喂养粗饲料的畜群中精挑细选，培育出高品质的和牛——宫崎和牛，因其优良品质还赢得了"内阁总理大臣奖"。该系统以镶嵌式森林为特征，实现了林区保育和积极林业生产间的平衡，在水稻梯田耕作方面也处于领先地位。由于地处陡峭的山坡，地形崎岖，许多河流形成了山涧，增加了获取农业用水的难度，因此在现代以前，当地水稻栽培并不普遍，大多数农田都被用于旱稻耕作。然而，当地农民渴望开展水稻种植，以获取更高、更稳定的产量，产出口感更好的稻谷。尽管地形条件恶劣，当地人仍然付出了巨大的努力，从多种渠道获取水源或是在深山中钻探数千米，打造出一套复杂的山腹灌溉渠网络，将水源引入水稻梯田。从生态系统的角度看，镶嵌式森林通过落叶阔叶林和常绿阔叶林来保护生物多样性，多样化森林是不同野生动物的栖息地，麻栎树的果实是它们重要的食物来源。此外，落叶阔叶林所形成的覆盖层在水资源补给方面也发挥着重要作用。宫崎县高千穗-椎叶山山地农林系统于 2015 年被正式列入 GIAHS 保护试点。

肯尼亚和坦桑尼亚

马赛游牧系统

特点与特征

在非洲的干旱与半干旱地区，畜牧业占主体地位（60%）。由于旱灾频发，年降水量不充足，当地开展农业存在相当大的难度，与当地丰富的野生生物多样性也互不相容。马赛游牧畜牧业与热带稀树（相思树）草原和东非（肯尼亚与坦桑尼亚北部）高地的相互作用息息相关。该区域风景秀丽，野生动物多样性丰富，具有巨大的休闲游憩价值。野生动物旅游是当地经济的支柱产业，是小型企业的主导产业。马赛部族是一夫多妻制，他们通过管理牲畜群以增加畜群规模（绵羊和山羊送去市场屠宰，骆驼和牛用于婚庆仪式和生活保障）、产奶喂养幼儿、出产绵羊毛和山羊皮以及提供肥料。马赛人采用若干灵活的策略来降低风险，保障生计与牲畜安全，包括挑选抗病能力强的幼畜；在游牧之前确保水源和饲料的稳定供应；根据矿物（盐渍）、饲料和遮阴需求来安排游牧；通过年内和跨年游牧以确保人类和畜群的健康，避开那些疾病流行的区域（例如，有携带利什曼原虫的壁虱和舌蝇的过度放牧区、有携带肝片吸虫和疟疾病原体的昆虫和蜗牛的沼泽地带）；在靠近市场的地方生活；通过轮牧的方式以避免过度放牧，避开捕食性动物；密切监测动物迁徙和环境变化；在旱季延迟进入牧场以节省饲料（Craats，2005）。

图 7 - 20　向当地人民和马赛族牧民宣讲 GIAHS 保护倡议
图片来源：大卫·布尔马（David Boerma）。

马赛部族之间与部族内部复杂的社会互动保障了他们的生计和牲畜安全。部族长者们指挥部落中的战士进行生态侦察（搜寻水源和饲料植物）并制定游牧计划。部族中的战士们负责监督、引导放牧和迁徙。畜群的多样性和畜群的拆分能确保长期的可持续性、保障高效的生产力。马赛人还通过对放牧劳动力（包括10岁以上的孩童、妇女、战士等）进行分工来改善退化的土地，有效地减少灌木对牧场和农田的侵占。每个畜群不同的牲畜等级都与家庭经济结构和功能相适应。公共浅水井由部落进行非正式管理，只有水和牧场足够款待客人时，当地部族才会举办大型仪式与祭典。

马赛人遵循着3种非正式的规则来管理公共的开放土地：避免使用占用区；与其他群体保持适当的距离；避免使用新近空置的区域。马赛人的信仰、胆魄与勇气促使着他们保护神圣的森林、使用森林产品并在半干旱地区开发出一个卓有成效的游牧系统。与生计有关的本土土地所有权制度非常适用于气候条件不稳定、资源供应短缺的干旱地区。

坦桑尼亚的马赛族农牧系统位于该国与肯尼亚接壤的北部地区——从洛利翁多（Loliondo）到西乞力马扎罗山，向南延伸至马尼亚拉（Manyara）的部分地区——从基特托（Kiteto）到思曼吉罗（Simanjiro），再沿东非大裂谷绵延至干旱半干旱地区，包括恩戈罗恩戈罗（Ngorongoro）国家公园和塞伦盖蒂（Serengeti）平原的部分地区。这一独特的农业系统养育了马赛族人1个多世纪，已被证明是高效的、适应性强的、具有环境效益和丰富生物多样性的农业系统。该系统同时也是一种畜牧系统，主要通过适应而非改造当地的自然环境来满足食物和产品需求。牲畜的生存与繁殖都需要极大的流动性，在长期的游牧生产过程中，马赛人逐渐积累了医学、放牧、景观生态学、动物行为、牲畜管理和野生可食用植物资源等方面的丰富知识

(Naimir-Fuller，1998)。

据马赛人口口相传：尼罗河流域的部族最初生活在肯尼亚西北部图尔卡纳湖（Turkana）以北的尼罗河下游河谷，自 15 世纪开始向南迁移，于 17—18 世纪建立了目前的定居点（Albala，2011）。马赛部族的历史传说极为丰富且引人入胜，比如传说中他们最初的家园是一个巨大的火山口。历史学家曾经提出了许多天马行空的假设，猜测马赛人与其他文化之间可能存在的联系，然而除却马赛部族自己代代相传的历史故事外，再也没有其他可靠的依据。马赛语则起源于尼罗-撒哈拉语系，与丁克尔人和努尔人有关。

马赛社区总占地面积为 160 000 千米^2（Craats，2005），2009 年人口普查显示，社区总人口为 453 000 人。马赛族群分为 11 个子部落，当地语称之为"奥洛松"（oloshon）。每个奥洛松（子部落）在方言和礼仪传统上都存在明显的差异（Bussmann et al.，2006），可以被进一步划分为一个个独立的生态社群，当地语称之为"因科托"（inktot），每个因科托都拥有各自的雨季牧场，强降水期间会分散到雨季牧场中安营扎寨（Albala，2011）。

马赛人属于半游牧民族，当奥洛松的年轻战士们在牧场间放牧时，社区的其他成员仍在定居点居住。值得注意的是，马赛语当中没有"家园"一词，当地语中"某人的房屋"（Inkajijik）常被理解为"某人的家"，房屋也因此成为"家园"的统称（De Leeuw et al.，1991）。马赛人虽然普遍使用"奥尔马雷"（olmarei）来表示"家庭"，但很难确定该词是否指代实际的生活空间。

牲畜自然是马赛人最大的财富，被他们的文化赋予了神圣的意义甚至宗教价值。马赛人相信真主"恩盖"（Engai）让他们负责管理牲畜（Craats，2005）。当地主要的牲畜是牛，但马赛人同时也放牧绵羊、山羊和骆驼。骆驼主要用于婚礼庆典，绵羊是羊毛的重要来源，牛乳则为人们提供营养，同时也能在市场上销售。

马赛族的社会结构主要基于奥洛松体系，每个奥洛松都有自己不同的政治和行政制度（De Leeuw et al.，1991）。直到最近每个奥洛松都拥有了足够的牧场后，因领土纷争而引发的冲突才逐渐减少（至少在马赛部族之间）。马赛族通过发展其政治制度、促进跨奥洛松间的合作来解决最近的土地供应问题，部落与部落之间基于广泛的政治框架分享牧场与各类资源。现如今，马赛族人在不同的奥洛松之间迁移已不再是一件难事。

根据当地一种叫做"奥尔波罗"（olporo）的制度，马赛部落中的政治地位高低和责任大小主要由年龄所决定（Ndaskpoi，2006）。在马赛人遵循的族长制度下，族内最年长的成员拥有最高的决策权，马赛族男子会在 16 岁时接受割礼，正式成为一名战士（morani），随后每 15 年逐级升为初级元老、高级元老和退休元老（De Leeuw et al.，1991）。妇女没有自己的等级制度，她们会在婚后自动加入丈夫的等级（Albala，2011）。不同年龄群体都会指定一位发言人在奥洛松中做代表。处于战士阶段的部落成员需要付出的劳动力最多，但所收获的荣誉也最大。部落中一个家庭的经济也影响着家庭所饲养的牲畜种类。

在干旱的月份，安全可靠的水源周围会聚集起数千头牲畜（Nanda，Warms，2010）。这就需要人们将畜群拆分，在不同的日子轮番带到水边。畜群早上被带去水边饮水，然后离开栖居的家园进入旱季牧场，在部落战士们的监督下吃草，晚上再被带回家中。

部落中的战士们负责监督放牧，他们在族内元老的指导下积累与牲畜行为和放牧相关的重要知识，比如对不同的植物物种进行分类并评估其保水能力，然后定期向元老们汇报。这些知识在元老们制定迁徙计划时提供了重要的参考依据。

全球重要性

在世界上的许多游牧社会中，马赛族是可持续牧区管理的典范。马赛部族文化强大的保护价值与野生动植物管理之间实现了深层次的协同发展。从生计与经济角度看，特别是考虑到小农饲养户的发展，畜牧业是在高度不可预测的环境中开发利用自然资源的一种有效且可持续的方式。

马赛游牧系统的全球意义和共同价值在于它们对于保护动物品种以及与马赛游牧文化共同发展的景观具有重要意义，不仅为保护野生生物多样性提供了关键的栖息地，也是畜牧业和生态功能方面丰富的本土知识宝库。马赛游牧系统为人们提供了肉类、奶类、玉米粉、动物皮毛、饲料、水、肥料、林产品（水果、种子、药品、蜂蜜、木杆）以及相关的生态知识。

威胁与挑战

马赛人的生计模式面临多种形式的威胁与挑战：优质牧场变为农田；土地国有化；土地被不断增长的人口蚕食；游牧牧民被强制定居；不加区别地开发水资源；将游牧视为对农业定居者的威胁；资源规划者和部门专家对于游牧系统中普遍的资源利用效率缺乏了解；实际土地权属问题；传统制度（如牧场土地）合法化丧失；城市消费价值观侵蚀传统文化；缺乏对定居农业中"定居者"的保障；腐败引发的土地掠夺；艾滋病的肆虐导致部落失去领袖、子女失去父母照顾、传统知识和劳动力丧失。

马赛族牧民在水资源供应和农业服务方面被边缘化，与从事农业的部落（基库尤族、基西族、瓦鲁萨族）间的冲突也对他们造成了负面影响。为应对这些威胁，马赛人建立了从事狩猎旅游的小规模企业，通过引进农业技术，将农业提升至与畜牧业同等重要的地位，甚至借助通婚来与其他部落（基西族、瓦鲁萨族）结盟，上述诸多变化对农业生物多样性和马赛族生活方式的影响有待评估。

GIAHS 倡议借助"通过动态保护 GIAHS，支持肯尼亚共和国与坦桑尼亚联合共和国的粮食安全和减贫"项目，在肯尼亚和坦桑尼亚的三个选定地点启动了动态保护：一是肯尼亚的奥尔多扬扬诺基/奥尔克里（Oldonyonyonokie/Olkerie）马赛族牧民遗产区；二是辛姆布韦胡胡基汗巴（Shimbwe juuu Kihamba）农林业遗产区；三是恩加雷塞罗（Engaresero）马赛族牧民遗产区。该项目在德国联邦食品、农业和消费者保护部向 GIAHS 倡议提供的财政资助下完成。

马达加斯加

马纳纳拉稻作梯田和农林复合系统

特点与特征

马达加斯加长期与邻近大陆隔绝，形成了独特的动植物群，该地许多动植物罕见于地球上的其他地方，一些生态学家称其为"世界第八大洲"。马达加斯加显著的物种多样性和高度的地方特殊性一直受到人为压力的威胁（Mittermeier et al.，2006；Harper et al.，2007）。因此，该岛被列为世界上最重要的生物多样性热点地区之一，突出了协调保护工作的必要性。然而不幸的是，大多数马达加斯加动物仍濒临灭绝。

马达加斯加东北海岸的马纳纳拉北部生物圈保护区总面积为14 万公顷，其生态系统非常多样化，包括热带潮湿森林，有滨海、滨河植被和红树群系的沿海沙质平原，沼泽地以及旧大陆罕见的珊瑚礁，这些都是许多海洋物种重要的产卵场。许多狐猴，如当地著名的指猴，都是该生态区的特有物种。在生物圈保护区内以及周边地带，聚集着当地的旱地稻作栽培村落和渔民村落。

马达加斯加以世界上最优等的香草闻名于世。这种香草发源于中美洲，1840 年由法国殖民者首次引入，在马达加斯加北部湿润雨林的沃土中繁茂生长，香味浓郁且独特，因其略带西梅、干果和丁香的芬芳，余香长留、令人陶醉，很快便闻名遐迩。现如今，马达加斯加出产的香草已超过世界总产量的 2/3，都是在岛屿潮湿的北部地区种植出来的。在生物圈保护区，香草栽培者采用传统的种植方式，将香草藤蔓种植在热带雨林大树的底部，用细棒或动物毛刺对香草进行人工授粉。授粉后，香草会长出类似新鲜青豆的种子荚，香草荚熟化后会变成深色的小细柱，柔韧且有着浓郁的香气。为了对香草进行加工贮藏，人们会把新鲜的绿色豆荚在热水中快速氽烫，然后将氽过的豆荚覆盖并保存在温暖的地方 2～3 周。马纳纳拉的农民会用羊毛毯把氽过的豆荚包裹起来，储存在他们房屋架空的地板上，维持温暖、干燥的环境。在加工贮藏期，豆荚通过"发汗"排出多余的水分与酶，香草的主要风味成分香草醛得以释放。在熟成和发酵阶段，马纳纳拉当地妇女每天会用手揉搓香草荚对其进行清洁，使其柔软光滑（FAO，2006）。

马纳纳拉和萨哈马拉扎（Sahamalaza）生物圈保护区里的人们尤其依赖对自然资源的采集。对于建造房屋、木工、制作手工艺品、编织篮子、收集薪柴来说，森林资源必不可少。当地人的独木舟、用于研磨食物的研钵和杵都是用森林中的木材制作的。林中还能找到用于保健和营养的药用植物、水果和一些小动物，如萨哈马拉扎的马岛猬和马纳纳拉的马达加斯加狐蝠等。

在农村地区，大多数马达加斯加家庭一般只拥有 1 间小农舍以及 1 小块耕地，相对富裕的家庭还会拥有一些牲畜。在未经商业开发的情况下，牲畜主要作为资源稀缺时期的安全保障。耕种和收集自然资源是农村生计的基础。由于长期缺水、缺乏完善和运转良好的灌溉基础设施、缺乏可用于灌溉农业的平坦土地等原因，萨哈马拉扎的农业举步维艰。因此，当地俗称为"塔维"（tavy）的刀耕火种农业成为主要的农耕方法。通常，当地人会砍伐 1～2 英亩的森林进行烧垦，而后开展稻作栽培。土地耕种 1～2 年后会休耕 4～6 年，然后再次重复这一过程。越频繁地进行烧垦，土壤就会越快耗尽养分，土地就越有可能被灌丛植被或外来杂草所占据，当地人称此类次生植被为"萨沃卡"（savoka）（Erdmann，2003）。对于山坡上的土地来说，这种新的植被往往不足以稳固土壤，继而带来土地侵蚀和滑坡的困扰（Kistler，Spack，2003）。然而，几个世纪以来，当地的人们一直将烧垦作为传统的农耕技术，对生物多样性也没有造成明显的负面影响（Erdmann，2003；Raik，2007）。

马纳纳拉人同时还在农林复合区种植丁香与咖啡。农林复合产业主要分布在马纳纳拉北部周边的偏远村庄，仅有人行步道与港口相连。道路在雨季基本无法通行，因此 1 年中只有 3～4 个月可以乘坐汽车抵达马纳纳拉。

在马纳纳拉的各个山谷，能看到形形色色的农业场景，这取决于地方特征及人口概况。在偏远且人口稀少的山谷，人们通常从事林业和多样化耕种；而相对不那么偏远、人口较为密集的地区，则以种植经济作物和在梯田中栽培水稻为主。梯田中的水稻种植产量高达每公顷 2.25 吨，而从事林业和多样化耕种的产量仅为每公顷 0.11 吨。梯田可以节约水资源，并能保证每年开展两次稻作栽培。然而，梯田的维护需要大量的劳动力。当地的人们用瘤牛犁地，牛还能与家猪一起为田地提供额外的肥料。

马纳纳拉地区体现了多种耕作策略下景观的动态演变。在地处偏远、土壤贫瘠、坡地居多、平原稀少、人口变化等一系列不利条件下，马纳纳拉当地农民被迫开发出创造性的农耕实践。

货物与服务

马纳纳拉农林复合系统（香草、丁香与咖啡）出产的农产品为当地人民带来了重要的现金收入，还为他们提供非木材类林产品，比如蜂蜜。农林复合耕作保护了森林栖息地，形成了独特的动植物群。马达加斯加丰富的生物多样性、保存完好的自然生境和当地的狐猴物种刺激了旅游业，对该岛具有重要的经济意义。

多样化的耕作系统（农林业和不同形式的水稻栽培）也为人口较为稠密的地区带来了丰富的生物多样性。利用梯田种植水稻十分高产，由于该耕作形式巧妙地利用了水资源，梯田每年可以开展两轮水稻栽培。此外，梯田还能稳固脆弱的土壤，防止土壤侵蚀。使用瘤牛进行耕地有利于作物栽培，动物粪便还可以丰富土壤肥力。

威胁与挑战

马达加斯加是一个易受气旋袭击的岛屿。强风会对不稳定的地面造成巨大的破坏。在 20 世纪 80 年代，土壤侵蚀和滑坡严重影响了市场，当时咖啡、香草与丁香的价格较之大米来说有所下滑。水稻需求量的激增也加剧了整个区域的森林砍伐。在马达加斯加低地雨林中，广泛进行的轮垦、非法砍伐和偷猎破坏了森林生境，威胁了濒危物种的生存。今天，人口的增加致使轮垦活动产生了破坏性影响。随着土地压力增大，可耕地变得有限，人们等不及土壤再生便转而去开发新的原始地区。如今在萨哈马拉扎，仍然有相当规模的轮垦活动，尽管一些当地人似乎意识到了这种做法带来的负面影响，却又觉得这是他们唯一的选择。

马里

萨赫勒地区洪泛区农业系统

特点与特征

在西非萨赫勒地区的塞内加尔河（塞内加尔、马里、毛里塔尼亚）、尼日尔河（尼日尔）、索科托河（Sokoto）（尼日利亚）和瓦扎洛贡河（Waza-Logone）（喀麦隆）的洪泛平原，以及南非和东非半干旱地区卡福河（Kafue）　（赞比亚）、丰戈洛河（Phongolo）（南非）和塔纳河（Tana）（肯尼亚）的洪泛平原上，湿地具有相当高的生产力。当地各族裔社群根据洪水泛滥和消退的规律，开发出多种对洪泛平原的持续利用方式，促进了林业、作物种植、渔业和畜牧业的发展。

塞内加尔河洪泛区（主要是马里）的农业模式具体如下：4—10月，春夏季降水促进了洪泛区上黍类作物的耕种以及洪泛区天然牧场上的畜群（牛、绵羊和山羊）放牧。7—10月，洪水淹没洪泛区食谷鸟类筑巢的长廊林（主要由阿拉伯金合欢和埃塞俄比亚糖棕组成）和多年生草本植物鼠尾粟的草地，刺激了鱼类横向迁移到洪泛平原以避开河道中的天敌，促进鱼类在遮蔽植被下营养丰富的洪水里产卵和繁殖。洪水冲刷掉土壤中的有毒化学物质，营养丰富的淤泥沉积下来，提高了土壤肥力，补给了土壤与含水层，并为自北方迁徙而来的水禽提供了越冬的栖息地。塞内加尔洪泛平原有40万公顷面积被淹没，洪水为10 000名渔民提供了生计支持，每位渔民每年能捕获70千克/公顷的鱼，每年总出产量约为30 000吨，鱼类是当地少数民族社区主要的蛋白质来源。9月，洪泛平原上收获的黍类作物促使以作物残株为食的畜群迁徙，畜群粪便能增加农田的土壤肥力，也为食谷鸟类提供食物。10月至次年1月，洪水消退，人们在洪泛平原上种植高粱和豇豆，在裸露的河岸、堤坝上潮湿的土壤中种植玉米和甘薯。103 000公顷洪泛平原的森林和草原上，土壤得以通风透气。次年2—5月是炎热的旱季，洪泛平原农业进入收获期，畜群（牛、绵羊和山羊）开始迁徙并以高粱残株为食，畜群粪便增加了田间的土壤肥力，也为食谷鸟类提供了食物。洪泛平原同时还是候鸟的栖息地。洪泛区农业最杰出的特点是不同族裔社区（图库勒人、沃洛夫人、皮尔斯人）持续利用洪泛平原从事渔业、农业和畜牧业。该农业系统为增进社区居民福祉、增强社会凝聚力、实现社会和谐、保护当地鱼类和野生动物多样性作出了巨大贡献。

中美洲

米尔帕（Milpa）系统

特点与特征

　　米尔帕系统是中美洲一种传统的玉米、豆类和南瓜间作系统，系统内主要作物常与其他次要物种，如辣椒、番茄等一起栽培。此外，田间还可额外收获当地俗称为"奎利特"（quelites）的可食用野菜（例如藜属植物）。如今的玛雅农民通过刀耕火种法，结合少量种植（如辣椒等）其他蔬菜作物的方式来实践这一间作系统，该系统出产的玉米、豆类、南瓜和辣椒在当地自产自销，是满足区域和地方粮食消费需求的主要作物。米尔帕系统的耕作周期包括 2 年的种植期和 8 年的休耕期或次生生长期，以促进植被自然再生。只要此周期循环往复，不缩短休耕期，米尔帕系统就可以无限期地维持下去。米尔帕农业因地而异，在不同地区其存在的形式也发生变化，但它仍然是整个中美洲地区数百万人生活的重要组成部分（Isakson，2009）。

　　与同等面积种植单一作物的农田相比，米尔帕间作系统能有更高的综合产出，其主要原因在于它可以在时间与空间上为不同作物分配资源，减少竞争。米尔帕系统通过空间互补的方式，合理安排作物位置，使每种作物都可以吸收利用阳光、土壤水分和养分，以提高生产效率。南瓜和可食用野菜可以在玉米底下生长，利用到达地面的剩余阳光。同时，系统还通过时间互补的方式，高效地利用每种作物不同的成熟期。在整个种植周期中，玉米首先达到生理成熟期，随后，豆类依附着玉米秸秆生长直至成熟，在种植周期接近尾声时，南瓜成熟。整个周期内人们都可以从田间收获可食用野菜，刚犁完地后就可以收获苋菜，再到豆类和南瓜成熟前的花与嫩芽，丰富且不间断的收获印证了米尔帕系统能通过时间分配保证不同阶段皆有产出。

　　还有人对米尔帕系统的高产作出了其他解释，其中一个众所周知的原因是豆科植物可以固氮，从而避免它们与玉米争夺土壤中的氮养分。此外，作物的异株克生效应、作物栽培密度降低，都有助于减少虫害，上述两方面也对害虫种群动态产生了重大影响。长期的重要益处还包括，土壤在种植周期中被覆盖的时间较长，提升了生物质的产出，降低了土壤侵蚀的风险，有助于构建土壤（Vandermeer，1992）。

生物多样性与生态系统功能

　　传统的米尔帕农业系统通常以间作栽培的形式支持高度的植物多样性。通过种植多种作物品种，尽可能地减少风险，这一策略可以长期稳定产量，促进饮食多样性，即使在技术水平较低、资源较为有限的情况下，也能最大限度地提高收益率。在瓦哈卡（Oaxaca）和特拉斯卡拉（Tlaxcala）的大多数农村社区，家庭间作其他米尔帕作物的比例很高，57％的家庭间作南瓜，84％的家庭间作豆科植物。玉米需要土壤中含有较高水平的氮才能正常生长，若单一种植玉米，将会迅速耗尽土壤中的氮养分。相对而言，豆科植物的氮含量很高，能帮助土壤固氮，显著地延长栽培玉米地块的寿命。玉米也提供了秸秆让豆科植物在生长时得以攀附，也算"礼尚往来"。南瓜通常生长在玉米作物的行列之间，覆盖行间的地面，有助于抑制杂草生长，因此也形成了一种相辅相成的共生关系。米尔帕系统通过调整休耕期和覆盖期来管理土地的生产潜力，延长休耕以增加生物质产出和养分循环的时间，以期提升未来的作物产量。

知识体系与适应技术

传统的米尔帕农业生态系统及其相关的植物多样性是自然与社会系统间复杂的、协同演化的结果，继而催生了一系列生态系统占有策略。当地人关于生态系统的本土知识往往会造就各式各样、用途各异的农业景观，同时也保障着当地粮食的自给自足。农业对自然环境的改造，背后一定有着非常详细的知识体系为基础。瓦哈卡和特拉斯卡拉地区的农民具有非凡的本土知识与经验，能够对数百种植物与作物品种进行分类、熟练地区分土壤类型。许多资源贫乏地区的农民所使用的传统作物管理方法都能为现代农民提供丰富的资源，帮助他们创造出适应当地农业生态和社会经济环境的新型农业生态系统。农民们所采用的许多技术都相当契合当地的生产条件，这些农业技术往往是知识密集型，而不是投入密集型。但很显然，并非所有技术都有效且适用，因此，就需要对它们进行修正和调整，目前面临的挑战是如何基于当地农民的农耕理念和本土知识，为技术调整奠定坚实的基础。

农耕文化与传统

当地在生长季节的关键节点会举办一些重要的庆典活动。在不同地区、不同海拔高度，气候与生长季节的长短各不相同，仪式举行的时间也各异，但它们总是与传统历法中的重大事件联系在一起。玛雅人的农业庆典总在满月时进行，而在墨西哥中部地区，每个庆典都与太阳历 1 年 18 个月中的某个月相关，周期约为 20 天。在玉米从种植到收获的每个主要生长阶段都会举办相应的仪式。

尽管农业庆典的形式因不同传统而异，但中美洲各个地区都有共同的庆典主题，其中之一就是通过祭祀四方来再现创造天地万物的场景。危地马拉高地的基切人会在米尔帕系统的四角献上祭品。他们首先在田间正中心的位置种植玉米，然后从中心出发向四个方向扩散种植。在特波茨兰（Tepotzlán），纳瓦人会将用万寿菊制作的十字架放置在农田的四个角落。在墨西哥北部的马德雷（Madre）山脉，塔拉胡马拉人将玉米啤酒撒向四个方向以庆祝耕作。向本土神灵或天主教圣徒献祭与祈雨也是当地常见的庆典主题。

在与米尔帕农耕系统间接相关的庆典仪式中，玉米占有显著地位。阿马特兰（Amatlán）的纳瓦族村民认为玉米是他们的血，这意味着玉米决定了他们生活中的方方面面，从民族认同到日常活动。在中美洲著名的史诗《波波尔乌》（*Popul Vuh*）① 中就曾提及：玛雅人最早的祖先是用玉米所造。玉米，尤其是玉米与人类间亲密的联系，在古代与现代神话中反复再现。

景观与土地管理

在许多热带地区，烧垦农业主要由土地利用和重要的资源管理系统构成。米尔帕是中美洲地区的周期性烧垦农业形式，它以玉米轮作和休耕为基础，在休耕期建立次生林以补充有机质和养分。米尔帕耕作系统通常与公共用地保有权相结合，协同发展。这种将土地利用与保有权相结合的制度，通过调节米尔帕系统内耕地的数量、耕作时间和（特意储备的）公有林地数量，用通常不可分割的继承权来调控人口增长对土地资源所产生的影响，以求能持续性地在贫瘠的土壤上开展耕作。

从景观层面看，米尔帕系统的林间空地在森林结构方面产生了明显的边缘效应。在大多数情况下，米尔帕系统通过森林矩阵开展轮作。用林区作为缓冲的米尔帕系统在惠及边缘物种、管理物种和多栖物种的同时，却牺牲了成熟的森林物种和林下植物群落。

---

① 《波波尔乌》（*Popol Vuh*，基切语中意为"议事书"）是中美洲印第安民族史诗，共4部，约于16世纪根据民间传说写成。史诗内容叙述世界的创造、人类的起源、基切人的英雄传说以及基切部落建立和发展的历史等。被誉为"玛雅文明的圣书""美洲人的圣经""玉米人的圣经"等，是美洲乃至世界文学宝库中最古老的不朽著作之一。——译者注

玛雅米尔帕系统的农业景观常被误认为是一片荒芜。然而，它是建造玛雅森林花园的基础，周期至少为 18 年。从低矮的玉米冠层开始，其间栽种有 70 多种植物和自生植物品种，再到快速生长的多年生植物，最终形成以果实和阔叶树冠层为主导的玛雅森林。多年以后，这片森林注定会再次成为以玉米地为主导的田地。

全球意义

几个世纪以来，墨西哥热带低地地区的农民们一直管理着传统的农业生态系统，他们将管理的重点放在维持长期产量上，而不是追求短期内的产量最大化。最近，该地区引进的农业技术支持大规模商业化耕作和养牛业，迅速取代甚至淘汰了当地传统的农耕方法，然而这些农业技术却未能达到最初承诺的生产水平。与此同时，当地种植系统丧失多样性，导致了对进口粮食产品的过度依赖、营养不良、自然资源退化等一系列问题。

人工岛（Chinampas）农业系统（架田、人工浮岛与漂浮花园）

古阿兹特克帝国的首都特诺奇提特兰 - 特拉特洛尔科（Tenochtitlán-Tlatelolco）位于特斯科科湖（Texcoco）南部的一处岛屿，人口为 10 万～30 万人，城中建有宏伟壮观的金字塔和寺庙群，人头攒动的市场里到处是令人称奇的农产品，商贩们撑着独木舟沿运河的栅格从早到晚地叫卖，让抵达这里的西班牙人想起了水城威尼斯。然而，不仅是运河，就连这座岛屿本身也是人工建造的。特诺奇提特兰与它的姐妹城特拉特洛尔科均是巨大的人工岛集群。自 1325 年建成以来，这座人造岛屿城市逐步发展壮大，原本古老的农田日渐城市化，人们只能在不断扩张的城市外围重新修建农田。继续往南走，抵达霍奇米尔科-查尔科（Xochimilco-Chalco）沼泽盆地，那里有一片占地面积约 120 千米^2 的、更为集中的人工岛。

　　这些在阿兹特克地区被称为"人工岛"的架田岛屿每个宽2.5～10米，长度最长可达100米，通常由周围沼泽或浅水湖泊中的泥浆堆造而成。阿兹特克人将架田搭建至水面以上0.5～0.7米高，用紧密交织的木桩、树枝与种在边缘的树木一起稳固架田。从古至今，人工浮岛的建造方式一直未曾改变，人们将水生杂草、水底淤泥和泥土交替或层装在长方形的藤架内，再将其牢牢地扎根于湖底（Armillas，1971）。

　　由此建造而成的架田大小不一，通常长30～100米，宽3～8米。新造的人工岛河岸边种植着中美洲柳树以提供庇荫，柳树根能形成生物围篱，将架田更稳固地锚定在湖底。狭窄的河床保证了周围运河中的水能在农田作物根系的部位均匀地流过。农民们通过定期施用沼泽淤泥、水生植物和粪肥来保持土壤肥力。每个人工岛被1～3米宽的运河隔开，形成了只有水路才能到达的岛屿网络。充足的水生植物、水底沉积物和淤泥不间断地为架田土壤供应有机物养分。水葫芦是如今有机物质的主要来源，每天每公顷能产生多达900千克的干物质。

　　人工岛的高产源于以下几个方面：首先，人工岛架田的耕作几乎是连续性的，田地很少有空置的时候。因此，架田每年有3～4拨收成。其次，田中种植各式各样的作物，从玉米和豆类等主食到在市场上出售的蔬菜和花卉，它们与大批小型果树和灌木混栽在一起。最后，架田中丰富的水生生物，如鱼类、蝾螈、青蛙、乌龟和各类飞禽，是当地人饮食中宝贵的蛋白质来源（Denevan，1970）。

　　保持这种高产的主要机制之一是对苗圃的有效利用，在前一批作物收获之前，农民先让新作物的幼苗发芽。其二，尽管持续不断地耕作与收获，人工岛的土壤肥力依旧保持在相当高的水平，湖泊本身就是巨大的营养集水池，架田里的水生植物就像一个个营养浓缩器，吸收水中低浓度的营养物质，再将其储存在组织内，为土壤提供大量的有机肥料。这些水生植物的作用，加上用于灌溉的运河本身携带的泥浆和泥水，确保了架田中的作物始终有足够的营养供应。其三，田间有充足的水分供作物生长。人工岛特意设计了狭窄的河床，确保水能流淌到人工岛的每个角落，保障作物根系能充分地吸收水分。

考古学家们一直为人工岛而着迷，认为它是阿兹特克帝国深奥智慧和雄伟气势的象征。事实上，鲜有人从墨西哥本土背景或是墨西哥农民的角度出发，对人工岛进行探讨。较之人工岛的实际应用价值，人们，尤其是那些西方的观察家和研究人员，似乎对这种农业系统的美学价值更感兴趣。早在16世纪，历史文献中就记载了人工岛漂浮在沼泽和湖泊上的形象（Crossley，2004）。据早期观察家描述，这些漂浮的农田经常从一个地点移动到另一个地点，不会下沉也不会流失。因其纯粹的特殊性，这种农业系统被赋予了传奇色彩，然而，却鲜有人意识到这种农耕模式所带来的实际优势，特别是在气候变化时期，人工岛或漂浮花园也许可以用于应对洪水的持续侵袭（Armillas，1971）。

威胁与挑战

自20世纪50年代起，墨西哥城开始从人工岛地区取水，人工岛农业产量逐年下滑（Crossley，2004），其原因包括湖泊水位发生了急剧且不可预测的变化、快速的城市化进程、运河和人工岛本身的环境退化以及各类社会与经济因素。

到了21世纪的前十几年，霍奇米尔科湖已经缩小到原来规模的1/4。事实上，该湖及其人工岛之所以能存活下来，是因为许多天然泉为其提供了源源不断的淡水。在1900年以前，当地一直用一条运河将人工岛农场与墨西哥城的中心市场直接连接起来，而后运河被排干，人们修建了柏油路取而代之，迫使当地农民不得不与市场中间商打交道。尽管发生了这些剧变，霍奇米尔科湖的漂浮花园仍然是首府城市蔬菜和花卉的主要来源。

全球重要性

对于保护农业生物多样性、保障粮食与生计安全、解决贫困问题、特别是应对新出现的气候威胁来说，人工岛具有全球重要意义。

家庭花园-庭院（solar）系统

特点与特征

传统中美洲农业系统被称为米尔帕系统，是指在同一片农田间作玉米、豆科作物和南瓜三种主要作物，通常还混合栽培有其他次要作物（如辣椒，番茄）和当地称之为"奎利特"的可食用野菜（藜属植物）。当地的农场农耕文化的一大特点是家庭住宅旁往往有一片具有丰富动植物物种多样性的区域，被称为家庭花园或庭院。这类庭院大多数紧挨着米尔帕系统，两者共同形成米尔帕-庭院系统。

庭院是家庭花园的一种，人们在那里休憩、工作、实践，产出各类产品。不少研究都指出了庭院的重要性，人们在庭院中密集地工作，开展灌溉，高效地从事生产。种植在庭院中的高地植物有苋菜、豆类、南瓜、辣椒以及供药用与食用的多叶植物等。在墨西哥中南部的低地地区，早期的庭院主要用于生产可可，而现如今，在维拉克鲁斯（Veracruz）的宗戈里卡（Zongolica）等社区，人们通过刀耕火种来栽培多种作物品种，包括玉米、蚕豆、豌豆、香蕉、鳄梨、燕麦、大麦、马铃薯、南瓜、曼密苹果、咖啡、菜豆、香草等。当年的西班牙殖民者抵达这里后，又对米尔帕-庭院系统进行了调整，引入了新的植物物种、家畜家禽（猪、牛、羊、鸡）和工具。

当代的米尔帕-庭院系统中依然保留着玉米作物演变制度中许多社会和生物学要素。社会要素包括农民拣选和交换种子、收获后挑选作物、各物种间作、根据田间轮作和休耕周期变换种子批次，做到自产自销、自给自足。当地农民祈祷并感谢上苍保佑他们的庭院，因为庭院既是他们赖以生存的资源，也是身份认同的一部分。生物学要素包括来自近缘作物的基因流（如墨西哥类蜀黍、野生豆和南瓜的近缘种）、农业气候异质性、作物对不同小气候的适应等。

除本地物种外，当地农民还乐于将温带物种引入其农耕模式当中，帮助其克服在高海拔和低温条件下生长的客观条件限制。随着时间的推移，农民们逐步开发出这些温带作物的地方性品种。

牲畜是一种储备资源，能提供廉价的优质蛋白质（如家禽、鸡蛋、奶等），也是作物生产中宝贵的肥料来源。每日出售牲畜的奶产品还能为农民们带来源源不断的现金收入。玉米秸秆和杂草等相关植物为牛、羊提供饲料。用杂草喂养牲畜一方面可以减少除草剂的使用，另一方面还可以将价值相对较低的产品转化为优质蛋白质。此外，卡斯特兰（Castelán）等（2002）在研究中指出，一些杂草种类，如疏花荷莲豆草，可以创造有利的瘤胃条件，促进牧草有效发酵，从而减少现代反刍动物养殖系统所产生的最主要的两种温室气体——二氧化碳和甲烷的排放。

全球重要性

米尔帕-庭院系统是世界玉米种质基因库，拥有玉米的古老近缘种墨西哥类蜀黍等宝贵的种质资源。墨西哥既有世界上最大的（玉米）种群多样性，也有着最为丰富的种群间等位基因多样性，这是一份由米尔帕-庭院系统的农民们保存了数个世纪的全球遗产。妥善保护这一系统有助于评判今后的玉米改良方案，保障世界上以玉米为主食的大部分人口的粮食供应。

本地豆科植物和南瓜的近缘种属于濒危物种，是这两种作物遗传多样性的重要来源。米尔帕-庭院系统为全世界保存了这些宝贵的遗传种质资源。

威胁与挑战

在国家层面，墨西哥政府在过去 30 年来一直积极推行玉米单一种植政策，这对米尔帕-庭院系统的保护和存续构成巨大威胁。

在地方层面，玉米单一种植会对人类福祉产生重大影响。玉米产量下滑、生产成本增加、收入减少、玉米价格降低、补贴削减、作物生物多样性丧失等都将加剧农村地区的贫困。在墨西哥农村的 1 200 万本土居民中，约 93％生活困窘。米尔帕-庭院系统能为当地农民提供多样化、种类丰富、营养均衡的饮食，一旦人们放弃该系统，广泛开展玉米单一种植，人们的饮食结构将以玉米和垃圾食品为主，那么营养不良将成为中美洲大多数地区的普遍现象。当地农民家庭迫于生计不得不脱离农场，打工赚钱，地方农业逐渐转型为非全日制农业，米尔帕-庭院系统逐步发生改变，导致了与该农业系统相关的传统技术、植物和品种知识的流失。

在全球层面，转基因玉米的引入也威胁到了米尔帕-庭院系统的存续，墨西哥的玉米生产无法自给自足，因此必须从美国大批进口有时超出实际需求的玉米产品。

中美洲

菜豆刀耕覆盖（Fríjol tapado）农业系统

特点与特征

当西班牙殖民者抵达美洲时，居住在热带潮湿森林里的印第安人正在实践刀耕覆盖农业系统。在其著作《中美洲农牧业活动史》中，帕蒂诺（Patino）（1965）引用了一些早期西班牙编年史中记载的当地刀耕覆盖系统的详细情况：16世纪，佩德罗·西萨·德莱昂（Pedro Cieza de Leon）在其《秘鲁编年史》中描述了哥伦比亚乔科省当地的一种印第安农耕实践。1780年，胡安·希门尼斯·多诺佐（Juan Jimenez Donozo）上尉对哥伦比亚阿特拉托河（Atrato）附近印第安人的刀耕覆盖系统进一步作了如下描述："当地人仅在那些由于湿度过高而无法穿越的灌木丛或森林中播撒玉米种子，随后他们砍下灌木丛，让树叶腐烂，树枝干燥，形成覆盖物，促使玉米发芽。"帕蒂诺在著作中还介绍了其他几种来自哥伦比亚、巴拿马和哥斯达黎加的刀耕覆盖系统，西班牙语中称之为"塔帕德"（tapado）。

在厄瓜多尔和哥伦比亚的东部低地以及中美洲的山坡上，许多农耕系统都普遍采用了众所周知的轮垦耕种方式。刀耕覆盖农业系统是唯一一种古老的系统变体，其特点是当地人不焚烧伐掉的植被。哥斯达黎加和中美洲其他地区常见的菜豆刀耕覆盖农业系统就是一个特别吸引人的案例（Araya，Gonzalez，1987）。

菜豆刀耕覆盖农业系统是一种迁徙型农业系统，1年内生产3个月，其余的时间用于休耕。有时，休耕期或持续几年时间，这取决于气候条件和所在区域的土地可用性。该系统在人口压力低、年降水量高（800～4000毫米）的地区十分常见。它几乎完全由小农户经营，主要从事菜豆生产。

管理菜豆刀耕覆盖农业系统首先需要选择合适的土地，用刀在植被中砍劈出一条小径，为后续的耕作提供便利。道路开辟后，农民们以很高的密度播撒种子（每公顷播种25～40千克），并砍伐休耕的植被覆盖在菜豆种子上。菜豆刀耕覆盖农业系统通常位于山坡之上，最好坐落于向阳面（坐东向南）。这样，菜豆易腐坏的叶子和豆荚在早上便能很快干燥，植株也可以受到充足的光照，因为该地区在早晨往往阳光明媚而下午常会下雨。农民

图7-21　玉米–菜豆农业文化遗产是中南美洲许多国家粮食安全的基础。当地的的玉米和菜豆品种营养丰富，对于穷人来说是廉价的优质蛋白质和纤维的主要来源

图片来源：帕尔维兹·库哈弗坎。

们会选取覆盖着高大草本植物或低矮灌木丛的土地，以便为系统提供足够的覆盖物盖住土壤。当地一种类似香蕉、俗称为"普拉塔尼洛"（platanillo）的阔叶植物就是覆盖物的首选。刀耕时需要避免选择禾本科植物，因为它们的再生速度惊人，会与生长中的菜豆产生竞争。刀耕覆盖后，农田会一直保持现状直至收获（Buckles et al.，1998）。若覆盖层太厚，会导致菜豆萌发率和存活率低，从而影响产量，每公顷仅出产0.49吨，小于全国平均水平0.68吨。

　　对菜豆刀耕覆盖农业系统的农艺学研究聚焦于如何提升豆类产量以及更好地认识该系统的生态功能。也有研究者通过对比政府推广推行的穴植农业系统，对刀耕覆盖农业系统的经济性进行了探讨。菜豆刀耕覆盖农业系统的社会经济重要性体现在本地菜豆生产、外部投入和劳动力利用最小化、向家庭提供额外收入等方面，系统内出产的菜豆 40% 被用于出售。此外，该系统风险系数极低，几乎不需要初始投资。系统的主要特点包括：

- **农艺特征**：系统内不进行烧垦，厚厚的覆盖物避免了杂草萌生。休耕期抑制了土壤中的病原体滋生，覆盖物还能防止降水期间土壤颗粒飞溅对豆科植物可能造成的损伤。
- **经济特征**：系统内所需劳动力总量较低，劳动最密集期回报率较高。假设劳动力投入保守估计为 35 天/公顷，产量为 500 千克/公顷，那么每个劳动日平均约能出产 14 千克菜豆，除去砍刀和种子的支出外，不再需要额外的投入。
- **生态特征**：该系统能够适应脆弱的坡地生态系统。土壤不受耕作干扰，覆盖物保护土壤免受侵蚀。此外，植株的自然根系保存完整，植被的快速再生能进一步降低侵蚀风险、恢复土壤肥力。总之，在人口密度和种植强度较低的地区，该系统既具有一定的生产力，又具有相当的可持续性。

菜豆刀耕覆盖农业系统所产菜豆目前仅占国家菜豆总产量的 24%，而在 1980 年，这一比例曾高达 80%。产量占比下降的原因包括全球化与市场自由化、农村人口向城市迁徙、日益增加的土地利用压力、与其他作物和企业间的竞争、气候变化致使风险增加、用于改善系统的资本供应不足等。现如今，一些特定的因素支持着菜豆刀耕覆盖农业系统的传承和延续，当地深厚的文化传统高度重视粮食安全，最近的研究和推广方案也带来了积极的创新。该系统未来的技术改进必须直面社会经济因素，正是这些因素帮助构建了该系统的特殊地位，使得系统内的农民都能参与其中。

南美洲和非洲

咖啡农林系统

一般特征

热带地区大约有 500 万个农场都在种植咖啡。据估计，全世界约有 2 000 多万人以种植咖啡为生，其中大多数人直接参与咖啡的生产（Eccardi，Sandalj，2002）。在拉丁美洲、亚洲和非洲的 85 个国家中，小规模家庭农场出产的咖啡占世界咖啡总产量的 70% 以上。

这些农民大多在两种具有生物多样性的农林系统中种植咖啡（Perfecto，Vandermeer，2015）。第一种是传统的乡村系统：在这一系统中，咖啡树栽培在本土森林的林下层（次生林或成熟林），取代或补充生长在热带或温带森林底部的植物（灌木类和草本类）。这一系统对原始森林生态系统影响最小。这意味着原始的林木植被不会被破坏，只需在林下层种植咖啡树。该系统类似于小粒咖啡（一种生长在埃塞俄比亚山地雨林林下层的灌木）的原始管理模式。埃塞俄比亚的农民们对森林进行最低限度的管理，从非驯化的咖啡灌木品种中收获咖啡。针对"森林咖啡系统"，农民们几乎不做干预，而针对"半森林咖啡系统"，农民们每年也仅是对除咖啡以外的林下植物进行刀耕，对上层树冠进行选择性疏伐（Aerts et al.，2011）。第二种是传统多物种混合栽培系统（咖啡种植园）：该系统体现了对当地森林生态系统最先进的控制、开发与利用，包括树荫和地形起伏管理以及土壤肥力保持。咖啡灌木在原始森林的覆盖下和许多有用的植物物种一起栽种，形成了生机勃勃的咖啡花园，花园里有各种各样野生或驯化的乔木、灌木和草本植物物种，这些物种由农民们拣选并悉心照料，要么用于维持生计，要么在市场上出售。

农业生物多样性特征与生态系统服务

针对传统管理下咖啡系统中的植物多样性，学界开展了若干相关研究。农民管理多种生物多样性，出产用于各类用途的产品。他们往往选择牺牲咖啡的产量，转而支持那些能维持农村家庭生计所需的产品。在墨西哥的 3 个地区，几十种有用的植物被确定为荫蔽农林。研究数据显示，乡村和传统混合栽培系统能为小农户带来多种利益。最常见的益处是这些系统能为小农户提供 17～51 种食物、5～25 种药用植物和 7～28 种可作建筑材料的植物。曾有科学家对墨西哥普埃布拉州塞拉（Sierra）山脉北部若干村庄中的 31 处生产林地进行过植物学调查，研究发现系统地块内的植物区系非常丰富，每个地块有 25～140 个变种（或本土类群），平均到每个地块包含 69.3 个变种，估计共有 250～300 种物种，其中 96% 是有用物种。调查结果显示，80% 的荫生咖啡田地有 2 公顷以下的拓展面积（详见 Moguel，Toledo，1999），此外，研究还揭示了本土生态知识与咖啡园设计、组合方式与维护之间的关系。

除了能保护生物多样性外，传统的咖啡系统还有其他积极的生态贡献，比如荫生咖啡树能储存大气中的碳、通过减缓径流来保护流域。此外，这些系统通过保持森林覆盖率来避免或减少毁林现象，在维持自然水源质量和土壤肥力、碳捕捉、雨水收集、生物防治、传粉授粉以及平衡气候等方面发挥着根本作用。针对印度尼西亚荫生咖啡系统开展的一项研究（Ginoga et al.，2002）发现，地上生物质、土壤和凋落物所固定的碳总量在每年每公顷 80～100 吨。2010 年，索托·平托（Soto-Pinto）与"斯科莱尔特"（Scolel-te）（在玛雅泽塔尔语中意为"生长的树"）环保项目的同事一起于墨西哥开展了一项研究，他们发现荫生咖啡等农林系统能改善休耕和轮垦系统，使其比没有树木的传统玉米地和牧场碳含量更高。另一个重要的生态系统服务是授粉，这是维持开花植物生存能力和多样性的基本生态过程。鉴于授粉在这些系统中的重要战略作用，在农林景观中保护本地传粉媒介尤为紧迫。维加拉（Vergara）和巴达诺（Badano）（2008）根据咖啡景观类型学，在墨西哥韦拉克鲁斯（Veracruz）不同管理强度的系统中开展了一项调查，探究传粉昆虫的相对多样性对咖啡果产量的影响。他们发现，低强度管理系统（出产乡村咖啡）相比高强度管理系统（出产荫生和暴晒咖啡）来说，物种丰富度和传粉媒介的相对多样性都更高。咖啡果产量与物种丰富度和传粉媒介的多样性总是呈正相关。贾（Jha）和范德米尔（Vandermeer）（2010）发现，在评估咖啡农林管理系统对热带蜜蜂群落的影响时，树种数量、开花树种数量和农林系统的冠层覆盖是对于蜜蜂数量和物种丰富度最具预测力的因素。

全球重要性

咖啡是世界上最重要的农产品之一，主要由小农户生产，他们中的许多人从属于特定的本土文化（Eccardi，Sandalj，2002）。许多文化极富多元性的国家（如印度尼西亚、印度、墨西哥、喀麦隆和菲律宾）都延续着荫生咖啡的种植与生产。根据语言的地理分布情况，在大面积种植荫生咖啡的17个国家的咖啡产区中，估计约有820种本土文化，这表明咖啡农林系统与本土社群密不可分。事实上，在当地树木树冠下间作的咖啡与本土自然资源管理模式息息相关，因此，针对这些系统的分析与研究都应将文化多样性纳入考虑。传统荫生咖啡农林系统不仅保护着当地生物，还保护着当地所存续的本土文化。

除了生态与文化价值外，荫生咖啡农业系统对当地生计来说至关重要，除咖啡以外，它们还供应大量其他资源。莱斯

(Rice) 于 2008 年开展了一项开创性的研究，他在对秘鲁和危地马拉的咖农进行调查后发现，所有非咖啡产品的消费和销售占农林系统所实现货币总值的 1/5～1/3。

无论本土还是非本土小农户都要利用多样化的农林系统来生产农产品以供消费和市场销售。与世界各地的其他农民一样，小规模咖啡种植者身处于双重经济当中，他们将所生产的商品在市场上出售，用获取的现金购买商品。与此同时，他们生产基本的商品以维持生计。这种小农经济战略具有积极的生物学和生态学意义，促进了多样化系统的形成（Toledo，2001），也是热带地区长期存在多种文化的原因之一。

威胁与挑战

咖啡主要由小农户生产，他们极易受到市场和气候相关风险的影响。因此，如果咖农们因市场准入不足和价格低廉而被迫忽视农场，将危及本土咖啡生境，影响他们向咖啡消费国供应优质咖啡的能力。此外，人口压力激增、森林遭到砍伐、大规模农场不断扩张、与其他作物的竞争、人们的定居方案、金融危机和气候变化等因素正在威胁整个大陆的咖啡林区和咖啡遗传多样性。自然咖啡生境遭到破坏，加之气候变化可能对非洲、拉丁美洲和其他地区的咖啡遗传资源和数百万人的生计产生不利影响。

南美洲（以及热带地区，特别是亚马孙地区的厄瓜多尔、巴西和哥伦比亚）

巧克力森林

一般特征

可可树种植在热带地区总面积超过 1 800 万英亩（750 万公

顷）的土地上，约 4 000 万人以可可种植业为生，其中 500 万是农民，90％为小农户、工人和加工厂的雇员。可可和咖啡一样能在天然冠层树木的树荫下种植，并能保持类似于自然森林的景观。这有助于保护濒危动植物物种的栖息地、保护自然授粉者和可可树害虫的天敌、创造生物廊道，以维持大规模的生态和演化进程。农林系统中的遮阴树木通常是具有经济价值的物种，这有助于减少单一种植所带来的风险。

可可农林系统中包含许多本土树木，是当地重要的水果、粮食和收入的来源。在打造可可系统的同时，农民们会种植快速生长的豆科植物，将其用作薪柴。这些固氮植物可以改善土壤质量，从而促进玉米、豆类、菠萝等其他作物以及可可树和遮阴树木的生长。国内外市场均对可可有较高的需求，因此生产可可能为家庭带来稳定的收入（Rice，Greenberg，2000）。

乡村可可农林系统（以下简称 RCA 系统）在当地生计中发挥着关键作用，该系统在保障家庭消费需求的同时，也为地方、国家、区域、全球市场提供商品。在许多 RCA 系统中，近半记录在案的植物是主食（热带水果、柑橘、山药、蔬菜等）。从荫生可可田地中可以收获许多草药，可可种植园中还出产装饰品、芦苇、木材、蜂蜜和精选的经济作物（肉桂、多香果、夏威夷果、芒果以及咖啡等）。因此，本土家庭消费并出售各类商品，以合作社的形式整合创新经济模式，基于 RCA 系统多样化产品制定多重市场战略。

生物多样性和生态系统功能

一般来说，RCA 系统在保护生物多样性方面发挥着五大主要作用：

- 为能够承受一定程度干扰的物种提供了生境；
- 有助于保存高敏感物种的种质资源；
- 有助于降低自然生境的转化率，为有可能涉及清除自然生

图 7 - 22　厄瓜多尔的阿里巴（arriba）可可豆，因其独特的纯正浓香而著称

图片来源：帕尔维兹·库哈弗坎。

　　境的传统农业系统提供了更具生产力和可持续性的替代方案；

· 通过在残存生境间创建廊道来建立互联性，有助于保存这些残存生境，保护对于区域环境高度敏感的动植物物种；

· 通过提供其他生态系统服务，如防治侵蚀和补给水资源，来防止周围生境的退化与丧失，有助于保护生物多样性。

　　与大多数低地热带农业系统相比，荫蔽可可种植园中的热带森林生物多样性更高，其中，结合了天然遮阴树林的乡村可可种植园生物多样性最为丰富（Rice，Greenberg，2000）。然而，不同的乡村农业系统稳定程度不一，有一些很可能无法提供可持续的生境。种植在树荫下的可可树能为一些热带森林生物提供长久的保护。该系统内各类动物四散分布，有着种类繁多的树木、授粉的果树与花卉、附生植物、藤本植物和槲寄生植物，拥有高度的生物多样性。荫蔽农林系统中还有种类丰富的蚂蚁和甲虫，保护此类多样性主要取决于与荫蔽可可农林系统毗邻的天然森林（Dahlquist et al.，2007）。

专家对比了塔拉曼卡（Talamanca）地区的可可（香蕉）农林系统、大蕉单作系统和天然森林系统中的鸟类和蝙蝠群落，发现可可（香蕉）农林系统对于这些动物群落的生境价值远远大于密集管理下、缺乏遮阴树冠的大蕉单作系统。研究还发现虽然在天然森林系统和农林系统中，蝙蝠群落的构成非常相似，但农林系统中的鸟类群落构成变异性极大，缺乏某些依赖森林的物种。这些发现再次印证了一个观点，即虽然复杂的农林系统较之单一种植系统来说为更多物种提供了生境，但若想保护可可生产系统景观中的全套本地物种，维护天然森林至关重要。此外，研究结果还表明，不同分类群对于不同的土地利用类型和管理实践有着不同的反应。借助无线电追踪技术，研究人员证实了可可农林系统、河岸林和生物围篱在为树懒提供栖息地、食物资源和景观连接方面的作用。研究还确定了树懒用于觅食、休息和活动的树种，并为如何从区域和景观层面改善树懒生境提供了宝贵建议。

知识体系与适应技术

可可树种植小农户对其生活的环境有着深入的了解，经常开发出适应性强的农林管理技术，以提高作物产量和多样化水平。在许多可可种植区，当地有关农场管理的知识在整个农场发展中发挥着显著作用。农民对生态过程的了解和利用是农场管理的核心，特别是有机物处理、荫蔽作物和粮食作物种植以及多层树木维护方面的知识。本土知识还包括详细的场址质量评价指标，农民们可以利用这些指标进行有效的农场前期准备和管理，特别是在存在不确定性的情况下。乔木、灌木和草本植物被用于评估土壤肥力状况。在许多地区，农民们可以识别 50 多种森林树种并了解它们在可可种植系统中的作用。适应可可农林系统管理的现代发展战略应当整合现有的、本土化的传统管理框架，以便新的管理设计能同时促进生产与生物多样性保护。

景观与土地管理特征

"巧克力森林"与小型可可系统、休耕田和森林林地一起被归类为可持续景观。可可农林系统是景观组合中的一部分，组合中还包括农业地块、小规模畜牧区、家庭花园以及本土社区中的成熟林和演替林。这种基于景观异质性的传统策略几乎完全符合现代保护运动所提倡的愿景，即对于独立保护区以外的生物多样性也应实施保护。这些在人类管理下的景观，如农林复合系统、农耕后演替区、森林斑块和残余森林以及其他人工生境，都应被纳入自然环境保护主义者的项目、政策和倡议当中，将保护与生产联系起来。在区域景观设计中，传统的荫蔽可可农林系统应作为保护区与保存完好的生境之间、保护区与集约化使用区（农田、林业种植园和畜牧区等）之间的居间林、通道和缓冲带。这意味着需要设计出一种适当的景观，在区域范围内建立群岛系统，每个岛屿各体现一种集约化进程中不同的土地利用管理模式（Perfecto et al.，2009）。

当代意义

结合天然林遮阴树的乡村种植园可能是保护动植物生物多样性的最佳系统。然而由于人类活动，这些乡村农业系统在长期内较不稳定，因此必须做出一些调整。设计新的荫蔽可可种植系统时，可以借鉴从 RCA 系统的传统设计与管理中总结出来的若干原则，为一些热带森林生物多样性提供最好的长久保护。

除了保护生物多样性外，在许多热带 RCA 系统中，树木和作物的结合还有助于生物固氮。非固氮树木也可以通过大量增加地上与地下有机质，释放并循环养分来增强农林复合系统中土壤的物理、化学与生物特性。根据不同系统中的植物多样性水平，地上和地下植被的固碳潜力在每年每公顷 0.29～15.21 毫克，一些情况下甚至可以高达每年每公顷 173 毫克。

威胁与挑战

可可生产景观中的生物多样性保护面临若干威胁，其中包括剩余森林覆盖面积减少、可可荫蔽树冠日渐稀疏、可可农林复合系统转型为生物多样性价值较低的其他农业用地等。为应对这些威胁并长期保护生物多样性，土地管理应侧重于保护可可种植景观内的天然森林生境，注意维护可可复合农林系统内的植物区系多样化和结构复杂的荫蔽冠层，并保留其他类型的田间树木覆盖，以提升景观互联性和生境可用性。

在许多可可产区，包括那些十年前刚刚兴起可可种植业的国家，随着可可种植园数量增多、年份增长，可可种植的长期存续能力受到病虫害的威胁。此外，若干负面的社会经济因素也增加了可可树被遗弃和作物转型的可能性。不可否认，可可生产阵线的转移是可可种植业会引发的最严重的环境问题，将致使日益减少的森林资源雪上加霜。

然而，一个地区的可可生产往往会经历从繁荣到萧条的周期性循环，这是全球可可生产所经历的普遍现象。最初，森林转化为可可农林系统，随着树龄逐年增长，病虫害压力增大，可可产量逐年下降，生产难以为继。种植园丧失生机往往导致可可生产转移到其他地区发展。发展周期内，移除荫蔽树木的动态变化将极大地削减大多数系统内的生物多样性效益。像任何农产品一样，可可也会周期性地遭遇生产过剩的危机。这些波动性变化导致全球可可价格浮动。国际价格的周期性波动会继而引发生产水平从繁荣到萧条的循环发展。当价格居高不下时，多个产区会竞相登上全球舞台。供应量增加后，价格又随之下跌。简言之，无论是真实情况还是一种构想，价格都要遵循供需模型。然而，与其他主要商品定价一样，复杂的价格方程中所涉及的诸多变量在某种程度上都与未来的供应有关，包括天气和产量预测、消费习惯的不断变化、生产国的社会状况、疾病和虫害问题以及机构干预等（Johns，1999）。可可种植的历史数据显示，可可豆的价格周期约为 25 年。耐受边缘性条件的遗传种群蓬勃发展、相关政策促使可可种植随着人类迁徙更广泛地传播，这些都是促使可可生产从繁荣到萧条周期性发展的因素。

在哥斯达黎加的塔拉曼卡，尽管该地区致力将可可农林复合系统作为保护手段来推广，低生物多样性价值的土地利用系统仍正在逐步取代可可农林系统。引发这一趋势的因素包括可可病虫害问题增多、人口激增以及随之而来的对土地和粮食作物需求的增长、本土社区融入现金经济、可可相对于替代性作物较为低廉的价格、有限的市场准入以及更有利于生产香蕉作物而非生产可可的政府政策。

摩洛哥

高阿特拉斯（Atlas）山脉绿洲系统

特点与特征

在摩洛哥高阿特拉斯山脉上，阿马齐格人打造了一处在极端气候下仍能蓬勃发展的绿色岛屿。自新石器时代以来，阿马齐格人一直居住在高阿特拉斯山脉，抵御了多次殖民入侵。即使在被外邦统治之后，当地人依旧在与世隔离的山脉中保持着本土文化、社会和语言遗产。在这片山地绿洲中，阿马齐格人发挥自己的聪明才智，独创性地开发出一套切实可行的解决方案以管理自然资源并沿用至今。他们依靠当地的生物多样性维持生计、利用芳香植物和药用植物来保障健康，在绿洲复杂的分层景观中，运用相关的本土知识与实践，促进了多种植物种质资源的维持与养护。在传统系统中，合理利用牧场进行放牧是当地人相沿成习的做法。当地称牧场为"阿格达尔斯"（agdals），每年在特定的时间段内，牧场实行休牧，妇女收割草料来饲养牲畜。

　　本部分所描述的绿洲位于摩洛哥东部高阿特拉斯山脉海拔2 000米处的伊米勒希勒-阿梅拉古（Imilchil-Amellagou）地区。因其丰富的生物多样性，该绿洲被纳入东部高阿特拉斯山脉国家公园以及摩洛哥南部绿洲生物圈保护区 A 区的一部分，区域内包括寒冷的绿洲、山谷、湖泊、湿地和半荒漠草原。该遗产地包括由 5 个乡镇组成的伊米勒希勒行政圈区域，在行政上属于米德勒特省（Midelt）米德勒特镇的一部分。绿洲所在的阿梅拉古村位于拉希迪耶省（Errachidia），占地面积 309 295 公顷，约有人口 38 000 人、家庭 6 255 户。伊米勒希勒当地报告数据显示，村中从事农业和畜牧业的劳动力约占 65%。尽管其自然环境条件严苛，当地的艾特赫迪杜（Ait Hdidou）部落和艾特马尔哈德（Ait Marghad）部落基于常年积累的知识、辛勤劳作和聪明才智，将伊米勒希勒-阿梅拉古地区寒冷的绿洲和农牧资源管理系统打造成可持续发展的典范。部落成员设法在山区绿洲和荒芜小径间开发出作物耕作系统，发展出以团结和纪律为本的社区实践，多年来从中积累了丰富多样的知识与技巧。

生物多样性和粮食安全

　　该遗产地的农业系统具备多样化功能，其目标不仅限于粮食生产。它被视为自然资源管理的一种手段，是推动区域规划和发展的要素之一。绿洲农业形式多样，它利用沙漠之前的环境以及附近山区的环境，将作物种植和牲畜饲养相融合。生态群落赖以生存的资源得到合理利用，当地人通过土地轮作使土壤和植被得以再生，通过季节性迁移放牧和作物轮作使环境得到调节休整。

伊米勒希勒-阿梅拉古遗产地为农业生物多样性和其他相关多样性提供了更多资源。

水土管理制度与习惯法

当地沃土稀缺，大部分景观被侵蚀，耕地位于临时河流（季节河）沿岸，极易遭受剧烈的洪水侵袭。草原的利用受习惯法约束，牧民们通常十分尊重这些习惯法。当地水资源同样稀缺，水资源的利用也受到习惯法和习俗管理的约束。因此，以多样化种养制度为形式的农业变得高效。一定的优势结合合理的作物轮作实践能够带来显著的效果。土地轮作允许土壤和植被再生，牲畜季节性迁移放牧和休耕使环境得到休整（Bourbouze，1999）。当地人在绿洲系统中开展了十几种轮作实践，种植了 13 种不同的物种，包括 4 种谷物、3 种豆类和 6 种蔬菜作物。

赫塔拉斯（Khettaras）系统

赫塔拉斯，即地下灌溉渠是一种古老的水资源管理及灌溉系统，与伊朗的坎儿井、非洲与中东地区的古老灌溉系统非常类似。系统的惯例做法是共享灌溉用水，以确保个人和集体的用水权利。赫塔拉斯系统建于几个世纪之前，通过地下水引流，利用重力将水输送到绿洲。这些系统建造时就需要投入大量的劳动力，从经济和生态层面对水资源进行分配。根据建造时各家所付出的工程量，公平地分配水资源。系统会根据参与建造的家庭数量确定好各个用水户所使用的水塔和特定的灌溉频次。在一些绿洲中，由于存在许多与水有关的遗产和相关事务（如完成的工作量不均、现金需求差异等），系统的运行变得更加复杂。如今，系统权利分散、分配不均，水资源分配规则也变得愈加繁复（Saidi，2011）。

管理制度

绿洲系统和寒带牧场——伊米勒希勒-阿梅拉古系统整合了绿洲的三大组成部分：阶段性休牧的干旱牧场、定期开放和全年开放的牧场以及当地农牧复合系统。系统的管理整合了四个层面，第一个层面是通过农业和畜牧业的横向一体化整合，实现物质利益交换。农业作物副产品和耕作中清除的杂草，能为畜牧业提供饲料。畜牧业则提供牲畜粪便作为农业肥料。第二个层面采用了以适当技术为基础的生产系统，其中包括开展作物和树木混合栽种、实行有助于提升土壤肥力的轮作耕种。耕作活动将干旱牧场中的作物与定期开放牧场中的作物相结合。季节性迁移放牧在满足牲畜需求的同时，通过延缓牲畜迁移活动来保障植被再生。在第三个层面上，土壤肥力提高有助于环境保护，进而促进作物维持与再生，两者间的互惠作用具有可调节性，都有利于地下水的补给与休整。在第四个层面上，地下水补给是维持系统可持续性的基础，也是保护自然资源的基础，对自然平衡和基础循环至关重要。

全球重要性

无论在摩洛哥还是其他沙漠地区，绿洲就代表着生命。大自然中没有任何一片绿洲是自行产生的，相反，绿洲是一个经过精心管理的人造生态系统。人们对沙漠空间组织和管理进行详细规划，通过创造与整体生态循环相反的生态位和微环境，突破了沙漠表面干燥的条件限制。生物系统由有助于其存续的其他生物体创造并利用，由此也产生了一种共生关系，而微观世界正是这种共生关系的产物（Laureano，2011）。在此过程当中，绿洲被创造了出来。整个绿洲空间组织的基础在于对资源的谨慎利用以及最大程度地开发几个关键因素，绿洲也因此被定义为干旱地理环境中的人类居住区，人们利用当地可用的稀缺资源，激发越来越多的积极互动，创造出一处肥沃的、能够自我维持的环境生态位，与恶劣的外部环境形成鲜明的对比（Laureano，1991）。绿洲需要一套详尽复杂的知识、多样化的技能以及完善的本土知识体系，其基本要素是那些亟须保护和动态保藏的地理与社会组成部分。

挑战

在经济和文化全球化的背景之下，这一系统正承受着巨大的压力。当地俗称为"厄夫"（urf）的习惯法正被逐渐削弱、公共草场环境恶化、年轻人向外迁移、传统知识和手工艺正在流失（De Haas，2001）。

支持农业文化遗产动态保护的机遇

在国际农业发展基金为GIAHS倡议提供的财政资助下，绿洲遗产地的评估工作得以顺利展开，同时，试点系统动态保护措施开始实施，措施包括能力建设、提升人们对绿洲系统重要性的认识、水土资源可持续管理、确定和创造机遇与激励机制，以促进对农业生物多样性的保护和可持续利用。试点保护项目通过GIAHS倡议，突出了各利益攸关方的参与作用，表明了地方和国家层面各机构之间对该系统开展动态保护的意愿。在2012年项目结束之际，摩洛哥国家政府承诺将对绿洲保护进行进一步投资（FAO，2012）。

荷兰

圩田（polder）农业系统

特点与特征

大量的文献记载了古代圩田的历史及其重要性，我们的先祖利用巧妙的工程技术，将艰苦的环境改造得适宜居住，更重要的是，将土地改造得适宜开展农业耕种。荷兰以其圩田著称，早在12世纪，荷兰人就开始将三角洲沼泽中的水排入附近的河流，创造可耕地，形成围垦区。在此过程中，排水后的泥炭土开始氧化，土壤高度降至河流水位。几个世纪以来，农民们一直在调整他们的农业系统，以应对不断降低的土壤高度和偶发的洪水。他们发明新的方法来围海造陆，建造出数百个排水风车以及后来的抽水泵站，从围垦区中抽水排入江河、海洋。这一发展进程造就了今天的圩田景观，该景观以带排水沟的泥炭草地为特点，依赖奶牛养殖业维持经济，拥有丰富的动植物群。在海平面和河流平面上升、土地水平不断下降、土地多功能利用（城市化、娱乐业和旅游业、环境保护、文化特色保护等）逐步增加、农业政策干涉等情况下，这些系统仍然保持运转，持续发挥作用。众多政府、非政府和私人参与方通过集中协商，共同参与到圩田的治理当中。这些组织中最为古老的是水资源委员会，其任务是保障所有公民免受水患威胁（van Schoubroeck，Kool，2010）。

现代与传统的圩田系统

现代圩田：在创造圩田——（筑堤保护的）海平面（或河流平面）以下土地，甚至围海造陆方面，荷兰有着悠久的历史。20世纪中叶，荷兰在当时的南部海域须德海（Zuiderzee）委托开展了围海造陆工程，堤坝建造后，形成了现在的艾瑟尔湖（Ijsselmeer）。须德海无论过去还是现在都处于荷兰的中心，政府从浅海开垦土地，造就了现代农业景观并于20世纪60年代后修建了一些现代城镇（van Schoubroeck，Kool，2010）。

传统圩田：除了大型的现代圩田外，当地还有古代的传统圩田，距今估计有一至数百年的历史。荷兰有一大片农业区域被称为"绿心"地区，位于鹿特丹、海牙、阿姆斯特丹和乌特勒支等多个城市之间，由不同的圩田景观构成，因为它们并不是从海洋中开垦出来的，而是由堤围保护起来的，所以它们不算真正意义上的开垦区，更像是保护区。

生物多样性

圩田系统具有独特的动植物群。当地特殊的野生禽类包括各种鸭子和鸻形目，如凤头麦鸡、欧亚蛎鹬、黑尾塍鹬、红脚鹬和苍鹭等。这些涉禽在水流缓慢，有鱼有虫的浅水区繁衍生息。附近的草地中生活着形形色色的鸣禽，如草地鹨、黄鹡鸰以及白灵科等许多其他鸟类。此外，圩田系统的沼泽和浅水中还有着各式各样的草地物种和植物。有些树种，如某些类型的柳树能够抵御积涝。在过去，人们每隔几年会对一类柳树进行伐枝以形成典型的枝条冠（大头树冠），此类柳条具有诸多用途，例如用于建造一种筑堤的垫子（van Schoubroeck，Kool，2010）。

挑战

圩田农业系统面临若干决定未来发展的挑战：一是土壤高度下降、海平面上升对圩田构成日益严重的威胁。圩田的土壤不稳定，国家必须大量投资以保持该地区土地的宜居性。与此同时，大多数圩田都在荷兰最富裕的地区，社会很可能会继续维持、维护复杂的水系。人们计划沿海岸线修建大型的海堤，全面保护这个国家。这样的建筑将是世间独一无二的，因为即使是来自宽阔的莱茵河和马斯河（Maas）的水也将被泵出。二是生产补贴的总体趋势往往影响农业系统转向发展高投入作物和市场驱动型作物（van Schoubroeck，Kool，2010）。

发展机遇

通过多样化经济活动以实现多功能农业，是维护圩田景观的一大战略。当地为给农业带来更多利润，在创造区域产品、旅游、保健农业和其他附加收入方面进行了若干尝试。在维持现有生态系统商品与服务、维护景观要素（如修剪过的柳树等）、保持土地中的鸟巢数量时，农民们获得了额外的收入，他们的付出也得到了极好的宣传推广。同时，乳品业仍然是该地区的经济支柱，估计90％以上的经济活动都依赖于乳制品生产。经济活动多样化是重要的国家特征，与此同时，圩田农业系统也将继续存续，并对社会和整个世界的新发展作出响应（van Schoubroeck，Kool，2010）。

葡萄牙

维尼奥·维德（vinho verde）葡萄牙青酒农林复合系统

特点与特征

本部分所述的农业景观位于葡萄牙西北部，以分散的小型农场为特征，所出产的农产品主要供家庭消费，其间点缀着一些规模更大、机械化程度更高的农场，专门种植商业作物。9 世纪以来，葡萄牙的农民就开发了复杂的农业系统，其可持续性经受住了时间的考验。

这些系统主要位于葡萄牙青酒产区维尼奥·维德地区，该地区紧靠葡萄牙北部海岸线，从葡西两国边界的米尼奥河（Minho）延伸到波尔图（Oporto），囊括米尼奥和滨海贝拉北部地区的一部分。维尼奥·维德葡萄牙青酒产区拥有 35 000 公顷的葡萄种植园，当地有 38 000 户小农户维持着传统的耕作制度，其特征是在种植着玉米和其他作物的农田四周搭建高高的棚架种植葡萄。

当地农民为生产青酒种植了 52 个葡萄品种，但只有少数品种算得上品质优良，阿尔瓦利诺（Alvarinho）葡萄是其中的首选，其他如洛雷罗（Loureiro）等品种也同样表现不俗，能够出产品种级青酒。

在当地传统的农业生态系统中，绕树攀爬的葡萄与周围作物混合栽种，反映了当地农民们将满足那些简单的、自给自足的农民社会需求作为当务之急。农场平均面积约为 2.5 公顷，葡萄种植在耕地边缘的棚架上。每个农场用于葡萄种植的实际面积相当小，约为 2 200 米^2，平均出产 1.8～2 吨葡萄或约 1 400 升葡萄酒。该产区所出产的葡萄酒约 70％为红酒。然而，由于最近的市场激励，许多农民从生产红葡萄品种转向生产白葡萄品种。虽然大多数的葡萄牙青酒仍由小农户家庭加工出产，但是当地的合作社已经开始寻求更大的国内市场份额。少数私人农场用自己农场或他人农场中出产的葡萄酿造出优质的葡萄酒销往国内市场（Pearson et al.，1987）。

维尼奥·维德地区的葡萄一般种植在耕地边缘，藤蔓攀附田边的树木生长。高高的葡萄藤与玉米种植相结合是该地区的一大特点。当地有许多传统的农林复合模式，是农民们运用巧妙的智慧开发出的垂直农业形式，解决了土地利用受限问题。

该系统简单地将分散在田野中的藤蔓和树木相整合，每棵大树的底部种植有4～8棵葡萄，葡萄藤蔓沿着大树的树枝攀爬，当地的"结藤悬挂系统"（festoon）利用幼嫩的跨枝葡萄藤蔓，让种植在田间边缘临近的大树相互连接。

"阿尔约阿多"（arjoado）系统是结藤悬挂系统的一个变体，它利用垂直的金属丝将树与树之间连接起来。除围绕树干种植葡萄外，还可以在耕地的普通区域种植若干葡萄藤。在"拉马达"（ramada）系统中，农民们将葡萄种植在约3米高、4米宽，由石柱支撑的藤架上，石柱上安装有铁质横杆与钢丝相连接。

在上述3类系统当中，首选的寄主树木是葡萄牙栎、榆树、杨树和野生樱桃树。这些树耐修剪、根深、生长快、寿命长，大多数出产木材、树皮和果实等产品。许多树木还能带来额外的益处，如调节小气候（防风、降低蒸发速率等）、保护藤蔓免受谷底冬季霜冻的影响。树木还可以通过形成物理屏障来减少杂草种子、昆虫与病原体的侵袭。

耕地中心种植谷物类（主要是玉米）、豆类和蔬菜类作物。正常作物轮作包括燕麦、黑麦和用作饲料的豆科植物。一些田地留作休耕供自生豆科植物（主要是荆豆属和鹰爪豆属）生长，它们可用于制作畜栏牛床，牛床降解后也是农场土壤的有机改良剂（Stanislawski，1970）。

威胁与挑战

自葡萄牙加入欧盟以来，农业政策对传统农业产生了重大影响。通过单一种植和农用化肥实现小型农场的技术现代化被视为提升产量、提高劳动效率、增加农场收入的关键先决条件。在该地区，新品种日益取代旧品种，当地逐步推广葡萄单一种植，以连续的、低矮垂直的藤蔓棚架为特点，易于机械化操作（Pearson et al.，1987）。多样化的藤架葡萄园转型，景观明显同质化，农业生物多样性逐渐丧失。种植方式的简化使得环境更有利于食草昆虫生长、真菌滋生，继而导致病虫害频发，造成更大的损失（Jones，1998）。

在过去 10 年间，经济政策的转变引发了维尼奥·维德葡萄产业的重大变化，政策鼓励农民生产更优质的白葡萄品种，从原先以农林业为基础的复合种植葡萄园转向单一种植的农业系统，普遍改用低矮垂直的藤蔓棚架，便于机械化操作。尽管这些系统降低了劳动力成本，并可能提升了利润水平，但系统所涉及的土地利用却较为松散。

现代农业系统完全融入市场，很少重视为满足家庭消费所生产的作物和葡萄酒（Avillez et al.，1992）。如前文所述，密集化的葡萄生产很可能改变葡萄种植园的小气候，从而导致新的病虫害。一些研究表明，新式葡萄园的设计也许更加高产，但其产量的提升可能以牺牲生物多样性和农业可持续性作为代价。

罗马尼亚

游牧系统

特点与特征

本部分所述的系统位于丘卡什（Ciucas）山脉脚下的因托苏

拉布泽乌鲁伊（Intorsura Buzaului）地区，它地处喀尔巴阡山脉北坡，以罗马尼亚典型的两大游牧系统——短途迁移放牧系统和长途季节性迁移放牧系统为特征。整个罗马尼亚山区境内都有短途迁移放牧，而只有在喀尔巴阡山脉北坡的几个特定地区才有长途季节性迁移放牧。

短途迁移放牧期间，牲畜通常进行不超过 20 千米的短距离迁移，而后到达社区自己的夏季牧场。这些牧场上的夏季营地往往是一间木制小屋，是牧人们在夏季固定驻扎的基地。畜群常由绵羊与牛组成，有时也有猪、山羊、驴和马。该系统主要出产多种由羊奶和牛奶混合制成的传统奶酪。每户家庭往往拥有不到 10 只绵羊，若干头奶牛以及几公顷的干草草地，在冬季为牲畜提供饲料。

只有绵羊会进行长途的季节性迁移放牧，牧民们从特兰西瓦尼亚（Transylvania）南部游牧中心山区附近的夏季牧场游牧至罗马尼亚塔拉罗曼尼亚斯卡（Tara Românească）地区（即瓦拉几亚地区①）和摩尔达维亚（Moldavian）地区的低地冬季牧场，距离长达 300 千米。进行长途季节性迁移放牧的牧民群体往往拥有大量的绵羊，却没有足够的草地为牲畜提供整个冬天的食物。羊群规模不一，一般为 1 000～2 000 只。进行季节性长途游牧时，若干牧羊人会带着载有私人物品的驴子和牧羊犬，在 10 月初赶着羊群离开山区，花费大约两个月时间到达冬季牧场，在那里一直待到次年的二三月份，产羔期之后于复活节前回到家中。

纵观历史，在欧洲甚至远东不同地区间的文化传统交流与发展中，季节性迁移放牧发挥了重要作用。在 20 世纪初罗马尼亚

---

① 瓦拉几亚是一个曾存在于 1290—1859 年的大公国，也是一个历史与地理上的概念。瓦拉几亚地区地处下多瑙河以北、南喀尔巴阡山脉以南，传统上可划分为蒙特尼亚（大瓦拉几亚）与奥尔特尼亚（小瓦拉几亚）两个区域。瓦拉几亚地区是现代罗马尼亚的一部分。——译者注

边界重新划定之前，罗马尼亚牧民们的游牧路线东至克里米亚，西至波西米亚。语言学证据表明，喀尔巴阡山脉地区的畜牧游牧实践最早起源于罗马尼亚，随后沿着山脉向北传播。罗马尼亚的许多传统、歌曲、食物和文字都植根于游牧活动，成为当地文化认同中不可分割的一部分。

短途迁移放牧和长途季节性迁移放牧具有生物物理多样性与社会文化多样性。迁移发生在低地与山脉之间、不同气候区之间、两个生态区域之间（例如在喀尔巴阡山脉与多瑙河洪泛平原之间）以及不同文化和经济体之间。从生态和社会经济角度看，这一游牧系统已然存续了数百年。资源和信息一直在牧羊人、牲畜业主及其家庭之间持续地流动着。

罗马尼亚山区占地面积 200 万公顷的半天然草场具有在欧洲出类拔萃的生物多样性水平，其融合了迁移要素，是长期以来畜牧管理实践的宝贵遗产。如能提供适当有效的支持，从长远角度看，此类畜牧模式能促进人与环境间的可持续发展。

短途迁移放牧和长途季节性迁移放牧促进了广泛的文化交流，许多罗马尼亚语和喀尔巴阡地方用辞、当地传统、食物和歌曲都源于这些游牧习俗。当地的一首名为《米奥里塔》（*Miorita*）的民族诗就讲述着牧羊人的故事。据说，就代表本民族文化和身份认同而言，该诗篇相当于著名的史诗《伊利亚特》[①]。

全球重要性

除了生产高质量的健康产品外，罗马尼亚游牧系统通过向国家、欧洲乃至全球提供利益与公共物品，实现了欧洲农业模式的多功能发展原则。这些系统代表了全球范围内许多人践行的、高

---

① 《伊利亚特》（*Ilias*，*Iliad*，又译《伊利昂记》）是古希腊诗人荷马所创作的两部长篇史诗之一。《伊利亚特》全诗共 15 693 行，分为 24 卷，主要内容是叙述希腊人远征特洛伊城的故事。——译者注

度流动的游牧活动。在欧洲，自农业产业化以来，畜牧业急剧衰退，与牲畜生产和农业生物多样性相关的环境可持续性水平下降。在这种大环境下，罗马尼亚的表现尤为突出。在罗马尼亚，畜牧业是一种活态的文化遗产，有可能通过全球文化遗产倡议重新受到认可，成为欧洲其他地区乃至世界范围内粗放型有机畜牧业发展的基准。

俄罗斯

堪察加（Kamtchatka）乌德盖（Udege）森林管理系统

特点与特征

分布在俄罗斯比金河流域中部的红松阔叶落叶林在当地被称为乌苏里斯克（Ussuriiskii）的泰加林（Taiga），类似于欧亚大陆冰河期前的阔叶落叶林。该区域内与之类似的生态系统要么几乎完全转型，要么已然完全消失。

锡霍特阿林（Sikhot-Alin）中部山脉是俄罗斯远东地区森林覆盖率最高的区域，具有独特的多样性自然条件和资源。就植被群落组合而言，该区域与北方的泰加林区和南部沿海地区差异较大。在乌苏里兰（Ussuriland）北部寒温带森林和南部亚热带森林生态系统的交汇处，热带植物和北部针叶树相互环绕、交织分布。

比金河流域位于锡霍特阿林山脉山脊处，占地近 160 万公顷，是锡霍特阿林山脉（北纬 46°15′，东经 135°15′）西坡唯一一处没有受到广泛人为影响的大型水域。它是阿穆尔河流域典型的盛产鲑鱼的河流，拥有最适宜秋季鲑鱼种群繁殖的条件。

被西方称为西伯利亚虎的阿穆尔虎是俄罗斯远东乌苏里兰森林的象征。它是现存世界上最大的猫科动物，也是唯一栖息在温带森林中的老虎亚种。林区范围内大约有 70 种哺乳动物、250 多种鸟类和大量的无脊椎动物。维管植物群有 1 500～1 700 种物种，包括约 200 种乔木和灌木树种。

乌德盖人管理体系的整体独创性与显著性在于他们有能力运用传承自先祖的历史和传统知识来保护并维持比金河、北方针叶林与泰加林的生态系统。乌德盖人的生活方式具有鲜明的特征：

- 民族与可再生生物资源之间联系紧密，对该区域生态系统有着强烈的依赖；
- 林区采集者（包括狩猎者和捕鱼者）的生产心态与自然生活方式的要素相结合，在日常活动安排中发挥了重要作用；
- 当地存在一种涉及自然资源、土地所有权和宗族内部密切关系的群体心理。

目前，乌德盖人聚居在滨海边疆区和哈巴罗夫斯克边疆区的几处村庄，大多数乌德盖人居住在克拉斯尼亚尔（Krasny Yar）、格瓦休吉（Gvasiugi）和阿格祖（Agzu）镇上，与其他俄罗斯人以及北方社群一起共享这些定居点。

全球重要性

锡霍特阿林山脉西坡的冷杉林和云杉林代表了曾经遍布东亚的、冰河期前的远古森林。乌苏里兰地区被认为是整个前苏联地区最具生物多样性的区域。霍尔河和比金河谷是北部生物群和南部满洲生物群之间的生态渐变带，在远东地区乃至全世界都属于十分独特的生态组合。该区域不仅是俄罗斯远东地区，也是北半球所剩无几的、完整的大规模流域之一。以森林为基础的传统系统中，任一组成部分的多样性减少都可能导致传统知识的流失，从而削弱人类保护和可持续利用北极地区许多重要生态系统的能力。该地区的经验教训值得俄罗斯和世界其他地区借鉴。

西伯利亚驯鹿放牧系统

特点与特征

早在距今 3 000～5 000 年前，人类便已开始放牧驯鹿。在西伯利亚 5 640 万公顷的苔原上，许多民族都放牧驯鹿，如涅涅茨人、楚克其人、萨阿米人、谢利库普人和楚德人等。一些族裔社群为游牧民族，如涅涅茨人，另一些则是定居民族，如萨阿米人。驯鹿为这些社群提供了粮食与生计保障，它们 3 000 头为一群被成群放牧，以草原上的莎草和其他草本植物为食，夏季在苔原和湿地泰加林中繁衍生息。在这些民族所信奉的萨满精神中，驯鹿是图腾和信仰的象征。这些社群在附近的森林中采集狩猎，捕食野禽和驼鹿，在附近的水域中捕捞鱼类（如白鱼、鲱鱼、鲟鱼、灰鳕、鲈鱼、鲑鱼等），以近岸海域的海洋哺乳动物（如海豹、白鲸）为食。在苏联时代的集体化背景下，这些动物均属国有农场所有。国有农场享有一系列补贴福利，如集体厨房、医疗保健、儿童保育和教育、兽医护理、步枪弹药、机动雪橇、直升机运输、人工工资、社会安全网络等。由于宗教和领导层施压，大多数社区在文化上脱离了自然，依靠国家谋生。苏联解体后，经济体制向市场经济过渡，国有农场在某种程度上被盲目私有化，在非经济部门撤资，缺乏技术支持、补贴和社会安全网络等情况下，畜群被随意分配给一个个小型私有单位。结果，随着狼群数量和捕食频率的增加，驯鹿数量直线下降 75%，当地驯鹿群规模降至 1 000 头。此外，近期的石油、天然气以及矿床勘探与开采也在一定程度上对驯鹿牧民和鹿群造成了负面影响。

全球重要性

泰加林和苔原是一个巨大的生物群落，人们未予重视以及目前的全球化进程都有可能对其产生不利影响。

南太平洋岛屿

传统农业系统

特点与特征

南太平洋地区采用各类传统与现代农业系统来开展作物和畜牧生产。虽然传统农业系统在大多数太平洋岛屿国家的农业生产中仍占主导地位，但它们正日益受到基于单一种植的农业实践、城市化进程、生活及饮食方式变化的影响，这使得太平洋岛屿国家越来越依赖种植经济作物，进口面粉、大米和鸡肉等食品。传统农业系统从曾经遍布整个太平洋地区的低投入轮歇农业系统转型为高投入持久性耕作系统。较之现代农业系统，大多数传统农业系统的特点是综合利用树木、混合栽培、延长休耕期与自然雨水灌溉。

太平洋岛民采用的各种土地利用策略被视为大型农林复合系统中不可或缺的组成部分。在发展规划过程中应将这一观点纳入考虑。在该地区农林复合系统的区域社会环境中，存在各种类型的农业用地和荒地，其中包括原生林或次生林、神圣丛林、单一种植林地、果园和椰子种植园、可可和油棕榈种植园、混合种植树木和地面作物的轮歇农田、家庭花园、小块草地、毗邻的红树林或沿海森林。

太平洋岛屿农林复合系统中包含大量传统的主要木本植物品种，如椰子树、面包果树、露兜树、香蕉和大蕉树，以及传统的多年生辅助作物，如甘蔗、木槿和菠菜，还有一些传统的非粮食植物，如卡瓦胡椒、槟榔。最近引进的品种包括木瓜、鳄梨和一系列柑橘品种。还有许多本土的或算是属于本土发展而来的粮食与非粮食作物物种，如番龙眼、黄槿、刺桐和一些榕属物种。这些物种经历了各岛屿上土著居民的系统选择，发展成一系列被认可的栽培变种或半驯化基因型。

以芋头为基础的种植系统

太平洋岛屿农林复合系统包含各式各样的传统耕作系统，侧重于为栽培芋头开发水土管理做法。这些耕作系统又被称为塘田、培高田地和环礁坑田种植制度。阿里（Ali）和穆雷（Murray）（2001）曾对不同类型的梯田花园系统进行描述，这些系统曾在斐济流行，但目前已不再被广泛使用。

在太平洋岛屿国家，培高田地农业仍主要用于种植块根作物，这一耕作形式非常高产，系统包括培高田地土壤层或腐殖质。土壤材料通常来自周围的沟渠，继而也促进了沼泽或低洼地区的排水。这些系统可用于在巴布亚新几内亚高地开展甘薯的持久性耕种（Ali，Murray，2001）。

塘田系统则由周围的小地块和凸起的堤岸构成，有助于池塘控水。在斐济，这些系统仍用于生产耐受饱和土壤的芋头品种。巨型沼泽芋坑田栽培系统被认为是塘田系统的一种变体，对一些环礁国家来说是重要的粮食生产系统。在坑田耕作系统中，人们挖掘深达地下水位的大型坑，再往坑内部分回填土壤和腐烂的有机质。在基里巴斯（Kiribati），沼泽芋头被种植在长 20 米、宽 10 米、深 2～3 米的大坑中，芋头球茎被放置在露兜树叶和椰子树叶编制成的有机培育篮里，锚定在水位以下 60 厘米的坑洞中（IPCC，1997）。

农林复合种植系统

农林复合系统将选定的林业作物和农业作物（主要是太平洋地区的块根作物）相结合，以确保短期的作物生产力和长期的环境可持续性。太平洋岛屿上目前正在使用几类传统农林系统，其中包括非永久性或永久性树木间作系统、庭院花园农林系统和复合种植系统（Clarke，Thaman，1993）。

非永久性农林系统

在整个太平洋岛屿区域，特别是美拉尼西亚（Melanesia）和波利尼西亚（Polynesia）规模较大的岛屿都在使用非永久性或轮歇农业系统。在人口密度较低的地区，轮歇农林复合系统会对不需要的上、中层林冠树种进行砍伐或环割树皮处理，通过焚烧清除灌木丛与地面覆盖物。烧垦清除通常在休耕土地或次生林中进行，但在某些地区，原始森林也有可能被清除。保存下来的通常是生长缓慢、具有药用或其他文化价值的果树及坚果类树木。这些树种往往会被修剪或截梢，但不会被彻底砍伐。通过这种方式能让花园区域更好地吸收阳光，增加土壤中额外的有机物质和养分（Thaman，2008）。这样清理出来的土地有利于种植各类可作粮食来源的树木和作物品种。种植的作物种类因国而异、因岛而异，但往往包含多种山药或芋头品种。经过几次轮作后，由于土壤肥力下降，耕地必须休耕 10～15 年。

永久性农林系统

在整个太平洋岛屿地区的城市中，都能找到家庭花园和永久性农林系统的身影。在密克罗尼西亚（Micronesia）和波利尼西亚界内环礁小国与小型岛屿上的农村地区，此类系统也相当普遍。较之非永久性农林系统，永久性农林系统一般来说经过了高度改良，可能需要更多投入以保持土壤肥力和适当的土壤湿度条件，特别是在土壤趋于贫瘠、结构不良、缺乏许多主要微量营养素的环礁地区。环礁国家所采用的农业系统中通常栽培 3 种主要作物：椰子树、面包果树和露兜树。

威胁

自 20 世纪 70 年代末以来，许多太平洋岛屿国家开始开展商业化耕种和畜牧生产，取得了不同程度的成功，也对环境造成了不同程度的负面影响。然而，早在英、法、德、美对该地区实行殖民统治的时期，当地的现代化进程就已开始。

外国殖民者留下的遗产之一就是种植园系统，它已成为整个太平洋岛屿地区现代农林系统的核心。在一些太平洋岛屿，人们大规模砍伐森林，致使以赚取外汇为唯一目的的单一作物种植系统盛行。农业向种植经济作物的过渡转型促使人们放弃低投入、多样化的传统农林复合系统，导致当地人对进口食品的依赖日益增加。

农林业在太平洋岛屿地区已经实行了数千年。通过 GIAHS 倡议的认可和对当地传统农业系统可持续功能的保护性评估，针对该区域生物多样性实施的动态保护能够有效地助力当地经济的可持续发展与环境保护。

南非

林波波高粱-珍珠稷栽培系统

特点与特征

南非林波波省内波（Nebo）、加拉克温（Galakwin）、马韦勒伦（Mahwelereng）地区的农民会使用若干种独特的、未被记录在案的耕作和收获处理方法。佩迪人或北梭托人所践行的传统耕作习俗主要集中于高粱和珍珠稷的生产。

当地农田为公共所有，农民们一般会在较大的公有耕地中租用 1～3 公顷的农田。农田的占用许可由当地族长（kgosi）批准。农民们自己的家宅位于所租用的田地 1～5 千米外的村庄，四周环绕着家庭花园。农业生产中的许多环节——种植、除草、收获、脱粒、储存和种子拣选都由妇女负责，她们往往还负责碾磨制粉和食品加工。

间作农业系统中实行旱地耕作。高粱、珍珠稷与南瓜、西瓜、豇豆、班巴拉花生、甘蔗等作物间作种植。每年混合间作同一组作物，每个季节只开展一轮栽培。

前几轮栽培的作物残株可以作为公共畜群的牧草，被畜群践踏后的残株、杂草和粪肥随后会被犁入耕地。犁地期间，农民们在拖拉机前进行混合作物播种，包括粮食作物、蔬菜和葫芦科植物。耕作过程中不再额外使用粪肥或化肥，当杂草长至膝盖高时再用锄头锄草。当地的许多杂草品种会被农民们当作绿叶蔬菜或野菠菜（morogo）来收获。与商业化农业生产不同，当地小农户还负责作物收获后的处理，收获下来的粟粒不需要进行防虫处理，只需在贮藏前与高粱、芦荟叶燃烧后的灰烬相混合，便可防虫害。对于当地人来说这种处理方式至关重要，因此他们会长途跋涉至芦荟生长的区域进行采集。

系统内农民们种植自己储存的种子，原始的本土品种种子几乎完全从老一辈那里传承而来。当地农民依据一套复杂的标准（包括性能和产量、抗病虫害和抗旱性、可贮藏性、口感、烹饪或酿造特性）对种子进行拣选。同时也依据农民个人对当地条件、不同作物种类生长要求的深入了解，以及家庭和社区成员的喜好来进行选择。成功地维持和改善特定本土品种的基因构成离不开对上述这些因素的透彻理解、多年的个人经验，以及对田间个体植物生长过程的细致观察。因此，亟待重视口口相传的历史和代代传承的知识与技能，这种拣选过程是动态发展的，每一季作物的基因型都在农民们的调节和方向把控下发生着变化。

全球重要性

这种传统栽培系统具有独创性，其显著特点和突出特征使其独具特色，获得 GIAHS 倡议的认可也属实至名归。南非具有悠久的殖民历史，长期受工业化进程、经济发展以及西方农业的影响，这一引人注目的农业系统能在这样一片土地上得以存续，也印证了它具有相当的可持续性。

西班牙 （和葡萄牙）

德赫萨 （Dehesa）牧场系统

特点与特征

伊比利亚 （Iberian）半岛拥有一个非凡的农林系统，它始于几个世纪以前，随着时间的推移，历经了一次又一次的调整与重振。在西班牙南部与葡萄牙，有一片占地面积 300 万～600 万公顷的草场，零星散布着橡树。那里是一处放牧牲畜的森林牧场，西班牙人称其为"德赫萨"（dehesa）系统，葡萄牙人将其称为"蒙塔多"（montado）系统。森林牧场中的主要树种为地中海常绿栎属树木——冬青栎和欧洲栓皮栎，其次为比利牛斯栎和葡萄牙栎。该系统覆盖了西班牙西南部省份耕地总面积的 52％（Palacin，1992），约 580 万公顷的面积，以及葡萄牙南部超过80 万公顷的面积 （Pinto-Correia，2010）。

韦尔瓦 （Huelva）附近西南海岸的花粉分析显示，该地区公元前 4000—前 2500 年就出现了开放的橡树林地，表明与德赫萨牧场系统相关的橡树林地很可能早在新石器时代就被用于放牧了 （Whittle，1996）。书面文献中第一次提及德赫萨系统是在924 年 （Olea，San Miguel-Ayanz，2006）。以前，西哥特人的律法中用"有围栏的牧场"（pratum defensum）来描述这一系统（Rodriguez-Estevez et al.，2012）。诸多历史事件都影响了德赫萨系统的发展，从第二次摩尔人入侵伊比利亚半岛，到由卡斯蒂利亚 （Castilla）王国的畜牧业业主和牧民组成的牧主公会的崛起，再到教堂与贵族名下的土地被出售 （Olea，San Miguel-Ayanz，2006）。我们今天所看到的德赫萨系统是几个世纪以来对原始地中海森林灌木进行选择性修剪与疏伐，以及多种放牧传统融合后的结果（Joffre et al.，1999）。

如今的德赫萨系统已经进化成为具有高度生物多样性的农林牧复合系统，拥有各式各样的树木和丰富的牲畜、草本植物与灌木品种。德赫萨系统中的畜牧生产往往与以长期轮作为特征的农耕系统相结合。早在中世纪，橡树林逐渐被疏伐，农民退耕还牧为畜牧生产腾出空间。未被砍伐的橡树长得更为高大，结出更多的橡子，又为牲畜提供了额外的食物来源。为进一步提升橡子产量，农民对橡树进行定期修剪，修剪下的枝条还可以作为燃料或动物饲料。橡树高大结实，在其活的甚至坏死的组织中都储存着大量的营养物质（Moreno，Polido，2009），德赫萨系统也因此以其养分的封闭循环而著称，对于长期储存营养十分有利。

德赫萨系统由树木层、草地、作物、牲畜和野生动物 5 部分组成。最常见的树木类型是冬青栎和欧洲栓皮栎，也有其他品种的落叶橡树。冬青栎主要用于出产橡子、饲养牲畜，而欧洲栓皮栎出产树皮，每 10 年左右收获 1 次，可以带来经济收益。橡树还能提供其他资源，包括野生蘑菇、木炭、丹宁酸和薪柴。此外，德赫萨系统的一大特点是无需饲料、肥料或农用化肥等外部投入。平坦地区或丘陵地区适合开发德赫萨系统，而地形条件恶劣的地区则完全不适合（Olea，San Miguel-Ayanz，2006）。

地中海气候所带来的环境颇具挑战性——夏季干燥、冬季寒冷、土地贫瘠、土壤肥力差，这些也促使德赫萨系统在该地区兴起（Olea，San Miguel-Ayanz，2006）。在上述客观条件下，开展作物栽培往往低效且不可持续，而德赫萨系统则是一个真正经济有效的生产模式，它结合了稀缺资源的优势并最大限度地减少了劳动力投入；它增强了多样性所带来的益处，而不是一味谋求单一作物的大规模生产。比如系统内的木材产量就不如每棵树的树冠覆盖率和橡子产量那么重要（Rodriguez-Estevez et al.，2012）。

德赫萨系统内丰富的植物多样性也要求了牲畜的多样性。系统内多种牲畜平衡共处是最理想的状态。绵羊和牛吃草与修剪下来的树叶，驴和马以较粗的草为食，山羊和野生动物则栖居在较为偏远的地区，蜜蜂在各种花卉中传粉采蜜（García, Matta, 2002）。牲畜对于系统来说至关重要，因为它们有助于一些重要农业活动的开展，譬如促进种子传播（特别是橡子）、防止木本灌木过度生长、降低火灾风险等。传统意义上看，当地牲畜包括各类品种牛、美利奴羊、伊比利亚猪和伊比利亚马。山羊被用于控制灌木生长，同时也能出产羊奶。

对牲畜进行管理时需要谨慎，因为它们可能会损坏树木。树木需要自始至终小心的呵护，确保其能够自然再生（Olea, San Miguel-Ayanz, 2006）。随着一种因真菌感染导致树木突然死亡的疾病——干燥病（seca）的肆虐，牲畜啃咬树木的问题亟待引起重视。近年来当地牧民们更倾向于养牛而非养羊，这一新趋势也对德赫萨系统造成了负面影响，因为牛群更易损毁树木。

生物多样性

德赫萨系统可能是世界上植物种类最具多样性的农业系统之一。在安达卢西亚（Andalusia）仅 0.1 公顷的德赫萨系统用地上，研究人员共鉴定出 135 个植物物种（Rodriguez-Estevez et al., 2012）。德赫萨系统中的动物多样性也很丰富，系统为若干种濒危动物提供了庇护所，其中包含黑秃鹫、西班牙帝鹰、伊比利亚猞猁、600 万～700 万只斑尾林鸽以及 6 000～7 000 只灰鹤。蜥蜴和蜣螂也在德赫萨系统中繁衍生息。过去 30 年间，狩猎成为当地一项重要的经济活动，作为狩猎目标的野生动物也发挥着日益重要的作用。马鹿、斑尾林鸽和野猪等物种逐渐成为德赫萨系统不可分割的组成部分。

环境服务

橡树为德赫萨系统提供了许多重要的环境服务。它们能通过吸收雨水减少径流来防止土壤侵蚀。橡树树根能触及土壤深处的养分，并将养分运送至接近地表的地方，使其他植被也能受益。它们通过增强景观结构的复杂性来防止荒漠化。因为树皮在再生的过程中会出现 3～5 次碳固存，所以不断剥除欧洲栓皮栎树皮的过程也能带来额外的环境效益。

德赫萨系统中的树木有助于拦截太阳辐射、减少水分蒸发、降低大气和地表温度（Garcia Trujillo，Mata，2002）。树木通过根部吸收养分后，会再通过橡子、树叶、树干等副产品将养分循环回土壤当中，以减少淋滤。此外，系统内的树木还能减少风的潜在不利影响。如果修剪得当，树冠所覆盖的面积可能超过德赫萨系统总面积的 40％，系统内 96％ 的表层土壤仍由草层覆盖。

威胁与挑战

现代化趋势如牛羊肉生产专业化、使用高库存水平下的散养放牧、高性能品种杂交育种等集约化技术，对系统产生威胁。虽然德赫萨系统经过精心设计，可以抵御不可预测的气候变化，但它极易受到市场波动的影响。比如全球对肉类的需求不断增长，促使德赫萨系统中的牛羊肉生产日趋专业化。由于德赫萨是粗放型畜牧系统，较高的饲养密度会为景观带来更大的压力，也影响了多样性水平，降低橡树的再生率，加大橡子的传播难度，导致树苗更易被动物啃食或践踏。

动态保护的机遇

尽管这些系统面临挑战，当地政府也已颁布了新的立法举措，以保护高产的生态农业景观。由于德赫萨和蒙塔多系统具备丰富的生物多样性，包含众多独特的动植物物种，系统内的土地被认为是西欧最重要的栖息地之一。目前，根据欧盟栖息地指令（92/43/EEC），该系统正式受到保护。此外，世界自然基金会提出的"欧洲栓皮栎景观项目"正在积极地通过推广天然软木塞以维持软木收获的经济可行性，促使葡萄酒消费者和生产者认识到使用天然软木塞替代品所带来的消极后果。

东南亚

家庭花园

特点与特征

家庭花园是一种农林复合系统，在东南亚各地不同的环境中已然实践了数百年，随后逐渐传播到南亚、东南亚的许多湿润地区，包括爪哇（印度尼西亚）、菲律宾、泰国、斯里兰卡、印度和孟加拉国。14世纪初，行至印度喀拉拉邦的旅行者就已在当地看到了种植椰子、胡椒、生姜、甘蔗和豆科植物（粮食豆类）的家庭花园（Randhawa，1980）。而早在10世纪，树木园艺系统已在印度尼西亚的爪哇岛盛行（Michon，1983）。在马来西亚类似天然林的增补林地中，西米棕榈树的种植已然开展了数千年之久（Brunig，1984）。自19世纪以来，基于家庭花园开展树种栽培、供应主食和经济作物在斯里兰卡也已相当普及。

在上述这些地区，家庭园艺几乎总与其他类型的土地利用方式相结合。最初，人们仅将其与采集和捕鱼相结合，随后逐步扩展至轮作和永久性种植。在南亚、东南亚，包括爪哇（Soemarwoto，1987）、喀拉拉邦（Nair，Sreedharan，1986；Kumar，1994）、斯里兰卡（Jacob，Alles，1987；McConnell，1992）等地区被广为研究的家庭花园系统中，家庭园艺与以水稻生产为形式的永久性田间种植结合在一起。这些地区拥有良好的农业条件和相对较高的人口密度，有助于改良在开阔的农田中种植主食作物的补充系统，还能促进以自给自足和贸易价值闻名于世的家庭花园优化发展。

家庭花园以围绕家庭住区的多层次作物栽培为特征。除了农林业通常具备的环境和经济优势外，这种垂直维度还能带来巨大的好处，最明显的一点是其空间利用的经济性。家庭花园被广泛认为是最具复原力的农业生态系统，也是可持续发展的最优模式（Torquebiau，1992）。Kumar（库玛）和 Nair（奈尔）在 2004 年的研究中将以下特性确定为家庭花园可持续性发展的关键：生物物理优势（如物种多样性提供的高效养分循环）、生物文化多样性保护、产品多样化、非市场产品、服务价值以及深刻的社会文化意义。

对于印度喀拉拉邦的农民来说，家庭园艺尤为重要，它是当地占据主导地位的农业系统，覆盖了所有土地的近 88％以及全邦约 41％的可耕地（Chandrashekara，Baiju，2010）。近几十年来，传统喀拉拉邦家庭花园的新式变体受到了越来越多人的关注，种植单一物种的家庭花园成为新的流行趋势。然而，因为家庭花园一直以混合栽培多个物种为特征，这一变化迫使农学专家们不得不对其进行重新界定。家庭园艺是喀拉拉邦农业的基石，因此家庭花园中生物多样性的下降和传统知识的丧失令人担忧。最近的研究报告指出，在涉及多个物种的传统喀拉拉邦家庭花园中，相比 47％的潜在物种利用率，实际物种利用率较低，仅为42％。这些发现可能表明，现代在家庭花园中栽培单一物种的新趋势正对传统家庭园艺实践产生负面影响（Chandrashekara，Baiju，2010）。

与此同时，斯里兰卡的"康堤（Kandy）花园"（斯里兰卡当地对家庭花园的称呼）被广泛认为是在潮湿的热带地区展现农业潜力的典范（Watson，1982）。康堤花园充分利用了多层级耕作系统的优势。系统最顶层种植椰子、董棕和槟榔；中间层种植丁香、肉桂、肉豆蔻、柑橘、芒果、榴莲、菠萝蜜、红毛丹、面包果、香蕉和胡椒；在最外围的近地层种植玉米、木薯、豆类、菠萝等作物。在这些地块的外围往往还有水稻田（Steppler，1982）。在印度尼西亚的家庭花园中，木薯、胡椒和安息香在椰子树和芭蕉的树冠下生长。在苏门答腊的大部分地区，橡胶、咖啡以及丁香、肉桂和胡椒等香料是当地的经济作物，那里超过一半的农田栽培着乔木与灌木。

　　印度尼西亚西爪哇省的农林业以当地称为"佩卡兰甘"（pekarangan）的间作家庭花园模式和俗称为"塔伦科本"（talun-kebun）的古老农林复合系统为主（Marten，1986）。佩卡兰甘系统既为当地人提供生计保障，也供应商业产品，同时集成多种作物、树木和动物物种。在佩卡兰甘系统内混合栽培着一年生作物和多年生作物，动物与昆虫有助于保持花园结构的完整性，树木常年提供荫蔽。系统内最常见的植物是木薯和蕉芋，两者均含有较高的热量，是大米重要的替代品。佩卡兰甘系统基本上全都围绕着当地人的居所修建，不像塔伦科本系统那样商业化，属于真正的家庭花园模式。

　　塔伦科本系统通过将农作物和树木作物依次组合，最大限度地提高总产量。这一本土农林复合系统来源于轮垦，通常历经3个发展阶段——"科本"（kebun）、"科本坎普兰"（kebun-campuran）和"塔伦"（talun），分别是轮垦花园、农林混合花园和多年生作物花园。上述3个阶段发挥着不同的功效。第1阶段通常混合栽种一年生作物。这一阶段具有相当的经济价值，大多数作物都可以带来现金收益。两年后，树苗开始在田间生长，挤压了一年生作物的生长空间。轮垦花园逐渐演变为农林混合花园（第2阶段），混合栽种一年生和半年生作物，该发展阶段不仅具有经济价值，还能促进水土保持。一年生作物收获后，耕地通常会休耕2～3年，随后主要种植多年生作物。在第3发展阶段，花园演变为多年生作物花园，具有经济和生物物理学方面的双重价值。

　　清除森林后，可根据灌溉用水的情况决定在土地上种植旱稻或水稻，或是通过混合种植一年生作物直接将土地转化为花园。在某些地区，人们在种植、收获旱稻后，会栽培一年生大田作物，建造轮垦花园。如果花园中栽种了树木或竹子，就会变成农林混合花园，几年后，园中作物由多年生植物为主导，演变成为塔伦科本花园（轮作多年生作物的人工林）。塔伦科本花园中生物多样性丰富，发现多达 112 种植物物种绝非罕见。其中，约 42％的植物可以提供建筑材料和薪柴，18％为果树，14％为蔬菜，其余的则为观赏性植物、药用植物、香料作物（Marten，1986）。

　　东南亚的农林间作（taungya）被认为是当下践行的最为成功的农林复合模式之一（Menzies，1988）。这是一种相当灵活且具有包容性的模式，林木与短期作物混合栽种，成为花园发展中不可或缺的组成部分。该系统最显著的特征是树种栽种后 3～4 年内，林冠郁闭，进一步的农业活动受到阻碍，土地仅用于木材生产，直到所有木材收获后，才再次开始间作循环。

威胁与挑战

　　整个东南亚地区存在大量独特的农林复合系统和家庭花园模式，其中一些更具环境、经济和文化意义。家庭花园的功能和结构正在发生诸多变化。尽管不少传统家庭花园仍然是乡村经济和社会现代化的重要财富，但它们正逐渐丧失原有的生态和经济特征。家庭花园特征的改变与村民的社会经济变化息息相关，反映了对于城乡平衡的新探索。众多学者将农林花园系统的变化归结为新农村发展的结果，他们认为这终将导致传统系统的消亡。世界各地的专家提出了各种措施以振兴传统的农林花园系统。在针对东南亚此类系统的动态保护中，GIAHS 倡议能发挥关键作用。

韩国

济州岛石墙农业系统

特点与特征

　　济州岛是一座典型的火山岛，位于朝鲜半岛最南端，当地多强风，该岛以多岩石的地形和丰富的火山碎屑岩为特点。济州岛海岸线总长约 530.09 千米，其中，主岛海岸线总长 419.99 千米，区域内小岛海岸线总长 110.10 千米。济州岛具有独特的地质特征，海岸线上遍布火山碎屑岩，生动地展现了岛上的火山活动史，与清澈蔚蓝的海洋相映生辉，形成了独特的景观。

每个民族的母语都与当地的语言文化密不可分。比如在韩语中的"农场、田地或小块土地"（bat）一词是指农民用来种植蔬菜和谷物、无需灌溉、任由植物自然生长的土地。然而，济州岛民并不完全受此定义约束，他们认为，海洋中的小面积地块也可以从事农业生产，因此可根据其土地利用现状为其冠名。例如，盛产裙带菜的地方被称为"海草地"（miyeokbat）、盛产马螺的地方叫做"海螺地"（gujaenggibat），盛产贝类的地方叫做"贝壳地"（jaribat）等，济州岛上此类情况尤为典型。在古代，由于岛上特殊的自然环境、地形和地质特征，农业几乎无法开展。然而，最初的岛民们为了食物与生计，下定决心要将恶劣的土地环境变为高产的耕田。他们被迫发展出一套独特的农业系统以适应富有挑战性的客观条件。由于济州岛上最有可能开展耕种的土地是火山岩地块，农耕的第一步就是清除田间的石头。这些从田间移除的石头被用来建造石墙（batdams）以保护庄稼免受强风侵袭。在有限的耕作技术和资源下，济州岛上的人们学会了如何利用石墙来缩小单个农田的面积，分隔出多个小规模农场。石墙农业系统也是划定土地所有权界限的一种手段。

如果没有济州岛石墙农业系统中的石头资源，当地居民的生命和生存将难以为继。特别是对于居住在济州岛边缘岛屿上的人们来说，利用火山碎屑和石头来替代其他资源体现了当地人的创造性和智慧。火山活动所带来的丰富火山岩被当地岛民充分地利用起来，而找到运送岩石的最佳途径是他们生存的关键。当地人了解自然环境并运用智慧克服大自然的挑战，奠定了济州岛石文化发展的背景与基础。石墙是济州岛当地石文化的代表，济州岛也是世界上唯一一处拥有各类石墙集群的地方。石墙农田是石墙的一个子元素，同样也代表了岛上的石文化。

岛上传统的耕作方法、农业环境和传统知识造就了近 22 万个独立的石墙农田。作物的选择在很大程度上取决于耕作地块周围石墙的高度、风力水平和蓄水量。当地人在受风害影响最为严重的地区栽种花生、大蒜、小米和大麦，他们必须尽可能地抵御风害，因此了解作物播种期与风力的季节性强弱变化对于济州岛农业活动来说尤为重要。在夏季，强降水频发、台风风险升高，农民会种植芝麻和小米等短期作物。到了冬季，农民栽培马铃薯、萝卜、花椰菜、白菜等能抵御海风的农作物。一些农民还会种植青草进一步保护作物免受风害侵袭。此外，农民们还会通过选择更有效的非耕种期、考虑每种作物的特性、控制播种期来最大程度地减少风害（Song，Choi，2002）。

虽然济州岛上的大批农民已然离开农村，但较之韩国其他地区，当地农业仍占据着岛上较多的土地。最近，越来越多的人回迁岛上，当地传统生态友好型农业已成为一种新的发展趋势，突出了济州岛农业的可持续性。

目前，石墙已成为济州岛文化景观中的重要元素，大多数济州岛居民都对其有着共同的文化认识与保护意愿。济州岛旱地耕作与济州岛石墙密不可分，在旱田上开展的可持续性农业依赖于石墙的保护。岛上的传统建筑由低矮的屋顶、固定用的绳索、防风墙（pungchae）、房屋石墙（uldam）和石院墙（olletdam）构成。济州岛人日常生活中的建筑物和工具独具特色，当地文化看待石头的方式也完全不同于世界上的其他地方。

济州岛上供奉着 18 000 位神灵，当地丰富多彩的神话故事代代相传，讲述着从创造天地万物的神灵到农耕与海洋之神的传说，为民俗故事提供着源源不断的灵感。济州岛上独特的生活条件被当地人称为"石之地"和"风之地",同样建构了他们信仰的基础。

全球重要性

　　济州岛上的石墙创造了杰出的自然文化景观,其形态各异的结构曲线为岛屿增添了别样的美丽景致。济州岛石墙农业系统对于保护岛上的生物多样性来说至关重要,它能保护农田、防止中山带被开发,济州岛也是韩国乃至世界生物多样性保护的核心地区之一。岛上的石墙能抵御暴雨和强风侵袭,减少由于砷酸和雨水造成的土壤污染和水土流失,保护作物生长。只要济州岛还存在任何形式的农业,石墙就会继续发挥功效。济州岛石墙还具有一定的社会文化意义,岛上的黑玄武岩石墙绵延 39 300 千米,被当地人称为"黑龙"。中国的长城是军事战术的象征,而济州岛的石墙则象征着生活在恶劣环境中的人类与大自然的和谐相处。在此背景下,济州岛的先锋精神和岛民们的智慧就不难理解了。系统内繁茂的牧场也体现了济州岛人民生存下来的耐力与强大的意志力。济州岛石墙农业系统于 2014 年被正式列入 GIAHS保护试点。

青山岛传统板石(gudeuljangnon)梯田农作系统

　　青山岛位于朝鲜半岛南部,隶属于韩国全罗南道莞岛郡。1981 年,青山岛被命名为"多岛海海上(Dadohaehaesang)国家公园",上书里村(Sangseo-ri)因其优良的生态环境被韩国环境部认定为自然生态村。在国际上,青山岛于 2007 年被国际慢城联盟认定为首座"亚洲慢城",于 2011 年被认定为全球首座"慢调城市"。2013 年 1 月,青山岛传统板石梯田农作系统被选为韩国首个国家重要农业文化遗产,韩国开始了针对这一农业文化遗产的保护与管理。传统板石梯田农作系统是岛上特殊自然环境的产物,岛上地形坡度较大,土壤为渗水性强的沙石质土壤,造成了排水过快、水稻耕作缺水等一系列问题，对开展水稻种植颇为不利。当地人为克服这些恶劣条件，将传统韩国家庭供暖系统——韩式暖炕中所使用的板石结构应用到稻田灌溉系统的建造当中。板石梯田农作系统是青山岛传统的农业灌溉和排水系统，采用地下涵洞与沟渠网络对农业用水进行三维立体利用与管理。

以前，由于山坡陡峭、多沙石质土壤、土地保水能力较差以及受到其他诸多客观条件的限制，青山岛上原本不存在水稻农业。于是，全岛居民团结一致，重新打造了耕作环境，构建了由石板堆砌形成的涵洞系统，使得土壤和水资源条件困难的地区得以开展水稻种植。

由石板堆砌而成的涵洞是该系统的主要特色，这些涵洞被用作地下灌溉和排水系统的沟渠，以保持有效的耕地面积。因为建造这些梯田的石块堆叠技术和形式类似韩式暖炕中的板石，当地人称这些建在石墙上的梯田为"板石梯田"。

在 16 世纪至 20 世纪中叶，青山岛上的居民不断建造传统板石梯田农作系统。乍一看去，该系统似乎与典型梯田类似，但从近处仔细观察，就会发现若干处明显的差异。传统板石梯田农作系统显然是一个独特的灌溉系统，通过在大小不一的石堆上建造稻田，人们最大限度地扩大土地的有效种植面积。在耕地极为有限的青山岛，这一建筑工程显著提升了农业生产力。在普通的梯田中，径流和排水都在表面，而在板石梯田中，地下沟渠分上下两层，通过铺设板石来控制耕种所需的灌溉水量，有助于水资源管理，使土地能够根据当地降水量在水田和旱田间轻松切换。

板石梯田农作系统有助于持续运作青山岛居民所实行的"合作劳动制度"。每年农耕季节开始时，水稻梯田附近的居民会聚集起来一起建造并维护沟渠，他们自主决定农业用水的分配与使用。此外，居民间共享牛群已成为当地一种传统的合作耕种制度。然而，由于农业生产环境的变化，合作农业仍只是一种集体性的劳动力交换实践。

养护管理

　　传统板石梯田农作系统体现了青山岛居民对土地利用和粮食生产的热情。岛上居民们建造并维护板石梯田，将其作为主要的谋生手段。迄今为止，青山岛的扶兴里（Buheung-ri）、阳地里（Yangji-ri）和上书里 3 个村庄内约有 57 处板石梯田，总占地面积 4.9 公顷。在该岛的其他区域也发现了板石梯田，但由于岛上人口减少和老龄化问题，受损和休耕的板石梯田数量不断攀升。为解决上述困难，青山岛居民提出了"建设环境友好型有机农业岛"的愿景，并已组建了保护和应用板石梯田的公民协会。

养护管理综合系统

　　2012 年，韩国出台并实施了国家层面的农业文化遗产保护政策。2013 年 1 月，青山岛传统板石梯田农作系统被选为韩国首个国家重要农业文化遗产，并开始逐步形成系统保护管理的地方共识。莞岛郡依据国家政策制定了 3 项保护这一农业文化遗产的行动战略：一是建立"农业文化遗产综合管理制度"以传承农业文化遗产的价值；二是建全"农业文化遗产保护管理制度"，包括支持青山岛传统板石梯田农作系统的行政组织和财务举措；三是启动"农业文化遗产保护与行动倡议"以促进公共教育、研究和交流项目，打造传统意义与现代意义并存的农业文化遗产系统。青山岛传统板石梯田农作系统于 2014 年被正式列入 GIAHS 保护试点。

斯里兰卡

维维（wewe）灌溉系统（梯级蓄水池储水系统）

特点与特征

　　斯里兰卡每年约 40％的水稻产量来自干旱地区，在那里降水仅集中在为期 3 个月的雨季。为了维持水资源供给，大多数农田依赖古老的灌溉系统，这些复杂的灌溉系统由当地人依据气候条件开发而成，建于公元前 300—公元 1200 年，由大量彼此连接的梯级蓄水池构成，这种链式结构使上游蓄水池中的水得以被依次储存至下游蓄水池中，相互串联的小型蓄水池与大型水库和巨大的引水渠相连接，形成了极其复杂庞大的灌溉系统。

　　每个梯级蓄水池系统都有 1 个小型的预留集水区和位于水库下游的 1 条树木带，作为防风屏障。系统内上级蓄水池所灌溉的水稻田正下方，就是下级蓄水池的储水区域。蓄水池、水稻田和水渠紧密地结合，与自然环境相互交织，很难识别出梯级蓄水池储水系统是人造的结构。

　　系统内的梯级蓄水池建造得相当密集，这也是其非常有趣的一大特点。在总面积约 40 000 千米^2 的整个干旱区内，大约建有 300 00 个梯级蓄水池，几乎每平方千米都有 1 个蓄水池。梯级蓄水池的高密度及其悠久的历史（在许多地区已存续了 1 000 多年）使它们成为该区域内环境和生态系统的重要组成部分。约 32％的梯级蓄水池位于库鲁内格勒（Kurunegala）县，23％位于阿努拉达普拉（Anuradhapura）地区。这些蓄水池所在的区域生活着约 33 万家农户，约有 148 000 公顷水浇地。

　　在过去，斯里兰卡传统社区尽一切努力保护水土资源和自然生境。粮食安全是他们文化的固有组成部分。当地有"马哈"（maha）（10 月至次年 3 月）和"雅拉"（yala）（4 至 9 月）两个水稻种植期。地下水从未被用于农业生产，确保了水资源的安全。蓄水池中储存着足够的备用库容，可以在旱期灵活使用，蓄水池同时也是当地的家牛和野生动物唯一的水源。梯级蓄水池周围的动植物种类繁多，在旱季，蓄水池里的水是动植物们赖以生存的生命之源。

　　维维系统中的每个组成部分都是生态系统中的基本要素。人

图 7 - 23　斯里兰卡的梯级蓄水池储水系统，当地人称之为"维维系统"。这是一种古老的灌溉系统，在公元前 300—公元 1200 年不断演变。水资源的平等共享以及公平公正的所有权是维维系统最显著的特征，该系统促进建成了和平共处的可持续性农村社会

图片来源：帕尔维兹·库哈弗坎。

们不仅注意到诸如水田、定居区、雨养轮垦地、蓄水池基座等宏观土地利用形式，还注意到了诸如上游沉积物捕获器（goda wala）、上游保护堤岸（iswetiya）、上游防风屏障（gasgommana）、上游过滤沉积物的植草地带（perahana）、下游

防风屏障（kattakaduwa）、小村庄周边的狭长保护区（tisbambe）、灌溉低地的公共排水区（kiul-ela）等微观土地利用形式。理想情况下，生态系统中会建造几种不同类型的梯级蓄水池，其中一些与灌溉本身无关。例如，当地人通常会在村庄上方的丛林中建造一个森林蓄水池。然而，这个蓄水池并不是用来灌溉农田的，而是专门用于为野生动物提供水源，从而降低它们潜入稻田寻找饮用水、毁坏庄稼的风险。

资源的平等共享以及公平公正的所有权是维维灌溉系统最显著的特征，该系统促进建成了和平共处的可持续性农村社会。更重要的是，古代梯级蓄水池让每个村庄保持自己的独立性，为斯里兰卡独特的分权社会制度铺平了道路，在该制度下，农民享有最高的社会地位。我们有理由相信，在古代的斯里兰卡，围绕乡村梯级蓄水池发展出的社会制度与中世纪欧洲和世界其他地方的封建主义制度有着显著的不同。相关历史研究并没有足够的证据表明斯里兰卡曾经设立中央集权的官僚机构来管理该国的灌溉工程。梯级蓄水池必要的维护工作从来都是由村民自己组织的，没有一个集中的官方行政机构来指导或确保该工作顺利进行。事实上，直到19世纪60年代殖民政府成立灌溉部门前，村庄梯级蓄水池的管理都完全掌握在当地农民手中。发展梯级蓄水池灌溉系统是干旱地区社会组织和文化传统的关键因素。干旱地带的许多村名都与梯级蓄水池同义。除去文化与宗教因素不谈，历史学家越来越认识到，村庄梯级蓄水池储水系统所具备的去中心化和独立性，对于斯里兰卡国内对自由思想观念的尊崇颇有助益。

货物与服务

该灌溉系统提供的主要服务是储存降水，系统在长达3个月的季风季节内储存了可以满足全年水稻种植的灌溉用水。除了储存雨水外，这些梯级蓄水池还提供诸多服务。它们使小气候宜人凉爽，并间接地孕育出农业生物多样性，维维灌溉系统拥有斯里兰卡最为丰富的湿地生物多样性。此外，梯级蓄水池也是村庄的公共浴场和集会地点。

威胁与挑战

斯里兰卡的梯级蓄水池给 19 世纪历史学家詹姆斯·埃默森·坦南特（James Emmerson Tennent）爵士留下了深刻的印象。大多数梯级蓄水池由于被弃置和管理不善，出现了部分甚至全部淤塞的现象。尽管如此，许多已部分淤塞的规模较小的蓄水池仍存续了下来，继续为干旱地区的灌溉农业提供基础水源。在过去的几十年中，乡村梯级蓄水池集水区的雨养轮垦（chena）农业以及以灌溉投资为名的新殖民计划，导致了干旱地区的森林覆盖率出现断崖式下跌。最明显的后果是动植物物种消失、肥沃的土地流失、村庄生态系统遭到破坏、干旱加剧。那些有梯级蓄水池的村庄生态系统受到的影响最为严重。

人们忽视斯里兰卡古代灌溉系统，缺乏对该系统及其功能的客观评估，致使其日益退化、逐步瓦解。大规模的灌溉发展项目在为农民提供灌溉安全方面弊大于利。古老的小型梯级蓄水池储水系统和大型水库极为巧妙地利用了当地和区域水文特征间的和谐关系，然而现代化发展却缺乏对这种和谐共存关系的正确认识。例如，现代的贾加甘加（Jayaganga）引水渠完全依赖于其支流水库，高高的堤围彻底阻截了来自山谷的排水。反观古代的引水渠，只有一道沿等高线的开放式堤围用于捕捉径流，这有利于保持径流低速流淌，将控制区域的损耗降到最低。

现代灌溉工程对传统灌溉系统的破坏已然导致疟疾肆虐。斯里兰卡干旱地区废弃的梯级蓄水池是疟疾病媒完美的繁殖地。因此，对乡村梯级蓄水池进行适当的修复、维护和使用在防治疟疾方面同样意义重大。

斯里兰卡古老的维维灌溉系统是重要的 GIAHS 候选遗产

地，它们既保障了干旱地区的粮食和水资源安全，也为其他国家设计可持续的灌溉系统提供了有益的知识参考。从这些灌溉系统中收获的经验和教训对于开发其他项目，特别是世界上其他干旱地区的生态发展活动来说大有裨益。

泰国

莫拉限传统水稻种植与蚕桑系统

特点与特征

泰国莫拉限府传统水稻种植与蚕桑系统是富有创意的地方经济、粮食和营养安全的支柱，也是普泰人生计的主要来源。除了保存和维持具有国家和全球重要意义的传统水稻品种外，侬颂（Nong Sung）地区的普泰人还拥有熟练巧妙的染纱工艺，他们使用当地土生土长的植物作为天然染料。此类植物对土壤质量有一定的要求，种植所用的土壤还可作为织造专用的泥浆。这种将传统水稻耕作与独特的蚕桑业相结合的做法自古以来就在当地实践并代代相传，是传统农业生态系统一个鼓舞人心的案例，值得被列为全球重要农业文化遗产。

侬颂地区 95％ 的人口是普泰族，普泰人以其独特的文化著称，直至今日，他们一直坚定地践行并享有着传承自祖先的古老仪式、信仰、习俗及其他文化庆典形式。普泰人的历史文化遗产最早可追溯至乐达纳古欣朝早期（自 1782 年起），反映了他们在房屋、庙宇、服饰和手工制品等方面的审美。此外，普泰人作为少数民族群体，与其他少数民族保持着良好的关系，体现了重要的社会价值。普泰历史、文化以及社会特征已成为其独具特色的民族特性，是值得被认可及保护的重要文化遗产。普泰族文化与民间歌舞的独特性同水稻栽培、当地饮食习惯、社区凝聚力和对大自然的尊重密切相关，为保护自然资源和可持续管理作出了重大贡献。

莫拉限府位于泰国东北部，邻近安纳乍能府、益梭通府、黎逸府、加拉信府、色军府和那空帕农府。该府包括 7 个辖区、53 个次级辖区和 493 座村庄，地处湄公河流域，主要开展水稻种植。当地出产的闻名于世的泰国香米似乎就是该地区的原始地方品种之一。该府西部覆盖着浓密的普潘（Phu Phan）原始森林，莫拉限府的主要名胜——莫拉限国家公园就坐落在那里。该国家公园自然景观丰富多彩，有着壮观的主体岩石群和在 10—11 月遍野盛开的鲜花，公园还因其迷人的蕈状岩景观而闻名遐迩。

依颂地区总占地面积为 424 千米^2，农业区被划分为 6 个区，包含 44 座村庄，总人口约为 21 000 人，人口密度为每平方千米 50 人。农业是当地生计与收入的主要来源，泰国香米是其主要作物。当地还种植了其他重要的本地水稻品种、蔬菜和果树。当地人民对森林生物多样性进行管理，以保障粮食、营养和生计安全。

除了以水稻栽培为主要营生外，依颂地区的人们以在天然染料染纱、丝绸纺织、棉纺织或丝棉结合纺织方面的非凡工艺而著称。天然染料染纱和纺织织造不仅保障了当地人们的生计，还为社区保护和维持当地植物多样性提供了主要驱动力。因为当地的传统技术，即传承自祖先的知识体系以（且必然以）产自当地本土植物和泥浆的天然染料为基础。这是依颂人引以为豪并代代相传的宝贵财富。对于他们来说，传统的染纱技术是维持生态可持续性传统管理的典范，也是宝贵的非物质文化遗产。依颂地区传统的蚕桑管理与相关产品获得了政府的认可并被誉为"最佳手工艺实践"。

传统知识与土地管理制度

莫拉限泰国香米种植系统

　　当地约有 24 500 公顷的雨养农田，其中水稻田占地面积 6 080公顷，栽培着世界著名的泰国香米茉莉香米 105（Khao Dok Mali 105）、糯米和紫莓香米等各色传统水稻品种。泰国香米是一种长粒水稻品种，带有一股甜甜的芳香，最初栽培在莫拉限府。糯米是另一种直链淀粉含量很低的水稻品种，煮熟后非常黏稠胶着，被用于制作各类主食、点心和年糕。紫莓香米是一种杂交未碾米，谷物颗粒呈紫罗兰色，其含铁量等所含矿物质是其他水稻品种的 3 倍之多。

　　莫拉限府种植的其他重要作物还包括木薯、甘蔗、橡胶和其他本地作物品种。约有 544 公顷农田栽培木薯品种罗永 5（Rayong 5），平均每公顷出产 600 千克。较之其他作物，木薯栽培所需的灌溉量更少，因此它也能在该府的其他地方生长。木薯可以被加工成木薯淀粉、薯片或木薯丸，既可供当地消费，也可供出口。

　　当地还以生产和消费可食用昆虫著称。蚕抽丝后的茧被广泛应用于食品业。农民们在森林和湖泊中捕捉采集蝗虫、蟋蟀、大田鳖、织蚁、竹虫、蜜蜂、甲虫、菜蛴等昆虫，用于家庭消费以及日常市场分配与销售。

　　畜牧业和内陆渔业（鲇鱼、罗非鱼、青蛙）也是当地农业活动和生计的重要组成部分，约 70％的农民从事这些农业活动，内陆渔业较为常见。许多农场利用半集约化养殖系统生产优质的牛肉，60％的农场为封闭式畜牧，40％为开放式畜牧。莫拉限府当地农户饲养本地土鸡、土猪的情况也非常普遍。

　　社区管理并收集地方性种子和植物作为食物，还可以用作丝绸和棉花的天然染料，这是维持并保存种子品种的传统做法。周围森林中的生物多样性不仅是粮食安全的来源，也是药用和草本植物的重要种质资源。

蚕桑业系统

传统蚕桑业、水稻种植和其他作物种植为当地家庭提供了主要的生计来源，也是当地人，尤其是妇女们主要的社交聚会方式。养蚕种桑的蚕桑业不仅是生计来源，也是妇女间社会互动的重要手段。在莫拉限府，只有 375 户农户积极从事蚕桑业，产业面积 176 公顷，其中从事丝绸业的共有 27 组。

生物多样性

侬颂地区以高原地形为主，境内有库得山（Kood）、党山（Dang）、普寺谭山（Phu Si Tan）、考山（Kao），植被有落叶龙脑香林、热带常绿林和混合落叶林。侬颂地区囊括了国家森林保护区和莫拉限府国家公园在内的 5 个地区。

当地森林与山区面积高达 1.6 万公顷，森林生物多样性主要来自原生森林物种和生活在国家森林保护区中的各类野生动物，如褐林鸮、拟旖斑蝶、蝴蝶蜥、泰国火背鹇和棕胸佛法僧。森林中的重要植物物种有铁坡垒、高大龙脑香、暹罗玫瑰木以及其他可供社区使用的植物，如野生竹、野生藤及野生蘑菇等。此外，还有用于制作丝绸和棉布天然染料的植物物种，如榴玉蕊、银合欢、波罗蜜、铁刀木、胭木、构棘、吉贝、泰楝、儿茶、四子柳、巴戟天、东方乌檀、牛筋果、小叶柿、紫草茸、木蝴蝶、胭脂木、南圻酸榄豆等。

当地著名的药用植物物种包括珍珠莲、厚叶沉香、长叶苦木、腋花马钱、西桦、马钱叶蝶叶豆、小叶柿、余甘子、牛筋果、垂盆草、毗黎勒、泰国野葛根、缩砂密、木橘、姜黄、穿心莲、波叶青牛胆、红豆蔻、柠檬草等。

威胁与挑战

正如世界上任何一处偏远地区一样，由于受到现代化进程和其他外部影响，侬颂地区的人们正在改变他们的生活方式。当地务农的家庭日渐减少。许多家庭选择将孩子送到城市接受高等教育，希望他们未来不用再辛苦务农，靠苦力挣微薄的收入，而是可以有份体面的工作，挣更高的工资，过上更好的生活。如果有办法降低从事农业的难度，同时提升农业生产收入，一些家庭很可能更愿意留下来，住在一起，继续以务农为生。

美利坚合众国

小科罗拉多河流域

特点与特征

在小科罗拉多河流域 67 000 千米² 的范围内，农业活动从古至今从未间断，持续了至少 4 200 年之久，使得南部科罗拉多高原成为美国最古老的农业文化遗产之一。科罗拉多为高原地形，地貌、生物、文化和语言极其多样化，其农业生境为海拔1 350～4 000米，当地人从事粮食生产所利用的土壤和水资源类型相当丰富。初步估计科罗拉多高原上约有 30 种生态系统，包含约2 500种脊椎动物、1 100 多种无脊椎动物和 16 000 多种维管植物。

尽管英美地区普遍认为在更原始的景观（如大峡谷和佩恩蒂德彩绘沙漠）中存在高度的生物多样性，但几个世纪以来，由于传统的土地利用做法，人为管理下的景观也拥有着丰富的生物群。例如，在科罗拉多高原上的约 300 种地方性植物品种中，由当地农民和牧场主在其农田、果园和畜舍中使用、管理或培育的品种就占了近 2/3，约 188 种。

4 个世纪以前，祖尼人（也许还有霍皮人）耕种过的一些农田至今仍在投入使用，土地没有出现土壤侵蚀、养分枯竭或盐碱化等明显降低粮食产量的状况。该地区的祖尼人、霍皮人、纳瓦霍人、阿帕奇人、特瓦人和派尤特族农民在丰富多样的地形地貌、海拔高度和水源环境中开展各式各样的农业活动，因此很难对其农业活动作简要归纳概括。除了本土社区现存的农业传统外，自1540年起西班牙裔、巴斯克人和盎格鲁族移民所引介的本族群牧场经营、放牧和果园管理经验，也被当地社区采纳并运用。

由于该区域大部分地区为半干旱气候，旱灾频发，当地农民和牧场主精心挑选种子、牲畜饲养品种以应对和缓解水资源缺乏带来的压力，进而发展出最为耐旱耐热的作物品种和牲畜品种，包括蓝玉米、宽叶菜豆、火鸡和纳瓦霍楚罗羊。

该流域内一半以上的土地属于纳瓦霍人、霍皮人、特瓦人、祖尼人、白山阿帕奇人和南派尤特人等主权民族，这些民族都保留着几个世纪以来口口相传的农耕传统。小科罗拉多河流域的当地居民开发了传统生态知识体系用于食品生产，很好地适应了当地景观的独特性。在该流域内，这种传统生态知识体系通过口述，以至少6种土著语言、3种欧洲语言一代又一代地传承下来。该流域在几千年来的跨文化育种与繁殖交流中发挥了重要作用，使得粮食安全不仅来自当地自给自足的粮食生产，还仰赖于在类似洪灾或长期旱灾之后提供救灾援助的区域互助网络。

直到20世纪30年代，分散居住在占地面积500 000公顷的3处台地上的霍皮族人不仅实现了粮食自给自足，还将剩余的农产品出口到邻近的盎格鲁族、纳瓦霍族和西班牙裔定居点。然而，受沙尘暴和第二次世界大战的影响，全球化的粮食供应与分配系统低估了当地粮食自给自足的水平，对非正式区域贸易网络也认识不足。在20世纪50年代，流域内的许多美洲原住民和西班牙裔居民按其每年现金收入计算，被政府正式认定为贫困人口并给予粮食援助，当地的粮食系统进一步被削弱。到了2000年，流域内的大多数农贸市场和其他农业支撑服务几乎全部消失。然而，自那时起，一场粮食民主化运动启动了社区支持下的大规模农业项目。

全球重要性

小科罗拉多河流域的四个关键特征具有全球重要意义：一是当地是北美大陆上最古老的持续耕种区域；二是在海拔跨度极大的不同农业生境内，当地农场与牧场维持着高度的本土作物多样性和野生生物多样性水平；三是作为一个拥有多元文化的流域，当地的农业、牧场经营和景观知识体系被至少七种语言传播、传承；四是作为一个拥有多元文化的粮食系统，该流域内系统创新性地探索着推广地方性粮食遗产价值的手段。

参考文献

Abdelmajid R ，Nasr N，Zirari A，et al. ，2005. Indigenous knowledge inmanagement of abiotic stress：Date palm genetic resources diversity in the oases of Maghreb Region ［M］//Jarvis D，Mar I，Sears L. Enhancing the Use of Crop Genetic Diversity to Manage Abiotic Stress in Agricultural Systems. Budapest：Earthprint：55.

Aerts R，Hundera K，Berecha G，et al. ，2011. Semi-forest coffee cultivation and the conservation of Ethiopian Afromontane rainforest fragments ［J］. Forest Ecology and Management，261：1034-1041.

Agrawal A，Redford K，2006. Poverty，Development，and Biodiversity Conservation：Shooting in the Dark？［R］. Wildlife Conservation Society Working Paper No. 26. New York.

Albala K，2011. Food Cultures of the World Encyclopedia ［M］. Santa Barbara，CA：ABC-CLIO，LLC.

Ali W，Murray J，2001. An Overview of Key Pacific Food Systems ［R］. I：Modules and Tools，School of Agriculture and Food Technology，University of the South Pacific，Samoa.

Altieri M, 2004. Linking ecologists and traditional farmers in the search for sustainable agriculture [J]. Frontiers in Ecology and the Environment, 2: 35-42.

Altieri M, Koohafkan P, 2010. Enduring farms: Climate change, smallholders and traditional farming communities [M] //Environment & Development Series 6. Penang, Malaysia: Third World Network.

Araya V R, Gonzalez W, 1987. El frijol bajo el sistema tapado en Costa Rica [R]. Ciudad Univ. , Rodrigo Facio, San José, Costa Rica.

Armillas P, 1971. Gardens on swamps [J]. Science, 175: 653-661.

Avillez F, Jorge M , Jesus J, et al. , 1992. Small farms in northern and central Portugal [M] //Monke E, Avillez F, Perason S. Small Farm Agriculture in Southern Europe. Aldershot, UK: Ashgate: 55-72.

Bacon C, 2005. Confronting the coffee crisis: Can fair trade, organic, and specialty coffees reduce small-scale farmer vulnerability in Northern Nicaragua? [J]. World Development, 33: 497-511.

Bacon C, 2010. A spot of coffee in crisis: Smallholder cooperatives, fair trade networks, and gendered empowerment [J]. Latin American Perspectives, 37: 50-71.

Bai Y, Sun X, Tian M, et al. , 2014. Typical water-land utilization GIAHS in low-lying areas: The Xinghua Duotian agrosystem example in China [J]. Journal of Resources and Ecology, 5: 320-327.

Balali R, Keulartz J, 2012. Technology and Religion: The Qanat Underground Irrigation System [EB/OL]. [2012-07-22] http: // wu. academia. edu/jozefkeulartz/Papers/414264/Technology _ and _ religion. _ The _ Qanat _ _ underground _ irrigation _ system.

Bos M, M , Steffan-Dewenter I, Tscharntke T, 2007. The contribution of cacao agroforests to the conservation of lower canopy ant and beetle diversity in Indonesia [J]. Biodivers Conserv, 16: 2429-2444.

Botella O, De Juan J A, Munoz M R, et al. , 2002. Descripción morfológica y ciclo anual dela azafrán(*Crocus sativus* L.)[J]. Cuadernos de Fitipatologia,

71：18-28.

Bourbouze A，1999. Gestion de la mobilité et résistance des organisations pastorales des éleveurs du Haut Atlas marocain face aux transformations du contexte pastoral maghrébin ［M］//Niamir-Fuller M. Managing Mobility in African Rangelands：The Legitimization of Transhumance. London：Immediate Technology Publications：146-171.

Boustani F，2008. Sustainable water utilisation in arid region of Iran by qanats ［J/OL］. World Academy of Science，Engineering and Technology，43 ［2012-04-23］. www. waset. org/journals/waset/v43/v43-40. pdf.

Brunig E F，1984. Designing ecologically stable plantations ［M］//Wiersum K F. Proceedings of Strategies，and Designs for Afforestation，Reforestation and Tree Planting. The Netherlands：Wageningen Pudoc：45-56.

Brush S，1982. The natural and human environment of the Central Andes ［J］. Mountain Research and Development，2：14-38.

Buckles D，Triomphe B，Sain G，1998. Cover Crops in Hillside Agriculture：Farmer Innovation with Mucuna ［M］. Ottawa：International Development Research Center.

Bussmann R W，Gilbreath G G，Solio J，et al.，2006. Plant use of the Maasai of Sekenani Valley，Maasai Mara，Kenya ［J］. Journal of Ethnobiology and Ethnomedicine，2 (22)：1-2.

Castelán O，González C，Arriaga J C，et al.，2002. Development of Sustainable Models of Campesino Agrodiversity Management in the Highlands of the State of Mexico and Michoacán - Final Report ［R］. People，Land Management and Environmental Change Project. Toluca：UNU/ PLEC.

CET，2006. A Conservation System to Maintain the Genetic Wealth and the Cultural Heritage of the Native Potatoes of the Archipelago of Chiloé-Chile ［R］. Chile：Centro de Educación y Tecnología（CET）.

Chandrashhekara U M, Baiju E C, 2010. Changing pattern of species composition and species utilization in homegardens of Kerala, India [J]. Topical Ecology, 51 (2): 221-233.

Chapin III F S, Zavaleta E S, Eviner V T, et al., 2000. Consequences of changing biodiversity [J]. Nature, 405: 234-242.

Chen X R, Yang K S, Fu J R, et al., 2008. Identification and genetic analysis of fertility restoration ability in Dongxiang wild rice (*Oryza rufipogon*) [J]. Rice Science, 15: 21-28.

Clarke W C, Thaman R R, 1993. Agroforestry in the Pacific Islands: Systems for Sustainability [M]. Tokyo: The United Nations University Press.

CONAM, 2007. Sistemas ingeniosos de patrimonio Agrícola mundial de Machupicchu al lago Titicaca (SIPAM) [R]. Lima, Peru: Consejo Cacional del Ambiente (CONAM).

Conroy A B, 2009. Maasai Agriculture and Land Use Change [R/OL]. Rome, Italy: FAO [2015-01-25]. www. fao. org/ fileadmin/templates/ lead/pdf/05 _ article01 _ en. pdf.

Conservation et gestion adaptée des systems ingéniux du patrimoine agricole mondial (SIPAM). Project GCP/GLO/212/GFF for Algérie [R]. Institut National de la Recherché Agronomique d'Algérie (INRAA).

Craats R, 2005. Indigenous Peoples Maasai [M]. New York: Weigl Publishers.

Crossley P L, 2004. Just beyond the eye: Floating gardens in Aztec Mexico [J/OL]. Historical Geography, 32 [2012-04-23]. www. historical-geography. net/volume _ 32 _ 2004/crossley. pdf.

Dahlquist R M, Whelan M P, Winowiecki L, et al., 2007. Incorporating livelihoods in biodiversity conservation: A case study of cacao agroforestry systems in Talamanca, Costa Rica [J]. Biodiversity and Conservation, 16: 2311-2333.

De Haas H, 2001. Migration and Agricultural Transformations in the oases of Morocco and Tunisia [M]. Utrecht: KNAG.

De Leeuw P N, Grandin B E, Neate P J H, et al. , 1991. Maasai Herding-An Analysis of the Livestock Production System of Maasai Pastoralists in Eastern Kajiado District, Kenya (ILCA Systems Study 4) [M]. Addis Ababa: ILCA (International Livestock Centre for Africa): 21-30.

Denevan W M, 1970. Aboriginal drained field cultivation in the Americas [J]. Science, 169: 647-654.

DENR, 2008. The Ifugao Rice Terraces Project Framework (Philippines for the GCP/GLO/212/GFF Project) [R]. Visayas Avenue, Philippines: Department of Environment and Natural Resources (DENR).

Dhar A K, Mir G M, 1997. Saffron in Kashmir VI: A review of distribution and production [J]. Herbs, Spices and Medicinal Plants, 4: 83-90.

Eccardi F, Sandalj V, 2002. Coffee: A Celebration of Diversity [M]. Trieste, Italy: Sandalj Trading Company.

Elshibli S, 2009. Genetic Diversity and Adaptation of Date Palm (*Phoenix dactylifera* L.) [D]. Helsinki: University of Helsinki.

EMBRAPA , 2004. Terra Preta Soil Management as a Candidate for the Globally-Important Ingenious Agricultural Heritage Systems (GIAHS) [R]. Rio de Janeiro, Brazil: Empresa Brasileira de Pesquisa Agropecuária (Embrapa) Solos.

English P W, 1968. The origin and spread of qanats in the world [J]. Proceedings of the American Philosophical Society, 112 (3): 170.

Erdmann T K, 2003. The dilemma of reducing shifting cultivation [M] // Goodman S M, Benstead J P. The Natural History of Madagascar. Chicago: University of Chicago Press: 134-139.

Erickson C L, Candle K L, 1989. Raised fields and sustainable agriculture in the Lake Titicaca Basin [M] //Borwder J. Fragile Lands of Latin America: Strategies for Sustainable Development. Boulder: Westview Press.

FAO, 2006. Consolidation of Case Studies and Proposals for Globally

Important Agricultural Heritage Systems [R]. Rome, Italy: FAO. Unpublished.

FAO, 2008a. Conservation and Adaptive Management of Globally Important Agricultural Heritage Systems (GIAHS) GCP/GLO/212/GFF Project Document [R]. Rome, Italy: FAO.

FAO, 2008b. GIAHS Project Terminal Report, Summaries of GIAHS Cases [R]. Rome, Italy: FAO.

FAO, 2008c. Supporting Food Security and Reducing Poverty in Kenya and the United Republic of Tanzania through Dynamic Conservation of Globally Important Agricultural Heritage Systems (GIAHS) [R]. FAO TCP Project Document.

FAO, 2012. GIAHS Project Annual Implementation Report [R]. Rome, Italy: FAO.

FAO, 2014a. GIAHS Country (Algeria) Project Report [R]. Rome, Italy: FAO.

FAO, 2014b. GIAHS Project Progress Report [R]. Rome, Italy: FAO. Unpublished.

FAO, 2015. Floating Garden Agricultural Practices in Bangladesh: A Proposal for Globally Important Agricultural Heritage Systems (GIAHS) [R]. Rome, Italy: FAO.

FAO Conference, 2015. Report of the Conference of FAO at its 39th session, June 6-13, 2015 [C]. Rome, Italy.

Franzen M, Mulder M B, 2007. Ecological, economic and social perspectives on cocoa production worldwide [J]. Biodiversity and Conservation, 16: 3835-3849.

Garcia Trujillo R, Mata C, 2002. The dehesa: An extensive livestock system in the Iberian Peninsula [C] // Diversity of Livestock Systems and Definition of Animal Welfare: Proceedings of the Second NAHWOA Workshop, January 8-11. Cordoba, Spain: University of Reading Library: 50-61.

Ghosh C S, Rath S, 2009. Traditional agricultural wisdom for sustainability in tribal areas: The incredible cultural heritage of the Gadaba tribe of Koraput District [J/OL]. Orissa Review [2012-15-07]. http: //orissa. gov. in/e-magazine/Orissareview/2009/Octobcr/engpdf/Pages58-63. pdf.

Ginoga K, Wulan Y C, Lugina M, 2005. Potential of Agroforestry and Plantation Systems in Indonesia for Carbon Stocks: An Economic Perspective [C]. Carbon Working Paper CC14, Australian Center for International Agricultural Research.

Glaser B, Haumaier L, Guggenberger G, et al. , 2001. The 'Terra Preta' phenomenon: A model for sustainable agriculture in the humid tropics [J]. Naturwissenschaften, 88: 37-41.

Govindaswami S, Krishnamurty A, Shastry NS, 1966. The role of introgression in the varietal variability in rice in the Jeypore tract of Orissa [J]. Oryza, 3 (1): 74-85.

Grego S, 2005. Agricultural Heritage Systems: Lemon Gardens in Southern Italy Regions [R]. A proposal for Globally Important Agricultural Heritage Systems (GIAHS) . Unpublished.

Harper G J, Seininger M K, Tucker C J, et al. , 2007. Fifty years of deforestation and forest fragmentation in Madagascar [J]. Environmental Conservation, 34 (4): 325-333.

Harvey C A, Gonzalez J, Somarriba E, 2006a. Dung beetle and terrestrial mammal diversity in forests, indigenous agroforestry systems and plantain monocultures in Talamanca, Costa Rica [J]. Biodiversity and Conservation, 15: 555-585.

Harvey C A, Medina A, Merlo Sánchez D, et al. , 2006b. Patterns of animal diversity associated with different forms of tree cover retained in agricultural landscapes [J]. Ecological Applications, 16: 1986-1999.

IGSNRR, 2006. China' s GIAHS National Project Document for the GCP/ GLO/212/GFF Project [R]. Beijing, China: Institute of Geographic and Natural Resources and Research (IGSNRR), Centre for Natural and

Cultural Heritage, Chinese Academy of Sciences.

IGSNRR, 2010. Hani Rice Terraces, a Proposal for GIAHS [R]. Beijing, China: Institute of Geographic and Natural Resources and Research (IGSNRR), Centre for Natural and Cultural Heritage, Chinese Academy of Sciences.

IPCC, 1997. Intergovernmental Panel on Climate Change [R] //An Introduction to Simple Climate Models Used in the IPCC Second Assessment Report (Ed) . IPCC Technical Paper II, IPCC.

Irfanullah H M, Adrika A, Ghani A, et al. , 2008. Introduction of floating gardening in the north-eastern wetlands of Bangladesh for nutritional security and sustainable livelihood [J]. Renewable Agriculture and Food Systems, 23: 89-96.

Isakson I S, 2009 No hay ganancia en la milpa: the agrarian question, food sovereignty, and the on-farm conservation of agrobiodiversity in the Guatemalan highlands [J/OL]. The Journal of Peasant Studies, 36: 725-759. http: //www. tandfonline. com/toc/fjps20/36/4.

Jacob V J, Alles W S, 1987. Kandyan gardens of Sri Lanka [J]. Agroforestry Systems, 5: 123-137.

Jha S, Vandermeer J, 2010. Impacts of coffee agroforestry management on tropical bee communities [J]. Biological Conservation, 143 (6) 1423-1431.

Joffre R, Rambal S, Ratte J, 1999. The dehesa system of southern Spain and Portugal as a natural ecosystem mimic [J]. Agroforestry Systems, 45: 57-79.

Johns N, 1999. Conservation in Brazil's Chocolate Forest: The unlikely persistence of the traditional cacao agroecosystem [J]. Environmental Management, 23 (1): 31-47.

Jones D G, 1998. The Epidemicology of Plant Diseases [M]. Dordrecht: Kluwer Academic Publications.

Kippie T, 2013. Harnessing rainwater in Yirgachaffee coffee (*Coffee* arabica L.) production: The case of ensete (*Ensete ventricosum*) - based Gedeo landscape (Southern Ethiopia), a presentation at the International forum on GIAHS, May 31-June 3, 2013 [C]. Noto, Japan.

Kistler P, Spack S, 2003. Comparing agricultural systems in two areas of Madagascar [M] //Goodman S M, Beastead J P. The Natural History of Madagascar. Chicago: University of Chicago Press : 123-134.

Koohafkan P, 2014. Field Assessment Report of Mukdahan as a Potential Globally Important Agricultural Heritage System [R] . Unpublished.

Koul K K, Farooq S, 1984. Growth and differentiation in the shoot apical meristem of saffron plant (*Crocus sativus* L.) [J]. Indian Botanical Society, 63: 153-169.

Kumar B M, 1994. Agroforestry principles and practices [M] //Thampan P K. Trees and Tree Farming. Cochin: Peekay Tree Research Foundation: 25-64.

Kumar B M, Nair P K R, 2004. The enigma of tropical homegardens [J]. Agroforestry Systems, 61: 135-152.

Laureano P, 1991. Restoration of historic quarter of Bir el Azab: A project for the whole Sana' a [C] // Symposium on the Integrated Urban policy for the Conservation of the Old City of Sana' a, Yemen, December 15-19, 1991. UNESCO Working Document.

Laureano P, 2011. The traditional knowledge system: Oases as models for rural landscape [C] // International Forum on Globally Important Agricultural Heritage Systems (GIAHS), June 9-11, 2014, Beijing, China.

Lehmann J, Joseph S, 2015. Biochar for Environmental Management [M]. 2nd ed. London and New York: Routledge.

Lehmann J, Kern D C, Glaser B, 2003. Amazonian Dark Earths: Origin, Properties, Management [M]. Dordrecht: Kluwer Academic Publishers.

Lu J, Li X, 2006. Review of rice-fish-farming in China: One of the Globally-Important Ingenious Agricultural Heritage Systems (GIAHS) [J].

Aquaculture, 260: 106-113.

Marten G G, 1986. Traditional Agriculture in Southeast Asia: A Human Ecology Perspective [M]. Boulder: Westview Press.

McConnell D J, 1992. The Forest Garden Farms of Kandy, Sri Lanka [R]. Rome, Italy: FAO.

Menzies N, 1988. Three hundred years of Taungya: A sustainable system of forestry in south China [J]. Human Ecology, 16 (4): 261-376.

Michon G, 1983. Village forest gardens in West Java [M] //Huxley P A. Plant Research and Agroforestry. Nairobi, Kenya: International Center for Research in Agroforestry: 13-24.

Min Q, Sun Y, 2006. China's GIAHS conservation: A national framework [C] // Proceedings of the International Forum on Globally Important Agricultural Heritage Systems. Rome, Italy: FAO.

Mishra S, 2009. Farming system in Jeypore tract of Orissa, India [J]. Asian Agri-history, 13 (4): 271-292.

Mittermeier R A, Konstant W R, Hawkins F, et al. , 2006. Lemurs of Madagascar [M]. 2nd ed. Washington, DC: Conservation International.

Moguel P, Toledo V, 1999. Biodiversity conservation in traditional coffee systems of Mexico [J]. Conservation Biology, 13 (1): 1-11.

Mohapatra P M, Mohapatro P C, 1994. Forest management in tribal areas: forest policy and people's participation [C] // Proceedings of the Forest Policy and Tribal Development Seminar, February 15-16 , Koraput: 161-162.

Moreno G, Pulido F, 2009. The functioning, management and persistence of dehesas [M] // Rigueiro-Rodróguez A, McAdam J, Mosquera-Losada M R. Agroforestry in Europe: Current Status and Future Prospects. Dordrecht: Springer: 127-160.

MSSRF, 2012. Kuttanad Below Sea Level Farming System: A Candidate for GIAHS [R]. MS Swaminathan Research Foundation (MSRRF), India.

MSSRF, 2014. Grand Anicut (Kallanai) and Associated Farming System in

Cauvery Delta Zone of Tamil Nadu ［R］. A proposal for Globally Important Agricultural Heritage Systems（GIAHS）.

Nair M A, Sreedharan C, 1986. Agroforestry farming systems in homesteads of Kerala, southern India ［J］. Agroforestry Systems, 4: 339-363.

Nanda S, Warms R L, 2010. The Maasai of East Africa: A transhumant pastoral adaptation ［M］//Ferraro G, Andreatta S. Cultural Anthropology. 10th ed. Wadsworth: Cengage Learning: 130-131.

Nauriyal J P, Gupta R, George C K, 1997. Saffron in India ［J］. Arecaunt and Spices Bulletin, 8: 59-72.

Ndaskpoi N, 2006. The Root Causes of the Maasai Predicament ［R/OL］. ［2012-05-04］. www. galdu. org/govat/ doc/maasai _ fi. pdf.

Nehvi F A, 2011. Forthcoming challenges for improving the saffron farming system in Kashmir ［J］. Acta Horticulturae, 850: 281-285.

Nehvi F A, Anwar Alam S, Salwee Yasmin, 2010. Saffron farming in India ［J］. Financing Agriculture, 42 (5): 9-16.

Nehvi F A, Koul G L, Anwar Alam S, et al. , 2011. Saffron production in Jammu &. Kashmir State ［J］. A Survey, 10: 167-182.

Niamir-Fuller M, 1998. The resilience of pastoral herding in Sahelian Africa ［M］//Berkes F, Folke C. Linking Social and Ecological Systems: Management Practices and Social Mechanisms for Building Resilience. Cambridge, UK: Cambridge University Press: 250-284.

Nicholson S E, 1996. A review of climate dynamics and climate variability in Eastern Africa ［M］//Ivan Johnson A. Liminology, Climatology and Paleoclimatology of the East African Lakes. Boca Raton : CRC Press.

Nuppenau E A, Waldhardt R, Solovyeva I, 2011. Biodiversity and transition pathways to sustainable agriculture: Implications for interdisciplinary research in the Carpathian Mountains ［C］//Knowles B. Mountain Hay Meadows: Hotspots of Biodiversity and Traditional Culture. London: Society of Biology.

Olea L, San Miguel-Ayanz A, 2006. The Spanish dehesa: a traditional Mediterranean silvopastoral system linking production and nature conservation [C] //Loveras J, González-Rodróguez A, Vázquez-Yañez O, et al. Proceedings of the 21st General Meeting of the European Grassland Federation. Badajoz, Spain: 3-15.

Onofre S A, 2005. The floating gardens in Mexico Xochimilco, World Heritage Risk Site [J]. City & Time, 1 (3): 5.

Oromi M J, 1992. Biologia de *Crocus sativus* L. Y factores agro climaticos qu' incident en el rendimiento y epoca de floracion de su cultivo en la Mancha [D]. Pamplona: Universidad de Navarra.

Palacin C P, 1992. Reunión internacional sobre sistemas agroforestales de Dehesas y Montados [J]. Agricultura y Sociedad, 62: 197-202.

Patino V M, 1965. Historia de la Actividad Agropecuaria en America Equinoccial [M]. 2 volumes. Cali: Imprenta Departmental.

Pearson S R, Avilez F, Bentley J W, et al. , 1987. Portuguese Agriculture in Transition [M]. Ithaca, New York: Cornell University Press.

Perfecto I, Rice R A, Greenberg R, et al. , 1996. Shade coffee: A disappearing refuge for biodiversity [J]. Bioscience, 46 (8): 598-608.

Perfecto I, Vandermeer J, Wright A, 2009. Nature's Matrix: Linking Agriculture, Conservation and Food Sovereignty [M]. London: Earthscan.

Perfecto I, Vandermeer J, 2015. Coffee Agroecology [M]. London and New York: Routledge.

Pinto-Correia T, 2010. Rural landscape differentiation in the face of changing demands and policies: a typology of rural areas in Portugal [M] // Primdahl J, S. Swaffield S. Globalisation and Agricultural Landscapes, Change Patterns and Policy Trends in Developed Countries. Cambridge: Cambridge University Press: 127-148.

Pinto-Correia T, Ribeiro N, Sá-Sousa P, 2011. Introducing the montado, the cork, and holm oak agroforestry system of Southern Portugal [J].

Agroforestry Systems，82：99-104.

Raik D，2007. Forest management in Madagascar ［J］. Madagascar Conversation & Development，2（1）：5-10.

Randhawa M S，1980. The History of Indian Agriculture ［M］. volume 2. New Delhi：Indian Council of Agricultural Research ：67-68，414-415.

Rice R，2008. Agricultural intensification within agroforestry：the case of coffee and wood products ［J］. Agriculture Ecosystems and Environment，128（4）：212-218.

Rice R，Greenberg R，2000. Cacao cultivation and the conservation of biologicaldiversity ［J］. Ambio，29：167-173.

Rodriguez-Estevez V，Sanchez-Rodriguez M，Arce C，et al. ，2012. Consumption of acorns by finishing Iberian pigs and their function in the conservation of the Dehesa agroecosystem ［M/OL］//Konga M L. Agroforestry for Biodiversity and Ecosystem Services - Science and Practice. Rijeka：InTech. www. intechopen. com/books/agroforestry-for-biodiversity- and-ecosystem-services-science-and-practice/consumption-of-acorns-by-finishing-iberian-pigs-and-their-function-in- the-conservation-of-the-dehesa.

Ruf F，Schroth G，2004. Chocolate forests and monocultures：A historical review of cocoa growing and its conflicting role in tropical deforestation and forest conservation ［M］// Schroth G. Agroforestry and Biodiversity Conservation in Tropical Landscapes. Washington，DC：Island Press：107-134.

Saidi S，2011. Oases Systems in the Morocco Mountains ［C］. International Forum on Globally Important Agricultural Heritage Systems （GIAHS），June 9-11 ，Beijing，China.

Segarra F，Rayo G，Tosca G，1990. Situación Actual y Perspectivas del Sector Campesino en Chiloé ［M］. Santiago de Chile：Agraria.

Shapiro H，Rosenquist E M，2004. Public/private partnerships in agroforestry：The example of working together to improve cocoa sustainability [J]. Advances in Agroforestry, 1: 453-462.

Sharma G, 2006. Sikkim Himalaya Agriculture: Improving and Scaling up of the Traditionally Managed Agricultural Systems of Global Significance [R]. A proposal for Globally Important Agricultural Heritage Systems (GIAHS) .

Sharma G, Liang L, 2006. The role of traditional ecological knowledge systems in conservation of agro-biodiversity: A case study in the Eastern Himalayas [C] // Proceedings of International Policy Consultation for Learning from Grassroots Initiatives and Institutional Interventions, May 27-29, 2006. Ahmedabad, India: Indian Institute of Management.

Soemarwoto O, 1987. Homegardens: a traditional agroforestry systems with a promising future [M] //Steppler H A, Nair P K R. Agroforestry: A Decade of Development. Nairobi, Kenya: ICRAF: 157-170.

Song S-H, Choi K-J, 2002. An appropriate utilization of agricultural water resources of Jeju Island with climate change [J]. Journal of Soil and Groundwater Environment, 17: 62-70.

Soto-Pinto L, Roncal S, Anzueto M, 2010. Carbon sequestration in indigenous of Chiapas, Mexico [J]. Agroforestry Systems, 78 (1): 39-51.

Stanislawski D, 1970. Landscapes of Bacchus: The Vine in Portugal [M]. Austin: University of Texas Press.

Statistica, 2016. Top 10 fishing nations in 2013 (in metric tons) [EB/OL]. [2016-07-31]. www. statista. com/statistics/240225/leading-fishing-nations-worldwide-2008/.

Steppler H A, 1982. An identity and strategy for agroforestry [M] // MacDonald L H. Agro-forestry in the African Humid Tropics. Tokyo: United Nations University Press: 1-5.

Suatunce P, Somarriba E, Harvey C, et al. , 2003. Composicion floristica y estructura de bosques y cacaotales en los territorios ind genas de Talamanca, Costa Rica [J]. Agroforestería en las Americas, 10: 31-35.

Tapia M, 1996. Ecodesarrollo en los Andes Altos [M]. Lima: Fundacion Friederich Ebert.

Thaman R R, 2008. Pacific Island agrobiodiversity and ethnobiodiversity: A foundation for sustainable Pacific Island life [J]. Biodiversity, 9: 102-110.

TNAU, 2016. Integrated farming system with goats and sheep [EB/OL]. TNAU Agritech Portal [2016-04-02]. http: //agritech. tnau. ac. in/ agriculture/agri _ index. html.

Toledo V M, 2001. Indigenous peoples, biodiversity and biodiversity [J]. Encyclopedia of Biodiversity, 3: 451-463.

Trujillo R, Mata C, 2002. The Dehesa: An extensive livestock system in the Iberian Peninsula [C] //Hovi M, Garcia Trujillo R. Diversity of Livestock Systems and Definition of Animal Welfare: Proceedings of the Second NAHIVOA Workshop. Cordoba.

Vandermeer J, 1992. The Ecology of Intercropping [M]. New York: Cambridge University Press.

Vandermeer J, Noordwijk M, van Anderson J, et al. , 1998. Global change and multi-species agroecosystems: Concepts and issues [J]. Agriculture, Ecosystems&Environment, 67: 1-22.

Torquebiau E, 1992. Are tropical agroforestry homegardens sustainable? [J]. Agriculture, Ecosystems and Environment, 41: 189-207.

Van Schoubroeck F, Kool H, 2010. The Remarkable History of Polder Systems in the Netherlands [R]. Paper written for the Globally Important Agricultural Heritage Systems (GIAHS) .

Venegas C, 2007. GIAHS in Chile: National governance and local empowerment structure [C] //Proceedings of the International Forum on Globally Important Agricultural Heritage Systems (GIAHS) . Rome, Italy: FAO.

Venegas C, 2008. Chiloe: una reserva de patrimonio cultural en Chile [M] //Ranaboldo C, Schejtman A. El Valor del Patrimonio Cultural:

Territorios Rurales, Esperiencias y Proyecciones Latinoamericanas. Lima: Instituo de Estudios Peruanos : 251-284.

Vergara C H, Badano E I, 2009. Pollinator diversity increases fruit production in Mexican coffee plantations: The importance of rustic management systems [J]. Agriculture, Ecosysterms &. Environment, 129: 117-123.

Watson G A, 1982. Tree crop farming in the humid tropics: some current developments [M] //MacDonald L H. Agro-Forestry in the African Humid Tropics. Tokyo: United Nations University: 6-12.

Whittle A, 1996. Europe in the Neolithic: The Creation of New Worlds [M]. Cambridge: University of Cambridge Press.

Xiao Y, An K, Xie G, et al. , 2011. Evaluation of ecosystem services provided by 10 typical rice paddies in China [J]. Journal of Resources and Ecology, 2: 328-337.

Xie J, Agrama H A, Kong D, et al. , 2010. Genetic diversity associated with conservation of endangered Dongxiang wild rice (*Oryza rufipogon*) [J]. Genetic Resources and Crop Evolution, 57 (4): 597-609.

Xu J, Lebel L, Sturgeon J, 2009. Functional links between biodiversity, livelihoods, and culture in a Hani swidden landscape in Southwest China [J]. Ecology and Society, 14 (2): 20.

Zhang F, Xie J, 2014. Genes and QTLs Resistant to Biotic and Abiotic Stresses from Wild Rice and Their Applications in Cultivar Improvements (April 2014) [A]. College of Life Sciences, Jiangxi Normal University, China.

第八章
最终反思与关键启示[①]

图 8 - 1　传统农业景观中有着各式各样的农场和丰富的农业生物多样性
图片来源：帕尔维兹·库哈弗坎。

世世代代的农民运用本土知识与技术创造了农业文化遗产，

　　① 本章内容基于 2014 年提交的全球重要农业文化遗产（GIAHS）项目（GCP/GLO/212/GFF）和全球重要农业文化遗产（GIAHS）试点国家的独立外部终期评估报告，未发表。

打造出了独特的景观与生计系统。丰富的生物多样性，承载着文化价值、极具复原力的杰出聚居群落，土地保有权，土地利用系统以及社会组织是其最显著的特征。从广义上看，"农业系统"这一概念包括林业系统、渔业系统、畜牧系统，特别是复合型系统，而"系统"一词则涵盖社会、文化、体制、生物物理学、农学、管理等多个方面。从单个地块或田地到公共资源再到景观，从一个生长季节到持续几年的轮作周期，需要在不同的空间与时间维度上对系统加以考量，以反映农业社区中不同成员对资源的复杂管理。

几百年间，在当地农业社区生态、技术和具体实践的基础上，本土人民建立起了形形色色的农业文化遗产，他们利用当地的水土与遗传种质资源，驯化并创造了许多本土动植物品种，构建了当地的知识文化体系，体现了本土人民的知识与智慧。上述特点使得拥有生态与遗传多样性的小农农场得以蓬勃发展。这些小农农场拥有强大的生命力与内在社会生态复原力，有助于它们适应瞬息万变的气候，抵御病虫害，实现地方粮食主权和可持续发展。

本书所载录的许多传统农业文化遗产拥有长期的可持续性、较高的生产力水平和人口承载能力，能够适宜当地的生态环境，这表明了在特定的环境条件下，此类农业形式可以动态发展且具有相当的复原能力。它们能经受住时间的考验，可持续地发展。鉴于这些特点，在不久的将来，当人类亟须应对全球变暖、环境恶化、政治动荡、经济不平等等问题时，这些农业文化遗产所拥有的传统知识与技术能为未来农业发展提供可行的替代方案。

值得一提的是，尽管几个世纪以来，在全球范围内政治、社会、经济风云变幻，环境经历诸多变化，但那些由传统农民所开发的古老而又巧妙的农耕系统却经受住了时间的考验。这种适宜当地条件的、复杂的农耕系统有助于小农户对恶劣的当地环境进行可持续性管理，在不依赖机械化生产、化肥、农药或其他现代农业科技的情况下满足生存需要。

这些被遗忘的农业文化遗产的核心在于动态保护。其中一些最为独特的农业系统以及与之相关的传统农业景观和系统开发者的本土知识体系濒临绝迹，因此，对其开展动态保护刻不容缓。

联合国教科文组织在世界遗产的遴选及认定方面，特别是涉及那些持续存在、有机演变的活态景观方面的经验，对于界定全球重要农业文化遗产（GIAHS）、制定其遴选标准、设置选址程序等具有重要的参考价值。这些农业系统是本土居民世界观和宇宙观的物质表现，是民生不断演变、不断应对新挑战的基础，因此不能简单地将其定义为人类与大自然相互作用的结果。这类农业模式与人类需求和适应、文化艺术和宇宙学原理、社会经济的迫切要求等因素息息相关，同时也与农业生态设计和管理密不可分。然而，在《世界遗产公约》对于世界遗产的定义里，却没有这些农业系统及其价值的一席之地。

GIAHS这一概念的前提在于这些系统是人类社区所共有的、活态的、不断演变的社会文化系统，与其地区、文化或农业景观、生物物理和更广泛的社会环境有着错综复杂的联系。传统农村社区会根据周遭环境的潜力与制约因素，不断对其生计活动进行调整和适应，在不同程度上塑造了当地的景观与生物环境。在这一进程中，数代人积累了丰富的经验，本土知识体系不断拓展深化，与复杂多样的生计活动紧密结合在一起。

GIAHS倡导传统农业、家庭农业与本土社区的发展，是一个极具影响力的概念。当地本土知识体系、个人与社区的投资和付出有助于建立并维护具有复原力的全球重要农业文化遗产。这些以家庭为单位、规模不大却有机整合着农、林、牧、渔业的复合型农业系统历经时间的考验，一直以来都是世界各地大多数小农户家庭的生计保障。GIAHS遗产地所在的本土社区致力于保护传统知识和地方社会经济遗产，并持续地对其进行适应与调整，以应对外部影响。他们的遗产具有内在的经济价值，可以提升农村收入、维持当地环境的持续生存能力。保护 GIAHS 遗产地还有助于提高系统内产品与服务的经济价值。例如，将保护活动转化为市场收入，将农业文化遗产地转型为旅游和游憩胜地。因此，针对遗产地所开展的保护活动在地方层面备受重视，其影响力辐射至本土社区、国家乃至整个世界。当前，迫切需要调动当局的政治意愿来制定适当的政策与方案以保护这些传统农业系统，因为它们促进了生物多样性，在不使用农药的情况下，保证作物的苗壮成长，维持全年的收成，为其他地区的农业发展提供了可借鉴的模式。目前，还迫切需要开展更多科学研究以探究这些农业文化遗产何以能够经久历年地保持生命力与可持续性，从而总结出影响农业系统复原力的农业生态法则。

GIAHS 具备一系列价值要素与优势，涵盖地方、国家和全球各个层面，其范围远远大于直接的经济回报，包括一系列社会、文化、环境与粮食安全以及风险管理方面的益处。GIAHS 倡议的目标是找到能够支持农业文化遗产系统持续保护、维持其可持续性和生产力的方法。通过加深公众对全球重要农业文化遗产的认识与了解，使人们广泛意识到它们的益处，加之一些积极的外部因素，足以帮助其中的一些农业文化遗产存续。有一些 GIAHS 系统可能需要专门的支持，如通过品牌创建与推广、开发特定产品的利基市场或是通过设立机构等，使得遗产地本土社区能从其土地利用系统衍生出来的环境服务中获得相应的回报。其他一些系统则需要相关法律与政策环境来促成动态保护、维持社会经济的可持续发展。还有一些系统甚至需要借助更传统的可持续发展举措来清除发展障碍、解决威胁根源。

GIAHS 倡议于 2002 年第一届可持续发展问题世界首脑会议期间正式实施，通过在六个试点国家所开展的支持项目，积极地对农业文化遗产进行实地保护。该倡议已经成功地帮助并促使了不少农业文化遗产及其所属社区重新修改原先失之偏颇的发展政策。联合国粮农组织对于 GIAHS 的正式认可，激励发展中国家和发达国家共同关注其有价值的农业文化遗产，期望将更多的农民留在本土社区，鼓励他们恢复传统耕作，对越来越多的土地进行可持续利用。

本书所探讨的农业文化遗产动态保护措施涉及居住在这些农业景观中的人们所开展的积极管理。GIAHS 遗产地应当被视为具有全球重要意义的资源，人们应对其加以保护并允许其动态发展。此类生态和文化资源对人类的未来具有根本价值，对其开展的动态保护是具有创新性、综合性和全面性的手段，能够促使地方、国家和国际各个层面的利益攸关方和利益集团重新认识农业文化遗产，激发他们的兴趣与热情，从而避免这些农业文化遗产基本特征及属性的退化与丧失，特别是其生物多样性特征，在允许必要动态发展的同时，促进资源使用者的社会经济发展。目前，我们迫切需要开展更多的相关研究以深化对这些农业系统动态演变的认识，亟待通过参与性手段来确定保护生物多样性系统的方式方法，并于此同时通过激发农民的创造力与创新来保持系统活力。

许多传统农业系统会根据性别、年龄以及其他标准对社区中的角色与职责进行划分。GIAHS 为具有性别敏感性的经济多样化形式提供了更多机会，使其具有适应气候变化、减少人口外迁和应对其他挑战的能力。妇女的经济生产力与社会地位得到提升，更多的青年人愿意从事土地耕种，在农村地区建立家庭，开展生活。

本书旨在提供相应要素，以建立一个强大而广泛的传统农业倡导者联盟，帮助公众更好地认识传统农业生态管理实践的重要性。我们需要充分调动传统农业生态管理这一丰富的资源，以便将现有的不可持续型农业转变为能够较好地适应环境、气候和社会经济环境变化的农业系统。GIAHS 倡议的宣传工作与 2014 年的"国际家庭农业年"密切相关，这两项倡议的相互影响毋庸置疑。此外，农业生态学日益兴起，联合国粮农组织将其作为发展可持续农业的一条新途径，这也是 GIAHS 倡议发展进程中实实在在的成果之一。

在生物多样性普遍枯竭的地区，可持续型农业不应被视为孤立的个体。正如我们在前文中探讨的那样，人类是周遭文化景观中不可或缺的组成部分，这也是"自然——文化"之间的关系所包含的全部意义。基于此，人们开始关心如果当代社会生态环境发生剧变，人类如何才能通过还原、修复文化景观来重新回归大自然。全球重要农业文化遗产的作用也在于此，它们的存在为全人类提供理据和经验，帮助社会各阶层——从边缘化群体到资源丰裕的群体——确保粮食安全。GIAHS 作为传统智慧的宝库能为人类作出众多贡献。归根结底，人类发展与保护生物多样性和可持续生计之间的关系正如一枚硬币的正反两面，休戚相关、密不可分，GIAHS 倡议正是朝着这一方向迈出的重要一步。

关键信息

• 一旦地方农业系统被认定为 GIAHS 保护试点，不仅意味着一项特权，还代表着一份责任。成为 GIAHS 一员后，开展的第一步工作就是将多个利益攸关方组织起来，共同参与协商，包括决策者、政府工作人员、社区代表、科学家、企业以及非政府组织。决策者和所有其他与农业文化遗产利害攸关的实体共同探讨并努力实现动态保护 GIAHS 的目标。第二步则是努力促使 GIAHS 保护及发展原则被纳入当地政策制定与实践的主流工作当中。GIAHS 原则主流化以及相关行动计划的实施，旨在协助地方社区做好准备，寻求新的社会经济发展机遇，如开展市场营销、开发产品标签、发展农业生态旅游、以青年人为导向为农业遗产和文化遗产增值等诸多战略发展规划，赋能地方社区的发展。

• 公众对于遗产地的认可是 GIAHS 倡议目标实现进程中必不可少的因素。此外，人们对于农业文化遗产价值的认识也离不开 GIAHS 倡议目标的实现。因此，GIAHS 倡议中的所有目标可以说是彼此的先决条件。

• 只有当社区以合理和可持续的方式利用自然文化遗产时，才能对其实现妥善保护，只有当社区认识到自然文化遗产的价值时，他们才会觉得有义务保护它。"动态保护"概念植根于这样一种理念，即对遗产的保护不仅存在于博物馆或原始森林当中，而是更多地存在于农村人口满足特定需要和期望的日常生活当中。随着时代的变迁，社会经济和环境需求也在不断变化。这一理念孕育出一种创新精神，使个人与社区得以维持并不断调整其传统的农业实践、产品与服务，与此同时不忽视其文化遗产的重要性，不忽视有助于维持传统实践、产品与服务的历史发展进程。

• 在对 GIAHS 遗产地进行管理时，首要考虑的一个关键问题是该倡议针对资源的可持续管理所采取的整体办法必须与农村社区和正在实施 GIAHS 动态保护地区的特定文化、社会和生产环境明确相关。因此，在地方层面量身定制 GIAHS 动态保护措施时，需尽早确定农业系统中与 GIAHS 原则有关的关键要素。这一任务无需烦冗，首先应认可本土社区世代传承的本土知识与经验的重要性，再由此确定针对 GIAHS 遗产地的动态保护原则。

• 在全球层面，对于农村传统本土知识重要性和合法性的认可是 GIAHS 倡议的基础，也是小农户、家庭农场主和本土社区目前在应对诸多问题时的关键要素。然而这并不意味着要简单地将现代技术与传统知识对立起来，对现代技术和科学知识进行质疑，对传统知识则不加区分地全盘接受。相反，所有的知识体系都应被公平公正地看待，其意识形态潜力取决于其自身的价值，而非知识来源。对这些知识体系进行价值评估时，应当考量它们的连贯性、有效性、构建知识体系的经验基础，以及它们未来在不同层面上可能产生的区域影响。

• 对知识体系进行关键分析需要从根本上改变对其知识源头和原创者重要性的理解。知识是动态发展、不断演变的，因此不仅需要了解不同知识体系是如何在某一地区彼此融合并相互作用的，还需要适当考虑各个地区更新生成新的本土知识体系的机制与能力。有鉴于此，应当建立一个囊括各类知识体系的本土知识管理一体化模式。该模式需能在社区或机构范围内积极运作，其宗旨是有利于当地围绕 GIAHS 概念建立积极的区域形象。

• 在传统学术知识体系中，作者身份通常优先于知识本身的价值。因此，无论是通过知识溯源、基于体制或方法论上的考量、抑或是过度依赖学术界的其他知识原创者，我们一直致力于让知识信息合法化。总的来说，倘若系统内的知识是以合法的方式被创造出来的，那么就有可能会带来积极的影响，然而，此类知识很难与本土知识管理相兼容，因为从某种意义上讲，它严重阻碍了交换双方获取信息。换言之，学术著作机制使得来自本土的传统知识很难直接融入学术交流与对话当中，这往往使得许多本土利益攸关方无法成为正当的战略伙伴。在促进学术交流与对话愈加内省的同时，也妨碍了它们向人们提供更多学习的机会。

• 对依据全球意义和历史传统特征遴选出来的 GIAHS 遗产地来说，生物多样性管理具有至关重要的意义，因为它体现了 GIAHS 倡议的基本原则之一，即动态保护原则。动态保护意味着在地方层面上就所有行动达成平衡与合作协定，认识到保护遗产地对于未来的可持续发展至关重要，确保在创新与传统间达成微妙的平衡。这又将推动当地文化表达与创新动力相结合，进一步促进对自然资源的保护与修复。

• 至关重要的是确定并承认特定区域内与生物多样性有关的资产的价值，并围绕可持续生态系统管理战略将多个利益攸关方组织起来，为本土社区带来实实在在的利益。随着农村社区确立并制定具体发展战略以提升当地生活质量，为贸易和文化交流创造新的机遇，这种方式也变得日益重要。然而，生物多样性是一项资本资产①，在全球范围内正日趋衰减。在对全球重要农业文化遗产进行管理的过程中，必须联合多方机构共同发挥作用来解决生物多样性衰减问题。有鉴于此，GIAHS 倡议的最终目标是为农村社区打造最理想的发展环境，支持他们继续利用并进一步发展传统的生物多样性保护管理办法。总的来说，农村生产系统中的生物多样性管理、地方社区所采用的相关传统实践的价值正在被严重低估。更糟的是，公共政策的制定者，甚至是旨在培养农学和畜牧学专家的教育项目在监督与管理生物多样性方面也缺乏远见。因此，GIAHS 遗产地对区域动态发展最重要贡献之一是它使得传统农耕实践获得更广泛的认可。更具体地说，全球重要农业文化遗产造就了卓越的文化自然景观，其所创造的区域环境对于未来发展意义重大，在此条件下，保护生物多样性既是发展机遇也是发展目标。

• 我们目前正处于现代农业和传统农业系统交会的十字路口，日益提升的专业化程度正对当地经济多样性造成威胁。应对此类威胁有若干可行的解决方案，不一定非要阻碍位于创新前沿的发展势头，也完全没有必要为了胜过更成熟的产品与服务而转向推广其他具有潜在竞争力的产品与服务。

---

① 资本资产是被评估人持有的任何类型的财产，无论是否与其业务或专业相关。它包括各种财产，动产或不动产，有形或无形，固定或流通。——译者注

• 最具战略意义的解决方案是，将关注度较低的产品与更受认可的产品相结合，乘势而行。在生产或商业化阶段，可以有意识地、创新性地将产品与服务纳入生产、加工和消费，以及地方和国家粮食系统当中，充分利用较为成熟的产品，使其成为多样化发展机遇而非威胁。在若干 GIAHS 动态保护行动计划中，农业旅游促进了其他相关的利基营销活动，如培训、产品直销、传统食品、工艺美术博览会等。对于本地食品来说，食品行业往往提供了极为有效的营销手段，将它们与其他烹饪产品相结合，共同突出并推广以强化其市场地位。

缩略语

ADEs Amazonian dark earths 亚马孙黑土

ASM Association pour la Sauvegarde de La Médina De Gafsa（Tunisia）突尼斯保护加夫萨绿洲协会

BCE Before the Common Era 公元前

BMELV Federal Ministry for Nutrition，Agriculture and Consumer Protection（Germany）德国食品、农业和消费者保护部

CAS Chinese Academy of Sciences 中国科学院

CBD Convention on Biological Diversity 生物多样性公约

CE Common Era 公元

CEEC Central and Eastern European Countries 中欧和东欧国家

CET Centro de Educaciòn y Tecnologia 教育技术中心

CWFS Committee on World Food Security 世界粮食安全委员会

DENR Department of Environment and Natural Resources （Philippines）菲律宾环境和自然资源部

EMBRAPA Empresa Brasileira de Pesquisa Agropecuária

巴西农业研究公司

ETC Group　Action Group on Erosion，Technology and Concentration 侵蚀、技术和集中问题行动小组

EU　European Union 欧洲联盟

FAO　Food and Agriculture Organization of the United Nations 联合国粮食及农业组织

GEF　Global Environment Facility 全球环境基金

GIAHS　Globally Important Agricultural Heritage Systems 全球重要农业文化遗产

HYV　High Yielding Varieties 高产品种

IAASTD　International Assessment of Agricultural Knowledge，Science and Technology for Development 农业知识，科学和技术促进发展国际评估

ICOMOS　International Council on Monuments and Sites 国际古迹遗址理事会

IFAD　International Fund for Agricultural Development 国际农业发展基金

IFPRI　International Food Policy Research Institute 国际食物政策研究所

IGOs　International Governmental Organizations 国际政府组织

IGSNRR　Institute of Geographic Sciences and Natural Resources Research，CAS（China）中国科学院地理科学与资源研究所

INRAA　Institut National de la Recherche Agronomique d' Algerie（Algeria）阿尔及利亚国家农业研究所

IPGRI　International Plant Genetic Resources Institute 国际植物种质资源所

IRT Ifugao Rice Terraces（Philippines）菲律宾伊富高水稻梯田

ITPGRFA International Treaty on Plant Genetic Resources for Food and Agriculture《粮食和农业植物遗传资源国际条约》

IUCN International Union for Conservation of Nature 国际自然保护联盟

IYFF International Year of Family Farming 国际家庭农业年

MINAM Ministerio del Ambiente（Peru）秘鲁环境部

MARA Ministry of Agriculture and Rural Affairs（China）中国农业农村部（原中国农业部，MOA）

MSSRF M. S. Swaminathan Research Foundation（India）印度 M. S. 斯瓦米纳坦研究基金会

NGOs Non-governmental Organizations 非政府组织

NIAHS Nationally Important Agricultural Heritage Systems 国家重要农业文化遗产

ODEPA Oficina de Estudios y Políticas Agrarias（Ministerio de Agricultura，Chile）智利农业研究和政策办公室

PES Payment for Environmental Services 环境服务费用

PICT Pacific Island Countries and Territories 太平洋岛屿国家和地区

RFC Rice-Fish Culture（China）中国稻鱼共生农业系统

RIMISP Centro-Latino-Americano para el Desarrollo Rural 拉丁美洲农村发展中心

SDGs Sustainable Development Goals 可持续发展目标

SIPAM Systèmes Ingénieux du Patrimoine Agricole Mondial 独具匠心的世界农业文化遗产系统

SIPAM　Sistemas Ingeniosos del Patrimonio Agrícola Mundial 独具匠心的世界农业文化遗产系统

SNNPR　Southern Nations，Nationalities，and Peoples' Region（Ethiopia）埃塞俄比亚南方各族州

SOLAW　The State of the World's Land and Water Resources for Food and Agriculture 世界粮食和农业领域土地及水资源状况

STRK　Subak Tri Hita Karana（Indonesia）印度尼西亚苏巴克灌溉系统中的"天地人和——和谐三要素"哲学思想

TK/TEK　Traditional Knowledge / Traditional Ecological Knowledge 传统知识/传统生态知识

UNESCO　United Nations Educational，Scientific and Cultural Organization 联合国教科文组织

WHC　World Heritage Convention 世界遗产公约

WHS　World Heritage Sites 世界遗产地

WSSD　World Summit on Sustainable Development 可持续发展世界首脑会议

致谢

本书《被遗忘的农业文化遗产》在长期且持续的概念制定、伙伴关系建立、田间试验与实践的基础上撰写而成。我们达成了最终的目标，即创造这些人类财富的小农户、家庭农场主和本土社区的重要性终于在国际上得到认可，针对全球重要农业文化遗产（GIAHS）的保护工作也被纳入联合国粮农组织的主流工作当中。全球重要农业文化遗产成功得到认可和重视，离不开广泛的工作，离不开大量的来自各组织机构的专业人士、科学家、个人、决策者，以及来自政府各部门、国际组织、非政府组织、民间社团、农民和世界各地本土民间组织成员的共同努力。他们都有着同样的热情，重视农业文化遗产的价值与复兴，正是他们为GIAHS打开了大门。

谨在此对下列诸位表示衷心的感激：

联合国粮农组织前同事与朋友：大卫·布尔马、艾伦·博亚尼克（Alan Bojanic）、玛齐亚·卡利斯（Marzia Calisse）、贾兹明·卡萨弗兰卡（Jazmine Casafranca）、索洛·塞奥林（Saulo Ceolin）、琳达·康莱特（Linda Conllete）、芭芭拉·库尼（Barbara Cooney）、伊芙·克劳利（Eve Crowley）、保拉·迪尼（Paola Dini）、何塞·埃斯奎纳斯（Jose Esquinas）、让·马克·

福雷斯（Jean Marc Faures）、凯瑟琳·高里（Catherine Gaury）、彼得·肯莫尔（Peter Kenmore）、小沼弘之（Hiroyuki Konuma）、莎拉·拉克森（Sarah Lacson）、约翰·莱瑟姆（John Latham）、珀西·米西卡（Percy Misika）、库埃纳·莫博森（Kuena Morebotsane）、吉姆·摩根（Jim Morgan）、亚历山大·穆勒（Alexander Mueller）、拉凯什·穆图（Rakesh Muthoo）、努尔丁·纳斯尔、文森特·奥萨（Vicente Ossa）、阿里斯蒂奥·葡萄牙（Aristeo Portugal）、沃尔夫冈·普兰特（Wolfgang Prante）、托马斯·普莱斯（Thomas Price）、罗伯特·萨马内斯（Roberto Samanez）、帕斯夸莱·斯特杜托（Pasquale Steduto）、卡罗琳·冯·盖尔（Caroline von Gayl）、戴卫东和姚向君。

阿尔及利亚：迪亚梅尔·埃希尔（Dyamel Echir）和阿卜杜拉蒂夫·法塔赫·阿舒尔（Abdellatif Fatah Achour）。

智利：特蕾莎·阿奎罗（Teresa Aguero）、希梅娜·乔治-纳西门托（Ximena George-Nascimento）和卡洛斯·维内加斯（Carlos Venegas）。

中国：赵立军、徐明、闵庆文、屈四喜、李文华、姚向君和孙业红。

日本：船木康郎（Yasurou Funaki）、中村浩二（Nakamura Koji）、梁洛辉（Luohui Liang）、松田雄吾（Yugo Matsuda）、安妮·麦克唐纳（Anne McDonald）、永田明（Akira Nagata）、拉姆萨尔湿地网络组织（Ramsar Civil Network）、佐藤正典（Masanori Sato）、角田豊（Yutaka Sumita）、武内和彦（Kazuhiko Takeuchi）、卡齐姆·瓦法达里（Kazem Vafadari）和滨田秀也（Hideya Hamada）。

秘鲁：阿利皮奥·卡纳瓦、米里亚姆·塞尔丹（Miriam Cerdan）、何塞·安东尼奥·冈萨雷斯（Jose Antonio

Gonzales）、沃尔特·华玛尼（Walter Huamani）、赫尔南·莫尔蒙托伊（Hernan Mormontoy）和马里奥·塔皮亚（Mario Tapia）。

菲律宾：诺埃尔·德·卢娜（Noel de Luna）、埃德温·多明戈（Edwin Domingo）、马里斯·加维诺（Maris Gavino）、小卢皮诺·拉扎罗（Lupino Lazaro Jr.）、特蕾莎·蒙迪塔·林（Teresa Mundita Lim）、克里斯蒂娜·雷古奈（Cristina Regunay）、布伦达·萨金（Brenda Saquing）、塞格弗雷多·塞拉诺（Segfredo Serrano）和安娜里萨·R.（Analiza R.）。

突尼斯：拉扎尔·谢里夫（Lazhar Cherif）、纳杰·达利（Najeh Dali）和阿提夫·达赫里（Atef Dhahri）。

个人与专业人士：D. K. 吉里（D. K. Giri）、斯特凡诺·格雷戈（Stefano Grego）、斯图尔特·哈罗普（Stuart Harrop）、马努·吉（Manu Ji）、莉安娜·约翰、安德里亚·库特（Andrea Kutter）、马哈拉杰·穆图（Maharaj Muthoo）、文森佐·纳索（Vincenzo Naso）、阿贾伊·帕里达（Ajay Parida）、P. S. 罗摩克里希南（P. S. Ramakrishnan）、弗兰克·舍布鲁克（Frank Schoebroeck）和迈克尔·斯托金（Michael Stocking）。

国际生物多样性组织：娜迪亚·贝尔加米尼·巴勃罗·埃扎吉雷（Nadia Bergamini Pablo Eyzaguirre）和斯蒂芬·怀斯（Stephen Wise）。

生物多样性公约：艾哈迈德·乔格拉夫（Ahmed Djoghlaf）和约翰·斯科特（John Scott）。

全球环境基金：前首席执行官莫妮克·巴布特（Monique Barbut）和安德里亚·库特（Andrea Kutter）。

国际农业发展基金：里玛·阿尔卡迪（Rima Alcadi）和山塔努·马图尔（Shantanu Mathur）。

伊斯兰教科文组织：阿卜杜勒阿齐兹·阿尔特瓦伊里

（Abdulaziz Altwaijri）、艾查·巴蒙（Aicha Bammoun）和法伊克·比拉尔（Faiq Bilal）。

荷兰国际合作处：凯瑟琳·德·帕特（Cathrien de Pater）、阿伦德·扬·范·博德戈姆（Arend Jan van Bodegom）和杰拉德·范戴克（Gerard van Dijk）。

综合地球环境学研究所（RIHN）：本书的大量研究内容是库哈弗坎博士于 2014 年作为一名高级访问学者访问 RIHN 期间完成的，我们衷心感谢这所久负盛名的研究机构对库哈弗坎博士的盛情款待，同时也特别感谢他在研究所的同事阿部健一（Abe Kenichi）博士、斯蒂芬·麦克格里维（Stephen McGreevey）、丹尼尔·奈尔斯（Daniel Niles）和安成哲三（Yasunari Tetsuzo）。

克里斯滕森基金：肯·威尔逊（Ken Wilson）。

联合国开发计划署：阿德里安娜·迪努（Adriana Dinu）、约翰·霍夫（John Hough）、玛丽亚姆·尼亚米尔-富勒（Maryam Niamir-Fuller）和尼克·伦普尔（Nick Remple）。

联合国教科文组织：萨尔瓦多·阿里科（Salvatore Arico）、安东尼奥·班达林（Antonio Bandarin）、沃尔特·埃尔德伦（Walter Erdelen）、韩群力、基肖尔·拉奥（Kishore Rao）和梅奇蒂尔德·罗斯勒（Mechtild Rossler）。

从事 GIAHS 工作的工作人员、顾问与志愿者：纳塔利娅·阿科斯塔（Natalia Acosta）、毛罗·阿格诺莱蒂（Mauro Agnoletti）、罗斯玛丽·艾莉森（Rosemary Allison）、梅萨·艾特金（Meissa Aytekin）、图利亚·巴尔达萨里（Tullia Baldassari）、安雅·贝拉利（Anya Bellali）、索尼娅·伯维克（Sonja Berweck）、诺拉·德·法尔科（Nora de Falco）、弗雷德里克·德夫（Frederick Deve）、努里亚·费利佩（Nuria Felipe）、何塞·弗塔多（Jose Furtado）、莉娜·古伯勒、安吉

拉·希尔米（Angela Hilmi）、帕特里夏·霍华德（Patricia Howard）、伊丽莎·洛伦森（Elisa Lorenson）、卢多维卡·梅（Ludovica Mei）、科杜拉·默滕斯（Cordula Mertens）、茱莉亚·莫雷利（Julia Morelli）、弗朗西斯科·帕尔马（Francisco Palma）、拉杰·普里（Raj Puri）、萨宾·雷梅尔（Sabine Remmel）、萨米拉·萨尔维（Samira Sarvi）、J. P. L. 斯里瓦斯塔瓦（J. P. L. Srivastava）和索拉亚·塔贝特（Soraya Thabet）。

我们特别感谢 M. S. 斯瓦米纳坦教授，他的智慧和坚定不移的支持一直是我们坚强的后盾。同时还感谢亚历克斯·库哈弗坎（Alex Koohafkan）、何塞·埃斯奎纳斯、菲利普·马勒（Philip Mahler）、查尔斯·利林（Charles Lilin）和让·比德尔（Jean Bedel），他们为我们提供了不可或缺的技术和编辑支持。

我们还要特别感谢玛丽·简·拉莫斯·德拉克鲁兹女士，她连续十年致力于 GIAHS 保护倡议的构思与实施，将她持续的热情、创造力、专业能力以及慷慨奉献出的大量精力和时间投入到 GIAHS 倡议在公众意识提升、试点项目动态保护、项目制定和实施的各项工作当中，帮助 GIAHS 倡议渡过了那段艰难的岁月，最终取得成功。

最后，我们由衷地感谢何塞·格拉齐亚诺·达席尔瓦博士和他的管理团队以及所有我们致谢中未提及的人士所付出的巨大努力。我们还要感谢每一位倡导并支持全球重要农业文化遗产的人。愿我们继续为粮食安全、营养食品、粮食主权、农民和本土社区的权利以及可持续发展的多样性播下希望的种子。

帕尔维兹·库哈弗坎
米格尔·A. 阿尔蒂埃里

译者后记

2002 年联合国粮农组织发起了全球重要农业文化遗产（Globally Important Agricultural Heritage Systems，简称 GIAHS）保护倡议。该倡议旨在建立全球重要农业文化遗产及其有关的景观、生物多样性、知识和文化保护体系，并在世界范围内得到认可与保护，使之成为可持续管理的基础。受全球重要农业文化遗产保护倡议的启发，中国农业部于 2012 年开展了"中国重要农业文化遗产"（China Nationally Important Agricultural Heritage Systems，简称 China-NIAHS）的发掘工作，截至 2022 年，已认定 6 批共 127 项中国重要农业文化遗产。可以说，中国在农业文化遗产保护方面取得了较为瞩目的成绩。值得注意的是，中国的农业遗产保护在 20 世纪 20 年代已经开展。回顾历史，农业文化遗产在中国的保护与传承已有百年之久。由于时代使命不同，中国农业遗产的百年之路可分为三个阶段。

第一阶段：古农书整理与校注。清末民初，国家内外交困，"谋国者尚弃置坐视"，幸而一批有识之士主张振兴农业，并在中国传统农业的基础上结合西方近代农学以自强。先贤们的诸多努力为后世农业遗产的整理奠定了基础。1920 年万国鼎先生在金陵大学创建农业史资料机构，开始有组织且系统地搜集农业史资料。1924年，万先生组织了志同道合的十多人共同搜集整理祖国的农学遗产，至1937年抗日战争全面爆发时已搜集3 000万字的农史史料。1955年4月，农业部在北京召开"整理祖国农业遗产座谈会"，全面部署开展农业遗产的整理工作。在祖国的号召及多方的共同努力之下，逐步形成了以"东万（万国鼎）、西石（石声汉）、南梁（梁家勉）、北王（王毓瑚）"为代表的中国农业遗产研究四足鼎力之势。第一阶段在农史资料的搜集、整理方面成果显著，中国农业遗产研究室在《中国农业史资料》的基础上编成《中国农业史资料续编》，依托全国各地的方志汇编《方志物产资料》、《方志分类资料》和《方志综合资料》。古农书的整理、校注是这一阶段农业遗产保护的重点工作，相继出版了《氾胜之书辑释》《齐民要术校释》《四民月令辑释》《四时纂要校释》《农桑经校注》等专著，为第二阶段研究奠定了基础。

第二阶段：从古农书校注向技术史、经济史研究转化。改革开放之后，中国的农业处于传统农业的转型期，推动传统农业与现代农业的结合是第二阶段的使命。基于第一阶段的史料基础，众多学者对农业遗产进行了全面系统的研究，其中以《中国农学史》、《中国农业科学技术史稿》和《中国农业通史》（多卷本）三部著作最为经典。这一阶段农业遗产的研究愈发注重与世界政治、经济的互动关系，中外交流与合作进一步加强，大多通过学术讲座、中外互派访问学者、共建学术研究机构等形式开展。在农业遗产的成果方面，呈现出区域化、专业化的趋势，无论是在深度还是广度上都有所拓展。

第三阶段：从史料研究向保护、传承、弘扬的转变。第三阶段的研究出现转向的时代背景在于工业化、城市化的发展对活态农业遗产造成了一定程度的破坏，并导致一系列生态环境问题的出现。加之，传统农业中"天人合一""用养结合"的思想理念和宝贵经验受到越来越多的重视。因此这一阶段的农业遗产研究更加重视对直观可感、形象鲜活的原生态农业系统的保护与传承。与此同时也推动了农业遗产的研究走出书斋，走向田野，将历史研究与现实紧密结合，增强了农业遗产研究的落地性。截至2022年年底，中国已有19项全球重要农业文化遗产，位居全球首位。中国还是第一个发布国内农业文化遗产管理办法和第一个启动农业文化遗产监测评估工作的国家。可以说，中国在推动农业遗产的保护方面取得了显著成效，为全球农业文化遗产的发展提供了中国方案。

回首中国农业遗产的百年之路，成果的获得并非一朝一夕之事，无不凝聚着数代人的心血。三个阶段的研究成果并非完全分割，至今仍有学者在搜集、整理农业史资料，农业经济史、科技史等方向仍是学界研究重点。

李根蟠先生指出中国传统农业的一大特点是"多元交汇"，主要体现在农耕文化与游牧文化的交汇、北方旱地农业和南方水田农业的交汇以及中国与国外农业文化的交流。农业遗产亦是如此，虽然不同国家和地区的农业遗产存在差异，但找寻相似之处，为我所用，不失为实现农业遗产可持续发展的有效途径。纵观中国农业遗产第三阶段的研究成果，对全球农业文化遗产的研究仍以中国视角、中国案例居多，涉及其他国家的农业系统亦多集中在日本、韩国，极少数研究者将视角着眼于世界范围内的农业遗产。因此，农业遗产的研究亟须拓展其内容的广度，进一步推动中外农业遗产的交流与互鉴。

全球视野下的农业遗产研究兼具现实及学术价值。帕尔维兹·库哈弗坎研究员和米格尔·A. 阿尔蒂埃里教授所著《被遗忘的农业文化遗产》（2017）是全球重要农业文化遗产研究成果中极具代表性的论著。此书从全球视角切入，对世界范围内约 50 个已被认定或有待认定的全球重要农业文化遗产实例进行独一无二且系统的论述，并为遗产地的可持续发展提供灵感和理论支持。帕尔维兹是 GIAHS 概念及保护倡议的发起人、世界农业文化遗产基金会主席，1991—2012 年在联合国粮农组织罗马总部任职。GIAHS 概念的提出与其个人经历密不可分，帕尔维兹出身于伊朗的一个小村庄，从事的工作亦与农业相关，出于对家乡和工作的热爱，故此书开篇便提到"本书献给所有小农户、家庭农场主和本土社区"。可以说，《被遗忘的农业文化遗产》凝结了作者们对全球小农户、农村及农业的深切关怀。

关于此书的写作目的，作者们在书中直截了当地指出通过这本书，我们旨在提供相应要素，以建立一个强大而广泛的传统农业倡导者联盟。通过调动多种资源，将现有的不可持续型农业转变为能够较好地适应环境、气候和社会经济环境变化的农业系统。GIAHS 保护倡议的关键在于对遗产地实行动态保护，充分发挥地方、国家和国际等各个层面的积极作用，促进农业系统的可持续发展。书中所提及的 GIAHS 遗产地呈现了多种农业可持续发展的模式，也验证了农业文化遗产在提高农业生产、维护生物多样性以及保护生态环境等方面所发挥的重要作用。

GIAHS 概念及保护倡议旨在让文化回归农业，同时强调多样性对可持续发展的重要意义，书中对 GIAHS 与文化遗产之间的关系进行了详细论述，以此阐明关注被遗忘的农业文化遗产的合理性、必要性和紧迫性。"被遗忘的农业文化遗产"颇有警示之意，提醒世人在新的世界形势下仍要重视粮食与生计安全的可持续发展。农业文化遗产是重新连接粮食系统与可持续发展的关键载体，维护和传承全球重要农业文化遗产将有助于实现 17 项可持续发展目标，并保证任何群体都有所受益。诚如帕尔维兹多次强调的："GIAHS 不是关于过去，而是关乎未来。"

与 20 世纪初的农业遗产不同，百年之后的农业遗产研究担负着新的时代使命，需要注入新时代的元素与理念，理论与现实的深刻结合，是落实农业遗产创造性转化与创新性发展的必经之路。基于此书的学术价值及现实意义，我们决定将其译成中文。希望拙译的问世能够让作者们的理论和思想广为传播。当然，同时也希望此书能够为农业文化遗产研究者、保护者提供广阔的视角，丰富农业遗产的研究成果，让更多的政府机构、社会组织和个人认识到农业文化遗产的重要性，使得农业文化遗产不再是"被遗忘的遗产"，进而重塑其历史、当代及未来的价值。

最后，我们想对中华人民共和国农业农村部国际交流服务中华的徐明副主任，联合国粮农组织的张欣先生，南京农业大学的俞建飞研究员、陈加晋博士后、王菊芳老师、朱禹函老师、杨琼博士、曲静博士等表达最诚挚的感谢，本译著的完成离不开他们给予的大力支持。同时，也衷心感谢中国农业出版社的孙鸣凤老师和参与编辑、校对、出版工作的各位老师们的协助与辛苦付出。

卢　勇

2022 年 12 月

图书在版编目（CIP）数据

被遗忘的农业文化遗产：重新连接粮食系统与可持续发展 /（意）帕尔维兹·库哈弗坎，（美）米格尔·A. 阿尔蒂埃里著；卢勇，胡苑艳译 . —北京：中国农业出版社，2023.7

书名原文：Forgotten Agricultural Heritage-Reconnecting food systems and sustainable development

ISBN 978-7-109-30874-9

Ⅰ. ①被… Ⅱ. ①帕… ②米… ③卢… ④胡… Ⅲ. ①农业－文化遗产－研究－世界 Ⅳ. ①S

中国国家版本馆 CIP 数据核字（2023）第 124066 号

被遗忘的农业文化遗产：重新连接粮食系统与可持续发展
BEI YIWANG DE NONGYE WENHUA YICHAN：
CHONGXIN LIANJIE LIANGSHI XITONG YU KECHIXU FAZHAN

中国农业出版社出版
地址：北京市朝阳区麦子店街 18 号楼
邮编：100125
责任编辑：孙鸣凤　　　文字编辑：胡晓纯
版式设计：王　晨　　责任校对：刘丽香
印刷：中农印务有限公司
版次：2023 年 7 月第 1 版
印次：2023 年 7 月北京第 1 次印刷
发行：新华书店北京发行所
开本：880mm×1230mm　1/32
印张：11.75
字数：300 千字
定价：70.00 元